Fundamentale Mobilfunkinnovationen in Deutschland

Conrad Neumann

Fundamentale Mobilfunkinnovationen in Deutschland

Eine wettbewerbsökonomische Analyse

RESEARCH

Conrad Neumann
Köln, Deutschland

Dissertation Universität Köln, 2012

ISBN 978-3-8349-4293-7   ISBN 978-3-8349-4294-4 (eBook)
DOI 10.1007/978-3-8349-4294-4

Die Deutsche Nationalbibliothek verzeichnet diese Publikation in der Deutschen Nationalbibliografie; detaillierte bibliografische Daten sind im Internet über http://dnb.d-nb.de abrufbar.

Springer Gabler
© Gabler Verlag | Springer Fachmedien Wiesbaden 2012
Das Werk einschließlich aller seiner Teile ist urheberrechtlich geschützt. Jede Verwertung, die nicht ausdrücklich vom Urheberrechtsgesetz zugelassen ist, bedarf der vorherigen Zustimmung des Verlags. Das gilt insbesondere für Vervielfältigungen, Bearbeitungen, Übersetzungen, Mikroverfilmungen und die Einspeicherung und Verarbeitung in elektronischen Systemen.

Die Wiedergabe von Gebrauchsnamen, Handelsnamen, Warenbezeichnungen usw. in diesem Werk berechtigt auch ohne besondere Kennzeichnung nicht zu der Annahme, dass solche Namen im Sinne der Warenzeichen- und Markenschutz-Gesetzgebung als frei zu betrachten wären und daher von jedermann benutzt werden dürften.

Einbandentwurf: KünkelLopka GmbH, Heidelberg

Gedruckt auf säurefreiem und chlorfrei gebleichtem Papier

Springer Gabler ist eine Marke von Springer DE. Springer DE ist Teil der Fachverlagsgruppe Springer Science+Business Media
www.springer-gabler.de

Inhaltsverzeichnis

Inhaltsverzeichnis V

Abbildungsverzeichnis VII

Tabellenverzeichnis XI

Abkürzungsverzeichnis XIII

Variablen- und Parameterverzeichnis XV

I. Problemstellung 1

II. Upgradeverhalten konkurrierender Mobilfunknetzbetreiber 7
   1. Der gewinnoptimale Upgradeprozess konkurrierender Mobilfunknetzbetreiber 12
      1.1 Upgradebedingungen 12
      1.2 Strategisches Upgradeverhalten 20
   2. Implikationen für den deutschen Mobilfunkmarkt 33
      2.1 First-Mover-Vorteile im deutschen Mobilfunkmarkt 33
      2.2 Empirische Analyse des strategischen Upgradeverhaltens .. 40

III. Auswirkungen fundamentaler Innovationen auf den Mobilfunkwettbewerb 47
   1. Der Einfluss neuer Übertragungstechnologien auf den Mobilfunkwettbewerb 50
   2. Empirische Analyse der LTE-Einführung in Deutschland 65
      2.1 Der Fall symmetrischer Mobilfunknetzbetreiber 65
          2.1.1 Die Ausgangssituation vor Einführung von LTE ... 65
          2.1.2 Die Einführung von LTE 73
      2.2 Der Fall asymmetrischer Mobilfunknetzbetreiber 86
          2.2.1 Deutsche Sondereinflüsse und Ausstattungsasymmetrien ... 86
          2.2.2 Implikationen für die Wettbewerbsfähigkeit der Netzbetreiber 95

IV. Das Mobilfunk-Festnetz-Substitutionsproblem der Mobilfunknetzbetreiber 105
   1. Die Substitutionsproblematik aus Sicht eines Anbieters für Internetzugänge 108
   2. Empirische Analyse der Substitutionsproblematik in Deutschland ... 123

    2.1   Das Substitutionsproblem ohne FTTH-Ausbau 125

    2.2   Das Substitutionsproblem im FTTH-Ausbaufall 152

V. Fazit **159**

Anhang **165**

Literaturverzeichnis **175**

Abbildungsverzeichnis

Abb. II.1: Umsatz- und Vertragsentwicklung im deutschen Mobilfunkmarkt 1992-2011 ... 7

Abb. II.2: Entwicklungssprünge in der Mobilfunktechnologie in Deutschland ... 8

Abb. II.3: Chronologischer Verlauf der UMTS-Einführung in Deutschland ... 10

Abb. II.4: Upgradefrage ohne Investitionskosten ... 15

Abb. II.5: Upgradefrage mit Investitionskosten ... 16

Abb. II.6: Gewinne in Abhängigkeit der Upgradezeitpunkte ohne Investitionskosten ... 21

Abb. II.7: „Beste Antwort"-Korrespondenzen der Deutschen Telekom ... 30

Abb. II.8: Gewinnverteilungen aufgrund realer Unternehmensunterschiede ... 31

Abb. II.9: Gleichgewichtssituationen im Fall asymmetrischer Gewinnverteilungen ... 32

Abb. II.10: Nachfragekurve des Mobilfunkpioniers ... 36

Abb. II.11: Nachfragekurve des Mobilfunkfolgers in seiner zweiten Angebotsperiode ... 37

Abb. II.12: Upgradeverzögerung in Abhängigkeit von der Kosteneinsparung am Beispiel von Telefónica/O2 ... 41

Abb. II.13: Upgradeverzögerung in Abhängigkeit von der Kosteneinsparung am Beispiel von E-Plus ... 44

Abb. II.14: Upgradeverzögerung in Abhängigkeit von der Kosteneinsparung – Die Basisfälle der deutschen Mobilfunknetzbetreiber im Vergleich ... 45

Abb. III.1: Die Kosten eines mobil übertragenen Megabyte in Abhängigkeit von der Technologie ... 47

Abb. III.2: Nash-Gleichgewichtskapazitäten im Basisfall unter Annahme von Symmetrie ... 68

Abb. III.3: Mindestnetzabeckungsquoten im Basisfall unter Annahme von Symmetrie ... 69

Abb. III.4: Mindestnetzabeckungsquoten im veränderten Basisfall* unter Annahme von Symmetrie ... 72

Abb. III.5: Der Symmetriefall: „Anzahl der Sendestationen" 75

Abb. III.6: Der Symmetriefall: „Preis/ARPU Entwicklung" 76

Abb. III.7: Der Symmetriefall: „Anzahl der Nutzer" 76

Abb. III.8: Der Symmetriefall: „Gewinnentwicklung" 77

Abb. III.9: Datenaufkommen in deutschen Mobilfunknetzen 82

Abb. III.10: Datenflut im Symmetriefall 85

Abb. III.11: Der Einfluss unterschiedlicher Frequenzmengen auf die Durchschnittskosten der Mobilfunknetzbetreiber 91

Abb. III.12: Die geografische Abdeckung unterschiedlicher Frequenzbereiche 92

Abb. III.13: Der Einfluss unterschiedlicher Frequenzbereiche auf die Durchschnittskosten der Mobilfunknetzbetreiber 93

Abb. III.14: Nash-Gleichgewichtskapazitäten im Basisfall unter Annahme von Asymmetrie 97

Abb. III.15: Der Asymmetriefall: „Frequenzausstattungsunterschiede" 99

Abb. III.16: Der Asymmetriefall: „Kapazitätskostendifferenz" 100

Abb. III.17: Der Asymmetriefall: „Anzahl der Basisstationen" 102

Abb. III.18: Der Asymmetriefall: „Preis/ARPU Entwicklung" 102

Abb. III.19: Der Asymmetriefall: „Anzahl der Nutzer" 103

Abb. III.20: Der Asymmetriefall: „Gewinnentwicklung" 103

Abb. IV.1: UMTS, DSL und LTE: Bandbreite und Reaktionszeiten im Vergleich* 105

Abb. IV.2: Entwicklung der Festnetz- und Mobilfunkbandbreiten über die Zeit (illustrativ) 106

Abb. IV.3: Konsumentennutzen in Abhängigkeit von der Bandbreite 107

Abb. IV.4: Gewinnverlauf von Telefónica/O2 in Abhängigkeit von der Homogenität 129

Abb. IV.5: RGU-Verlauf von Telefónica/O2 in Abhängigkeit von der Homogenität 130

Abb. IV.6: Preis/ARPU-Verlauf von Telefónica/O2 in Abhängigkeit von der Homogenität 131

Abb. IV.7: Substitutionsquote von Telefónica/O2 in Abhängigkeit von der Homogenität.. 132

Abb. IV.8: Investitionsausgaben von Telefónica/O2 in Abhängigkeit von der Homogenität.. 133

Abb. IV.9: Festnetz-Substitutionsquote von Telefónica/O2 in Abhängigkeit von der Homogenität... 135

Abb. IV.10: Der Gewinnverlauf von Telefónica/O2 in der Sensitivitätsanalyse........ 136

Abb. IV.11: Gewinnverlauf von Vodafone in Abhängigkeit von der Homogenität .. 138

Abb. IV.12: RGU-Verlauf von Vodafone in Abhängigkeit von der Homogenität 139

Abb. IV.13: Preis/ARPU-Verlauf von Vodafone in Abhängigkeit von der Homogenität.. 139

Abb. IV.14: Substitutionsquote von Vodafone in Abhängigkeit von der Homogenität.. 140

Abb. IV.15: Investitionsausgaben von Vodafone in Abhängigkeit von der Homogenität.. 140

Abb. IV.16: Festnetz-Substitutionsquote von Vodafone in Abhängigkeit von der Homogenität.. 141

Abb. IV.17: Der Gewinnverlauf von Vodafone in der Sensitivitätsanalyse............... 142

Abb. IV.18: Gewinnverlauf der DTAG in Abhängigkeit von der Homogenität........ 144

Abb. IV.19: RGU-Verlauf der DTAG in Abhängigkeit von der Homogenität.......... 145

Abb. IV.20: Preis/ARPU-Verlauf der DTAG in Abhängigkeit von der Homogenität.. 146

Abb. IV.21: Substitutionsquote der DTAG in Abhängigkeit von der Homogenität .. 147

Abb. IV.22: Investitionsausgaben der DTAG in Abhängigkeit von der Homogenität.. 147

Abb. IV.23: Festnetz-Substitutionsquote der DTAG in Abhängigkeit von der Homogenität.. 148

Abb. IV.24: RGU-Verlauf der DTAG nach der Zugangstechnologie und in Abhängigkeit von der Homogenität... 148

Abb. IV.25: Der Gewinnverlauf der DTAG in der Sensitivitätsanalyse..................... 149

Abb. IV.26: Mindestmarktanteile von E-Plus zum Betrieb eines Festnetzes in Abhängigkeit von der Festnetz-Substitution... 151

Abb. IV.27: Der Reservationspreis-CAPEX-Zusammenhang 153

Abb. IV.28: Der Gewinn-Verlauf von Telefónica/O2 im FTTH-Ausbaufall............ 155

Abb. IV.29: Der Gewinn-Verlauf von Vodafone im FTTH-Ausbaufall.................... 156

Abb. IV.30: Der Gewinn-Verlauf der Deutschen Telekom im FTTH-Ausbaufall..... 156

Tabellenverzeichnis

Tab. II.1: Upgradeverzögerung – Der Basisfall am Beispiel von Telefónica/O2 40

Tab. II.2: Upgradeverzögerung – Der Basisfall am Beispiel von E-Plus 43

Tab. III.1: Modellparameter für den Basisfall vor Einführung von LTE im deutschen Mobilfunkmarkt unter Annahme von Symmetrie 66

Tab. III.2: Modellparameter für den LTE-Fall im deutschen Mobilfunkmarkt unter Annahme von Symmetrie 74

Tab. III.3: Modellparameter für den LTE-Fall im deutschen Mobilfunkmarkt unter Annahme von Symmetrie, „Marktausweitung" 79

Tab. III.4: Modellparameter für den LTE-Fall im deutschen Mobilfunkmarkt unter Annahme von Symmetrie, „Ländliche Regionen" I/II 81

Tab. III.5: Modellparameter für den LTE-Fall im deutschen Mobilfunkmarkt unter Annahme von Symmetrie, „Ländliche Regionen" II/II 82

Tab. III.6: Modellparameter für den LTE-Netzüberlastungsfall unter Annahme von Symmetrie 84

Tab. III.7: Frequenzausstattung der deutschen Mobilfunknetzbetreiber nach der LTE-Auktion vom April 2010 (ohne GSM-Frequenzen) 87

Tab. III.8: Modellparameter für den LTE-Fall im deutschen Mobilfunkmarkt unter Annahme von Asymmetrie 96

Tab. IV.1: Rahmendaten für den deutschen Mobilfunk-Festnetz-Substitutionsfall 124

Tab. IV.2: Mobilfunk-Festnetz-Substitution – Der Fall „Telefónica/O2" 126

Tab. IV.3: Mobilfunk-Festnetz-Substitution – Der Fall „Vodafone" 137

Tab. IV.4: Mobilfunk-Festnetz-Substitution – Der Fall „Deutsche Telekom" 143

Tab. IV.5: Mobilfunk-Festnetz-Substitution – Der Fall „E-Plus" 150

Abkürzungsverzeichnis

1, 2, 3, 4G	1., 2., 3., 4. Mobilfunkgeneration
ARPU	Average Revenue Per User
bspw.	beispielsweise
CAPEX	Capital Expenditures
CDMA	Code Division Multiple Access
c. p.	ceteris paribus
d. h.	das heißt
DOCSIS	Data Over Cable Service Interface Specification
DSL	Digital Subscriber Line
DTAG	Deutsche Telekom AG
EDGE	Enhanced Data Rates for GSM Evolution
FDD	Frequency Division Duplex
FTTC	Fiber To The Curb
FTTH	Fiber To The Home
GG	Gleichgewicht
GHz	Gigahertz
GPRS	General Packet Radio Service
GSM	Global System for Mobile Communications (*früher*: Groupe Spécial Mobile)
HSPA+	Evolved High-Speed Packet Access
HSDPA	High Speed Downlink Packet Access
IP	Internet Protokoll
i. S. v.	im Sinne von
KR	Konsumentenrente
LTE	Long Term Evolution
Mbps	Megabits pro Sekunde
MHz	Megahertz
MIMO	Multiple Input/Multiple Output
ms	Millisekunden
MU	Multi User
Nash-GG	Nash-Gleichgewicht
O2	Telefónica/O2
OFDM	Orthogonal Frequency Division Multiplexing
OPEX	Operational Expenditures

p. a.	per annum
pp.	Prozentpunkt(e)
SAC	Subscriber Acquisition Costs
SRC	Subscriber Rentention Costs
TDD	Time Division Duplex
UMTS	Universal Mobile Telecommunications System
UWC	Universal Wireless Communication
vs.	versus
VDSL	Very High Speed Digital Subscriber Line
z. B.	zum Beispiel

Variablen- und Parameterverzeichnis

α	Reservationspreis
b	Steigung
B	Bandbreite
β	Grad der Verbundvorteile
c	marginale Kosten
DK	Durchschnittskosten
η	Kostensenkungsfaktor
E	Endzeitpunkt
F	Fixkosten
γ	Grad der Differenzierung
g, G	(kumulierte) Gewinnfunktion
GK	Grenzkosten
h	periodisierte Investitionskosten
H	Investitionskosten
K	Kapazität
M	Maximalmarge
N	(risikoadjustierte) Nachfragekurve
λ	Konstante
p	Preis
ϕ	„Beste Antwort"-Korrespondenz
σ	Risikofaktor
π	Gewinn
q	Menge
R	Inverse Kapazität
ρ	Diskontsatz
s	Strategie
S	Strategienraum
t	Zeit
T	Upgradezeitpunkt
τ	(marginale) Zeitkosten des Konsumenten
θ	Konstante
U	Nutzen
x	Rückfluss aus Forschungs- & Entwicklungsinvestitionen

I. Problemstellung

Die Mobiltelefonie, heute globaler Standard mit über 4 Milliarden Nutzern weltweit, begann in Deutschland als einem der Vorreiterländer mobiler Kommunikation mit seinem ersten öffentlichen Funknetz im Jahr 1958, dem sog. *A-Netz* (vgl. Gerum et al. 2005, S. 10). Diese erste Mobilfunkgeneration (kurz: 1G) arbeitete ausschließlich analog und bot lediglich einfache Sprachübertragung. Datenübertragung bzw. der Zugang zum Internet über ein mobiles Endgerät, wie es heute durch Smartphones, Tablet Computer oder Netbooks möglich und üblich ist, waren weder vorgesehen noch besonders gefragt[1]. Auch war das Telefonieren im Ausland (sog. *Roaming*) mit einem für das deutsche Mobilfunknetz entwickeltem Endgerät kaum möglich, da weltweit unterschiedliche Mobilfunkstandards zum Einsatz kamen. Nur Portugal und Südafrika betrieben den in Deutschland entwickelten Funkstandard. Aufgrund dieser Inkompatibilität schlossen sich in den 80iger Jahren mehrere europäische Telekommunikationsunternehmen zu einer Arbeitsgruppe zusammen, die unter dem Namen *Groupe Spécial Mobile* (später in *Global System for Mobile Communications*, kurz: GSM, umbenannt) den gleichnamigen Funkstandard für ganz Europa entwickelten. Dieser, heute als zweite Mobilfunkgeneration (2G) bekannt, wurde 1992 in Deutschland eingeführt und arbeitete erstmals auf digitaler Basis. Die Mobilfunkpenetration in Deutschland betrug zu diesem Zeitpunkt ca. 1 %. Mit Öffnung des Telekommunikationsmarktes für Wettbewerber im gleichen Jahr konnte sich der neue Standard über massive Preissenkungen sowie leichtere und kleinere Endgeräte zügig am deutschen Markt etablieren und gegenüber dem analogen Standard „ungebremst" ausbreiten[2]. Für die Mobilfunknetzbetreiber bedeutete diese Entwicklung in den Folgejahren ein enormes Kunden- und Gewinnwachstum, da der Markt bis dato faktisch unerschlossen war.

Bis 2005 konnten die Umsätze und Gewinne[3] der Branche stetig zunehmen und erreichten in jenem Jahr einen Höchstwert von 68,8 bzw. 8,8 Milliarden € bei einer Marktsättigung von nahezu 100 %. Aufgrund des zunehmenden Wettbewerbs durch die Service Provider (wie z. B. Tchibo Mobil, Aldi Talk oder Debitel) und des nur noch schwachen Kundenwachstums konnten die Netzbetreiber ihre Umsatz- und Ge-

---

[1] Zur Erinnerung: Die kommerzielle Nutzung des Internets und damit die breite Nachfrage nach Datenübertragung begann erst in den 90iger Jahren.
[2] So zum Beispiel betrug der Preis für ein Nokia Talkman, welches im analogen Netz als „mobiles" Endgerät eingesetzt wurde, weit über 2.000 € und wog ca. 4,6 kg. Ein für das GSM-Netz vergleichbares Endgerät kostete dagegen weniger als 100 € und wog nur wenige Hundert Gramm.
[3] Der Gewinn bezieht sich auf den EBITDA (Earnings Before Interest, Taxes, Depreciation and Amortization).

winnniveaus jedoch nicht mehr halten mit der Konsequenz rückläufiger oder stagnierender Werte in den darauffolgenden Jahren. Abhilfe bzw. neuen Aufschwung sollte die dritte Mobilfunkgeneration (3G) unter dem Namen *Universal Mobile Telecommunications System* (UMTS) leisten. Diese sollte bei einer Übertragungskapazität von anfangs 0,38 Megabit pro Sekunde (Mbps) eine dem kabelgebundenen Internetzugang (wie z. B. über DSL) nahekommende Interneterfahrung auf dem mobilen Endgerät ermöglichen und neben den bis dato existierenden Hauptumsatztreibern, Sprachtelefonie und SMS, neue Erlösquellen im Bereich der Datenübertragung eröffnen. Während die Lizenzen für den UMTS-Betrieb bereits im Jahr 2000 versteigert wurden, ist die Technologie jedoch nicht vor 2004 mit zunächst sehr hohen Preisen und kaum benutzerfreundlichen Endgeräten in den deutschen Markt eingeführt worden. Entsprechend schleppend vollzog sich die Diffusion. Erst mit den sinkenden Preisen in den darauffolgenden Jahren und der Einführung des Apple iPhone in 2007 wurde der Markt für mobile Endgeräte nachhaltig revolutioniert. Es gelang der dritten Mobilfunkgeneration sich durchzusetzen und damit den Umsatz- und Gewinnrückgang der Branche zu stoppen (vgl. FAZ 2010a und VATM 2009b, S. 24). Hatte UMTS sich gerade etabliert – nicht jedoch amortisiert –, wurde bereits im Mai 2010 die nächste Frequenzauktion zum Einsatz der Nachfolgetechnologie *Long Term Evolution* (LTE) abgehalten. Zwar zahlten die Mobilfunknetzbetreiber in diesem Fall deutlich weniger für ihre Lizenzen als bei der UMTS-Auktion (nahezu 90 % Preisunterschied), dennoch wurden bei der Markteinführung – ebenso wie mit UMTS – erneut sehr hohe Einführungspreise gesetzt, während kaum mobile Endgeräte verfügbar waren.

Hieraus stellt sich die Frage, ob die Einführung von LTE zu diesem Zeitpunkt wirklich notwendig war oder ob nicht dieselben Fehler wiederholt worden sind wie schon zum UMTS-Marktstart. Sicher ist zumindest, dass LTE aufgrund seiner einfacheren und effizienteren Netzwerkarchitektur das Potential aufweist, die Netzbetriebskosten gegenüber UMTS erheblich zu senken. Mit den vergleichsweise hohen Übertragungskapazitäten von 100 Mbps bei Latenzzeiten[4] von 10 Millisekunden tritt sie zudem in Konkurrenz mit dem kabelgebundenen bzw. stationären Internetzugang über DSL und lässt damit weitreichende Folgen für den deutschen Telekommunikationsmarkt erwarten (vgl. FAZ 2010 und Nokia Siemens Networks 2009, S. 8-13). Während dieser neue Mobilfunkstandard für die „reinen" Mobilfunknetzbetreiber (solche, die nur mobile

---

[4] Latenzzeiten (oder auch Reaktionszeiten genannt) bezeichnen die Zeiten zwischen dem Senden eines Datenpakets von einem mobilen Endgerät oder Computer über das Internet und der Antwort des Servers. Sie beträgt bei UMTS ca. 150 ms (HSDPA ca. 65 ms), bei DSL etwa 20 ms und bei LTE 5 bis 10 ms.

Dienstleistungen bieten, wie z. B. E-Plus) als äußerst vorteilhaft betrachtet werden kann, sie können in Konkurrenz mit den Anbietern für stationäre (DSL-)Internetzugänge treten, stellt er vor dem Hintergrund von Substitutions- bzw. Kannibalisierungseffekten für die integrierten Netzbetreiber (solche, die sowohl ein Fest- als auch Mobilfunknetz unter einem Dach betreiben, z. B. Vodafone, die Deutsche Telekom oder Telefónica/O2) ein möglicherweise gravierendes Problem dar. Dies würde bspw. einer vorschnellen Einführung von LTE widersprechen, jedoch einen Grund für die hohen (Einführungs-)Preise darstellen.

Neben diesem seit der Einführung von UMTS langsam aufkommenden Substitutionsthema wurde von der Fachwelt viel über die LTE-Technologie, ihr Entwicklungspotential sowie ihre Auswirkungen auf den deutschen Telekommunikationsmarkt diskutiert. Bisher fehlte es aber an einer grundlegenden und zusammenhängenden ökonomischen Analyse, welche Chancen, Gefahren und optimale Handlungsmöglichkeiten für die reinen und integrierten Mobilfunknetzbetreiber Deutschlands bei der Einführung von LTE bzw. einer neuen Mobilfunktechnologie aufzeigt. Diese Lücke soll die nachfolgende Arbeit schließen und damit gleichzeitig eine Grundlage für die Strategienfindung der Mobilfunknetzbetreiber bzgl. der Einführung zukünftiger Mobilfunktechnologien, wie bspw. des LTE-Nachfolgers *LTE-Advanced*[5], bilden.

Die Arbeit beginnt in Kapitel II mit der Frage nach dem optimalen Upgradeverhalten der deutschen Mobilfunknetzbetreiber in Bezug auf ihre Mobilfunk- bzw. Übertragungstechnologie. Hierbei soll geklärt werden, ob es sich für einen Netzbetreiber lohnt, ein Upgrade unverzüglich durchzuführen, zu verzögern oder sogar gänzlich auszulassen, sowie im Falle einer positiven Upgradeentscheidung einen möglichen Upgradetermin zu bestimmen. Dabei soll der Umstand berücksichtigt werden, dass sich die Marktanteile der deutschen Netzbetreiber stark asymmetrisch verteilen und möglicherweise einen Einfluss auf die Upgradeentscheidung ausüben. Die Analyse baut auf einem spieltheoretischen Ansatz auf, welcher erstmalig von Reinganum (1981) entwickelt wurde und die wechselseitig besten Antworten zweier am Markt agierender Unternehmen bzgl. eines Technologieupgrades beschreibt.

---

[5] „LTE-Advanced" gilt als Nachfolger von LTE und erlaubt eine Übertragungskapazität von 1.000 Mbps, also 10mal mehr als der heutige LTE-Standard. LTE-Advanced gilt aufgrund der technischen Neuerungen gegenüber LTE als eigentliche vierte Mobilfunkgeneration (4G). Aufgrund von Marketing- und Vertriebsgründen wird bereits LTE als 4G bezeichnet, obwohl LTE technisch gesehen der dritten Generation zuzuordnen ist (vgl. LTEmobile 2010).

Ist die Upgradefrage geklärt, folgt in Kapitel III eine Marktangebots- und Nachfrageanalyse auf Basis des Bertrand-Modells[6]. Ziel dieser Analyse ist es zu verstehen, wie sich die geringeren Betriebskosten sowie steigenden Übertragungskapazitäten eines LTE-Upgrades auf die Netzkapazitäten, Kundenzahlen, Preise und Gewinne der Mobilfunknetzbetreiber im Wettbewerb auswirken. Auch hier soll zwischen zwei zunächst symmetrischen und anschließend asymmetrischen Netzbetreibern unterschieden werden, um den Einfluss der seit Anbeginn des deutschen Mobilfunks bestehenden asymmetrischen Frequenzausstattung der deutschen Netzbetreiber auf ihre Geschäftsaktivitäten verstehen zu können. Die Analyse bezieht sich auf einen mit Mobilfunkanschlüssen gesättigten Markt. Potentielle Netzeffekte oder Diffusionserscheinungen mit extremen Mengen- und Gewinnwachstumsraten, wie sie zu Beginn der Mobilfunkära in den 90iger Jahren auftraten, können als verzerrende Faktoren ausgeschlossen werden.

Sind die Auswirkungen eines LTE-Upgrades auf die strategischen Variablen der Mobilfunknetzbetreiber und den deutschen Mobilfunkmarkt konkretisiert worden, folgt in Kapitel IV eine Untersuchung zum Mobilfunk-Festnetz-Substitutionsproblem der integrierten Netzbetreiber, welches im Zuge eines LTE-Upgrades aufgrund der besseren Datenübertragungseigenschaften von LTE erwartungsgemäß zunehmen sollte. Folgende Fragen sollen in diesem Zusammenhang beantwortet werden: Erstens, welche ökonomischen Voraussetzungen erfüllt sein müssen, um den gleichzeitigen Betrieb eines Fest- und Mobilfunknetzes unter einer einheitlichen Unternehmensleitung in der LTE-Welt zu rechtfertigen. Zweitens, ob es für einen bisher reinen Mobilfunknetzbetreiber vorteilhaft sein könnte neben seinen Mobilfunkaktivitäten in ein Festnetz zu investieren. Und drittens, ob es sich für einen integrierten Netzbetreiber grundsätzlich lohnen kann, in die kabelgebundene Glasfasertechnologie *Fiber-to-the-home* (FTTH) als nutzensteigerndes Upgrade der DSL-Technologie zu investieren. Zur Beantwortung wird das Cournot-Modell[7] in einer für das hier dargestellte Problem angepassten Modellfas-

---

[6] Das Bertrand-Wettbewerbsmodell geht auf Joseph Bertrand zurück, welcher es im Jahr 1883 als Kritik an dem Cournot-Modell geäußert hat. Während Cournot die Produktionsmenge als strategische Variable zur Gewinnmaximierung eines Unternehmens heranzieht, benutzt Bertrand im selben Modellaufbau den Preis und kommt damit zu einem anderen Ergebnis als Cournot. Eine ausführliche Übersicht zu diesem Modell liefern Pindyck und Rubinfeld (2005, S. 587 ff.) in ihrem Standardwerk „Mikroökonomie, 6. Auflage".

[7] Das Cournot-Modell wurde von Augustin Cournot im Jahr 1838 entwickelt. Es beschreibt in seiner einfachsten Modellform ein Dyopol mit zwei konkurrierenden Unternehmen, die ihre Produktionsmengen strategisch wählen bzw. optimieren, um ihre Gewinne zu maximieren. Eine ausführliche Übersicht zu diesem Modell liefern Pindyck und Rubinfeld (2005, S. 579 ff.) in ihrem Standardwerk „Mikroökonomie, 6. Auflage".

sung herangezogen und für die deutschen Mobilfunknetzbetreiber einzeln zur Anwendung gebracht.

Das letzte Kapitel fasst die Aussagen aus den vorhergehenden Kapiteln zusammen und gibt eine abschließende Einschätzung zu den erworbenen Erkenntnissen ab. Diese kann als Grundlage sowohl für die Netzbetreiber als auch für die Wettbewerbshüter dienen, ihre Strategien bzw. Kontrollaktivitäten entlang eines Nash-Gleichgewichts zu orientieren und damit wohlfahrtsoptimales Handeln zu fördern.

II. Upgradeverhalten konkurrierender Mobilfunknetzbetreiber

Die Mobiltelefonie als eine der wichtigsten Errungenschaften des 20. Jahrhunderts wurde erstmalig im Jahr 1958 mit dem sog. *A-Netz* in Deutschland eingeführt. Mit einer nur geringen Übertragungskapazität von weniger als 0,01 Mbps und „mobilen" Endgeräten so groß wie ein Autokofferraum konnten zunächst nur 11.000 Kunden an der mobilen Kommunikation teilnehmen. Mit Einführung des *B-Netzes* im Jahr 1972, welches einige technische Neuerungen[8] gegenüber dem A-Netz aufwies, erweiterte sich diese Zahl erst auf 16.000, später dann unter Hinzunahme der Kapazitäten aus dem abgeschalteten A-Netz auf 27.000 Kunden. Acht Jahre danach wurde schließlich mit dem *C-Netz* der dritte und letzte Mobilfunkstandard der analogen Generation, wieder mit einigen technischen Neuerungen[9] sowie einer deutlich größeren Kapazität, in Deutschland eingeführt und bot erstmalig rund 850.000 Kunden Zugang zur Mobilkommunikation. Die Größe der Endgeräte hatte sich mittlerweile auf die eines Schuhkartons reduziert, sie waren aber mit einem Gewicht von 4,6 kg und einem Preis von über 2.000 € pro Gerät alles andere als massentauglich.

Abb. II.1: Umsatz- und Vertragsentwicklung im deutschen Mobilfunkmarkt 1992-2011

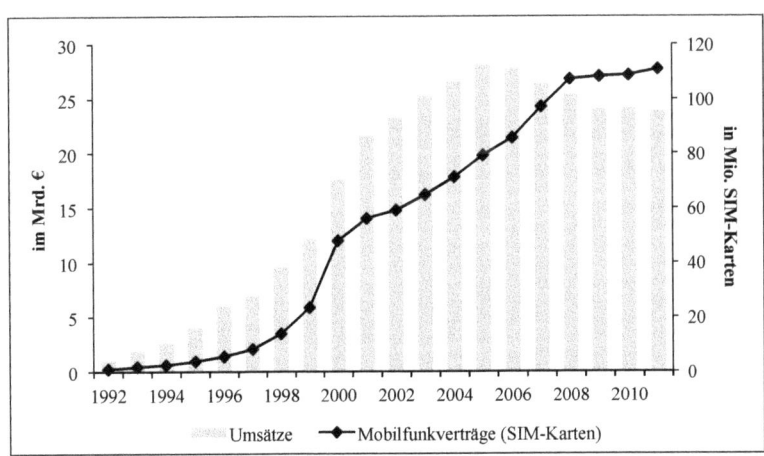

Quelle: VATM (2007 & 2011), eigene Recherche

---

[8] So erlaubte das B-Netz erstmals eine direkte und ohne Hand vermittelte Verbindung zum Festnetz und umgekehrt.
[9] Hierbei ist insbesondere die automatische Ermittlung des Aufenthaltsortes des Anzurufenden zu nennen, welcher zuvor dem Anrufer bekannt sein musste. Darüber hinaus erlaubte das C-Netz erstmals die automatische Übergabe eines Gesprächs zwischen zwei Funkzellen.

Vergleicht man die damaligen Kundenzahlen und Umsätze mit den heutigen (siehe Abb. II.1), dann kann die Mobiltelefonie vor bzw. zu Beginn der digitalen Ära, diese begann in Deutschland im Jahr 1992 mit der Einführung der GSM-Technologie, ökonomisch als weitestgehend unbedeutend eingestuft werden. Des Weiteren wurden die damaligen Netze nur von einem Anbieter, der Deutschen Bundespost, und damit als Monopol betrieben, so dass jegliche aus Unternehmenssicht (nicht aber aus wohlfahrtsökonomischer Sicht) relevanten Wettbewerbsanalysen obsolet gewesen wären.

Abb. II.2: Entwicklungssprünge in der Mobilfunktechnologie in Deutschland

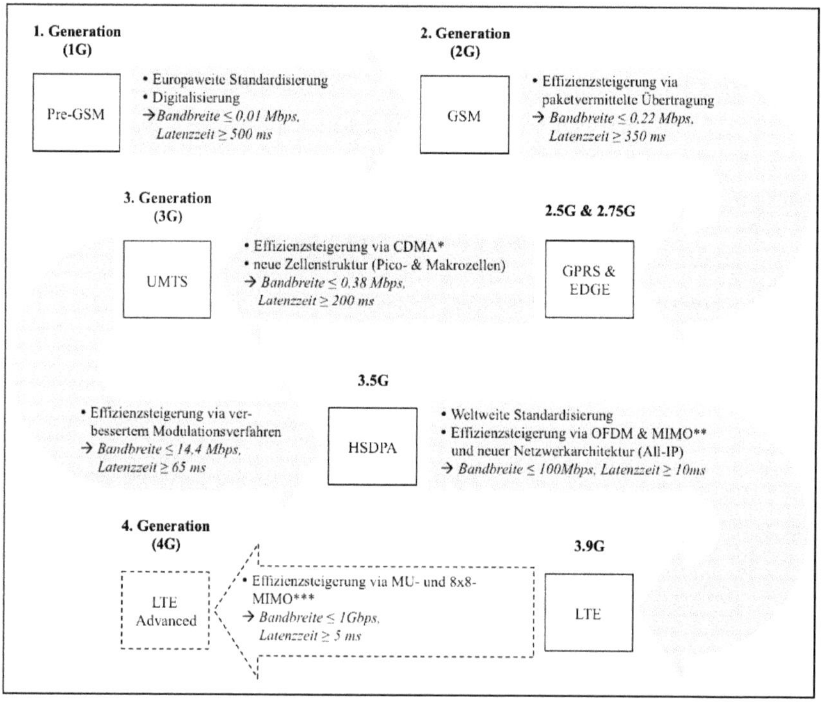

1. Generation (1G)

Pre-GSM
- Europaweite Standardisierung
- Digitalisierung
- → Bandbreite ≤ 0,01 Mbps,
  Latenzzeit ≥ 500 ms

2. Generation (2G)

GSM
- Effizienzsteigerung via paketvermittelte Übertragung
- → Bandbreite ≤ 0,22 Mbps,
  Latenzzeit ≥ 350 ms

3. Generation (3G)

UMTS
- Effizienzsteigerung via CDMA*
- neue Zellenstruktur (Pico- & Makrozellen)
- → Bandbreite ≤ 0,38 Mbps,
  Latenzzeit ≥ 200 ms

2.5G & 2.75G

GPRS & EDGE

3.5G

- Effizienzsteigerung via verbessertem Modulationsverfahren
- → Bandbreite ≤ 14,4 Mbps,
  Latenzzeit ≥ 65 ms

HSDPA

- Weltweite Standardisierung
- Effizienzsteigerung via OFDM & MIMO**
  und neuer Netzwerkarchitektur (All-IP)
- → Bandbreite ≤ 100Mbps, Latenzzeit ≥ 10ms

4. Generation (4G)

LTE Advanced
- Effizienzsteigerung via MU- und 8x8-MIMO***
- → Bandbreite ≤ 1Gbps,
  Latenzzeit ≥ 5 ms

3.9G

LTE

*CDMA (Code Division Multiple Access) = Erlaubt mehreren Benutzern simultan den Zugriff auf einen Übertragungskanal; **OFDM (Orthogonal Frequency Division Multiplexing) = Aufteilung des Frequenzspektrums in einzelne Trägersignale; MIMO (Multiple Input/Multiple Output) = Nutzung mehrerer Sende- und Empfangsantennen gleichzeitig; ***MU-MIMO (Multi User MIMO) = Verarbeitung mehrerer Nutzerströme auf der gleichen Frequenz; 8x8-MIMO = 16 Sende- bzw. Empfangskanäle

Quelle: Eigene Darstellung

Mit der Einführung der digitalen GSM-Technologie und der Öffnung des Mobilfunkmarktes für Wettbewerber im selben Jahr hat sich diese Situation grundlegend geändert. So vervielfachte sich mit der neuen GSM-Technologie die verfügbare Netzkapazität bzw. Übertragungsbandbreite (siehe Abb. II.2) und verhalf aufgrund der europaweiten Standardisierung und der damit einhergehenden Massenproduktion die Preise für mobile Endgeräte auf unter 100 € zu drücken, während sie gleichzeitig an Größe und Gewicht verloren[10]. In Verbindung mit dem erstmalig geschaffenen Wettbewerb, der durch den Eintritt von drei weiteren Mobilfunknetzbetreibern[11] im deutschen Markt für sinkende Endnutzerpreise sorgte, entwickelte sich die Mobiltelefonie in den darauffolgenden Jahren zu einem Massenprodukt mit Umsätzen in zweistelliger Milliardenhöhe (siehe Abb. II.1). Zwar gewann die Mobiltelefonie (und damit wissenschaftliche Analysen zu diesem Thema) an ökonomischer Relevanz, aber eine Analyse des strategischen bzw. zeitabhängigen Upgradeverhaltens[12] (aus Unternehmenssicht) war nach wie vor uninteressant. So wurden die GSM-Lizenzen von der Bundesnetzagentur (damals: *Bundesamt für Post und Telekommunikation*) per Ausschreibungsverfahren zu unterschiedlichen Zeitpunkten vergeben mit der Konsequenz, dass Markteintritte weiterer Wettbewerber sowie ein mögliches Netzupgrade exogen bestimmt worden sind. Erst mit der Einführung des Auktionsverfahrens, welches bei der Vergabe der späteren UMTS- und LTE-Lizenzen in den Jahren 2000 bzw. 2010 zum Einsatz kam und einen für alle Wettbewerber zeitgleichen und damit selbstbestimmenden Marktzutritt bzw. Technologiewechsel erlaubte, ist eine ökonomische Untersuchung des strategischen Upgradeverhaltens konkurrierender Mobilfunknetzbetreiber interessant.

Betrachtet man bspw. den zeitlichen Verlauf der UMTS-Einführung[13] in Deutschland (siehe Abb. II.3), fällt auf, dass die Netzbetreiber zu unterschiedlichen Zeitpunkten begonnen haben, ihr UMTS-Netz aufzubauen und die damit einhergehenden Dienstleistungen zu vermarkten, obwohl alle zeitgleich über die entsprechenden Nutzungsrechte verfügten. Kann es demnach – wie es schon die Bundesnetzagentur bei der GSM-Einführung veranlasst hat – ökonomisch vorteilhaft sein, Netzupgrades zu verzögern oder ist es irrelevant wann die Netzbetreiber, ungeachtet der Konkurrenz, ihre neue Technologie einführen? Letzteres kann im Lichte von First-Mover-Vorteilen

---

[10] Letztere beiden Punkte sind der Halbleitertechnik zu verdanken, die zur Miniaturisierung der Endgeräte beitrug (vgl. Gerum et al. 2003, S. 65).
[11] Dazu gehörten Vodafone (damals: *Mannesmann Mobilfunk*), E-Plus und Telefónica/O2 (damals: *VIAG Interkom*).
[12] Hierunter ist immer der Wechsel bzw. die Aufrüstung von einer bestehenden Mobilfunkübertragungstechnologie auf eine neue Übertragungstechnologie gemeint. Im Folgenden auch als Netzupgrade oder Technologie-Upgrade bezeichnet.
[13] Entspricht einem Netzupgrade, wie es hier untersucht werden soll.

(mehr dazu in Abschnitt 2.1 dieses Kapitels) wohl verneint werden, da die durch die Bundesnetzagentur verzögerten Markteintritte von E-Plus und Telefónica/O2, welche zwei bzw. sechs Jahre nach ihren Konkurrenten, Deutsche Telekom und Vodafone, erstmalig in Deutschland an den Start gingen, zu erheblichen Wettbewerbsvorteilen (-nachteilen) für die beiden Letztgenannten (Erstgenannten) führten (vgl. Gerpott 2008, S. 37 ff.). Folglich wird von einer noch zu bestimmenden ökonomischen Rationale der Netzbetreiber ausgegangen, eine neue Übertragungstechnologie zu einem bestimmten Zeitpunkt und in Abhängigkeit der Einführungszeitpunkte der Konkurrenz zu implementieren.

Abb. II.3: Chronologischer Verlauf der UMTS-Einführung in Deutschland

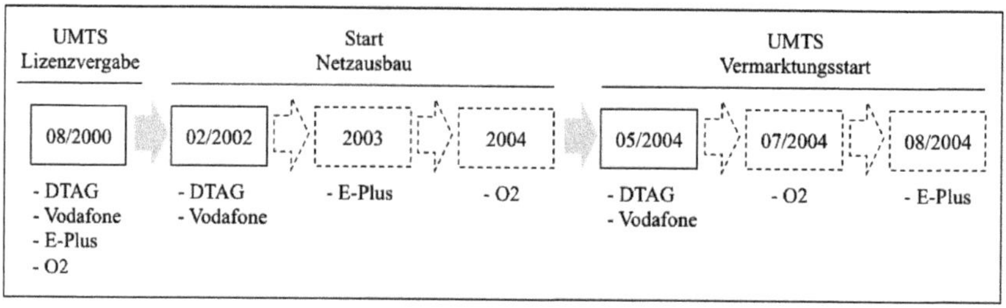

UMTS Lizenzvergabe	Start Netzausbau			UMTS Vermarktungsstart		
08/2000	02/2002	2003	2004	05/2004	07/2004	08/2004
- DTAG - Vodafone - E-Plus - O2	- DTAG - Vodafone	- E-Plus	- O2	- DTAG - Vodafone	- O2	- E-Plus

Quelle: Eigene Darstellung

Auktionsunabhängige bzw. lizenzfreie Netzupgrades wie *General Packet Radio Service* (GPRS), *Enhanced Data Rates for GSM Evolution* (EDGE) und *High Speed Downlink Packet Access* (HSDPA) sollen hier nur eine untergeordnete Rolle spielen, da sie lediglich eine Ausbaustufe der zugrundeliegenden GSM- bzw. UMTS-Technologie darstellen und als solche kein eigenständiges und investitionsintensives Netz begründen (vgl. Mielke 2002, S. 193-195 und Spiegel Online 2005). Technisch gesehen gehört auch LTE der dritten Mobilfunkgeneration an und müsste, ebenso wie HSDPA, als UMTS-Ausbaustufe angesehen werden (vgl. LTEmobile 2010, S. 9-10)[14]. Da LTE gegenüber UMTS auf einer völlig neuartigen Netzwerkarchitektur mit neuen Netzkomponenten sowie Endgeräten aufbaut, begründet es dennoch ein eigenständiges und von UMTS unabhängiges Mobilfunknetz (vgl. LTE mobile 2010, S. 11-24 und Deutsche Telekom 2010). Diese Unterscheidung zwischen eigenständigem Mobilfunknetz und Netzausbaustufe ist dahingehend von Relevanz, als dass eine Ausbaustufe oftmals nur ein Softwareupdate darstellt, das mit einem relativ geringen Investitionsaufwand

---

[14] Erst der Nachfolger von LTE, bekannt unter *LTE-Advanced*, wird als vierte Mobilfunkgeneration (4G) bezeichnet.

umgesetzt werden kann und somit aus ökonomischen Gesichtspunkten vergleichsweise unbedeutend erscheint (vgl. onlinekosten 2010a, b). Demgegenüber erfordert der Aufbau eines eigenständigen (deutschlandweiten) Mobilfunknetzes Investitionen in mehrstelliger Millionenhöhe und stellt damit einen bedeutenden Kostenfaktor auf Seiten der Mobilfunknetzbetreiber dar (FTD 2010, Gerpott 2008, S. 65 ff. und Handelsblatt 2001).

Was bedeutet so ein Netzupgrade aus wirtschaftstheoretischer Sicht? Entsprechend dem möglichen Kostensenkungspotential auf der einen und der Nutzensteigerung für die Konsumenten auf der anderen Seite entspricht ein Netzupgrade in der Wirtschaftstheorie sowohl einer Prozess- als auch einer Produktinnovation. Während die Produktinnovation in Form neuer oder verbesserter Produkte die Zahlungsbereitschaft der Konsumenten erhöht oder zumindest stabilisiert und infolgedessen einen positiven Effekt auf die Unternehmensumsätze ausübt, führt die Prozessinnovation aufgrund verbesserter bzw. effizienterer Verfahrenstechniken zu geringeren Produktionskosten (vgl. Wied-Nebbeling 2004, S. 202). Damit geben beide Innovationsformen, welche grundsätzlich im Rahmen eines Netzupgrades angestrebt werden, den Netzbetreibern die Möglichkeit, sich auch in Zukunft im Wettbewerb zu behaupten sowie ihre Gewinne zu stabilisieren oder sogar zu steigern.

Innovationen sind jedoch nicht kostenfrei, so dass ihr zukünftiger Nutzen den heutigen Investitionskosten gegenübergestellt werden muss. Somit steht jedes Unternehmen, das eine Innovation plant, vor der Frage, ob sich ihre Einführung in Bezug auf die daraus resultierenden Gewinnsteigerungen und/oder Kostensenkungen lohnt durchzuführen. Betrachtet man unter diesem Aspekt das Problem der Mobilfunknetzbetreiber ihre Netze auf eine neue Technologie aufzurüsten, dann muss die neue Technologie entscheidende Vorteile gegenüber der Vorhergehenden mit sich bringen, um ein Upgrade ökonomisch zu rechtfertigen. So reicht es möglicherweise nicht aus, lediglich eine bessere Sprachqualität zu ermöglichen, wenn gleichzeitig die Investitionen in die Milliarden gehen und damit die Frage nach der Amortisation nicht mehr zweifelsfrei bejaht werden kann. Neben der eigenen Amortisationsfrage müssen die Netzbetreiber jedoch auch die Entscheidung der Wettbewerber zu diesem Problem genau beobachten. Denn führt der Wettbewerber trotz unverhältnismäßig hoher Investitionskosten ein Upgrade durch, dann können auch geringe Qualitätsunterschiede, bspw. durch Netzeffekte induziert, zu einem Verlust der eigenen Wettbewerbsfähigkeit führen und damit die Unternehmensfortführung gefährden. So könnten sich die hohen Investitionskosten für den Wettbewerber dennoch rentieren, wenn dieser mit dem Niedergang der Konkurrenz und der damit einhergehenden Übernahme des frei werdenden Marktanteils rechnen kann.

1. Der gewinnoptimale Upgradeprozess konkurrierender Mobilfunknetzbetreiber

1.1 Upgradebedingungen

Beschäftigt man sich aus wissenschaftlicher Sicht mit dem Upgradeverhalten der Mobilfunknetzbetreiber, wird deutlich, dass es nur wenige modelltheoretische Analysen zu diesem Thema gibt. Einzig Fabrizi und Wertlen (2003), welche sich in ihrer Arbeit mit der UMTS-Upgradefrage unter der Annahme konkurrierender Wettbewerber beschäftigen, entwickeln ein Modell, das auf die Besonderheiten eines Technologieupgrades im Mobilfunk eingeht und liefern damit erste Anhaltspunkte zu den notwendigen Upgradebedingungen. In ihrem auf Hotelling[15] basierenden Modell konstruieren sie einen Markt mit zwei Wettbewerbern, die im Zuge eines potentiellen UMTS-Netzupgrades mit steigenden (Netz-)Betriebskosten und damit per Annahme mit einem steigenden Marktpreis gegenüber der Vorgängertechnologie GSM konfrontiert werden. Um einer möglichen Nachfragedämpfung dieser Preissteigerung Rechnung zu tragen, erlauben sie den Konsumenten unterschiedliche Präferenzen und damit unterschiedlich hohe Zahlungsbereitschaften für die neue Technologie zu bilden.

In ihrem ersten Modellfall, in welchem sie homogene positive Erwartungen der Konsumenten bzgl. der neuen Technologie unterstellen, führen beide Netzbetreiber ein symmetrisches Upgrade durch, da alle Konsumenten bereit sind, für den Nutzenanstieg (bedingt durch die neue Technologie) einen höheren Preis zu bezahlen. In ihrem zweiten Modellfall erlauben sie den Konsumenten dagegen heterogene – also positive, gleichbleibende oder negative – Erwartungen über den Nutzen der neuen Technologie zu bilden. Es zeigt sich, dass die Netzbetreiber nun nicht mehr einheitlich bzw. symmetrisch investieren. Ihre Entscheidung hängt nun davon ab, ob sie zwischen den heterogenen Konsumenten differenzieren und damit unterschiedliche Preise festlegen können (sog. Preisdiskriminierung[16]) oder nicht. In einem dritten Modellfall erweitern sie das Modell um Investitionskosten und zeigen, dass der Upgradeanreiz der Netzbetrei-

---

[15] Der Name „Hotelling" geht auf den gleichnamigen Autor Harold Hotelling zurück, der in seinem „Straßenmodell" von 1929 ein Modell entwickelt hat, welches das Problem der Produktdifferenzierung beschreibt.

[16] Für eine ausführliche Übersicht zum Thema „Preisdifferenzierung" siehe Wied-Nebbeling (2004, S. 40-52) oder Pindyck und Rubinfeld (2005, S. 506-513).

ber bei Existenz von Heterogenität und Investitionskosten (erwartungsgemäß) noch stärker gebremst wird als im Fall ohne Investitionskosten.

Bezieht man das Modell auf den hier untersuchten LTE-Fall, spielen für die Upgradeentscheidung nur die Investitionskosten eine Rolle, da in dieser Arbeit unterstellt wird, dass die LTE-Technologie zu geringeren Betriebskosten (siehe dazu Kapitel III dieser Arbeit) und damit nach Fabrizi und Wertlen zu fallenden Marktpreisen führt. Gleichzeitig liefert sie den Konsumenten eine höhere Qualität und Nutzenvielfalt (siehe dazu Kapitel IV dieser Arbeit) und damit den Anreiz von der alten auf die neue Technologie umzusteigen. Da hierbei eine für das Upgradeproblem möglicherweise wichtige Zeitkomponente, wie sie im deutschen UMTS-Upgradefall zu beobachten war (siehe Abb. II.3), unberücksichtigt bleibt, wird von einer Unvollständigkeit und damit einer nur bedingten Anwendbarkeit des Modells für den realen Upgradefall ausgegangen.

Einen möglichen Lösungsansatz bieten die Arbeit von Reinganum (1981) sowie die darauf aufbauenden Aufsätze von Lin und Saggi (2002). Beide gehen ebenfalls von einem Markt mit zwei konkurrierenden Unternehmen aus, die jedoch im Gegensatz zur Annahme von Fabrizi und Wertlen mit fallenden (Netz-)Betriebskosten im Rahmen eines potentiellen Netzupgrades konfrontiert werden. Dennoch soll den Konsumenten ein höherwertiger Mobilfunkdienst geboten werden, so dass sich ihre Zahlungsbereitschaft mit Einführung des Upgrades (sicher[17]) erhöht. Überdies treffen sie die Annahme, dass eine zeitliche Verzögerung des Technologieupgrades des später folgenden Unternehmens mit Kosteneinsparungen verbunden ist und sich hierdurch eine Wartestrategie lohnen kann. In diesem Szenario, das auch Grundlage dieser Arbeit darstellt, leiten sie schließlich die optimalen (Verzögerungs-)Strategien zweier konkurrierender Unternehmen in Bezug auf ein Technologieupgrade her[18].

---

[17] Einige Arbeiten zu diesem Thema, wie in Chatterjee und Sugita (1990), Hendricks (1992) oder Elberfeld und Nti (2004), unterstellen einen unsicheren Profitabilitätsausgang des Technologieupgrades und erhöhen damit die Komplexität des Modells, erreichen jedoch ähnliche Modellausgänge wie bei Unterstellung eines sicheren Profitabilitätsausgangs. Da im Rahmen der LTE-Technologie die potentiellen Kosteneinsparungen und Nutzensteigerungen für die Konsumenten als sicher gelten (→ vor Implementierung der Technologie eindeutig bestimmbar, siehe dazu Kapitel III und IV dieser Arbeit), kann auf den „Unsicherheitsfall" verzichtet und damit an Komplexität gespart werden.

[18] Weitere Arbeiten zu diesem Thema liefern insbesondere Fudenberg und Tirole (1985 &1987), Quirmbach (1986), Riordan (1992), Anderson und Engers (1994), Hoppe und Lehmann-Grube (2001) sowie Hoppe (2002). Diese erweitern das Modell von Reinganum (1981) oder untersuchen verwandte Themen, liefern darüberhinaus jedoch keine zusätzlichen Erkenntnisse für die hier untersuchte Fragestellung.

Für das hier untersuchte LTE-Upgradeproblem wird ein Markt mit nur zwei Mobilfunknetzbetreibern betrachtet. Beide bieten zunächst mobile Internetanschlüsse auf Basis von UMTS an und erzielen dabei einen identischen Gewinn in Höhe von π_{UMTS} pro Periode[19]. Die Annahme identischer Gewinne für beide Netzbetreiber ist hierbei unkritisch, da bei Nicht-Berücksichtigung der Investitionskosten lediglich die Gewinnrelationen entscheidend sind, nicht jedoch die absolute Höhe der Gewinne. Sollten sich nun beide Netzbetreiber für ein LTE-Upgrade entscheiden, führt dies, ohne Berücksichtigung der Investitionskosten H, zu einem für beide Netzbetreiber identischen Gewinn in Höhe von

$$\pi_{LTE} > \pi_{UMTS}.$$

Der höhere Gewinn leitet sich dabei aus den LTE-spezifischen Vorteilen gegenüber der UMTS-Technologie ab (siehe dazu Kapitel III und IV dieser Arbeit).

Sollte sich nun ein Netzbetreiber für ein LTE-Upgrade entscheiden, kann dieser aufgrund der Überlegenheit der Technologie seinem Konkurrenten, welcher nach wie vor auf Basis von UMTS anbietet, *ceteris paribus* Kunden entziehen und seine Gewinne auf das Niveau

$$\pi_{LTE(UMTS)} > \pi_{UMTS}$$

steigern. Gleichzeitig fallen die Gewinne des UMTS-Wettbewerbers auf

$$\pi_{UMTS(LTE)} < \pi_{UMTS},$$

da dieser Kunden verliert. In spieltheoretischer Darstellung[20] ergibt sich hieraus Abb. II.4. Das Diagramm stellt am Beispiel der Deutschen Telekom und eines beliebigen Wettbewerbers die jeweiligen Strategien und Auszahlungen beider Unternehmen für eine Gewinnperiode dar. So zeigt es z. B. im rechten unteren Feld die Gewinne beider Netzbetreiber, falls sich beide simultan gegen ein LTE-Upgrade entscheiden und weiterhin mit der UMTS-Technologie anbieten sollten. D. h. beide erzielen in dieser Periode den bisherigen UMTS-Gewinn (π_{UMTS}, π_{UMTS}). Führen beide dagegen ein LTE-Up-

---

[19] Vergleicht man bspw. die EBITDAs (*Earnings before Interest, Taxes, Depreciation, and Amortization*) der Deutschen Telekom und Vodafone bis zum Jahr 2010, kann näherungsweise tatsächlich von identischen Gewinnen bzw. EBITDAs gesprochen werden. Vergleiche zwischen anderen Wettbewerberkonstellationen ergeben jedoch unterschiedliche Werte und können deswegen nicht als identisch angesehen werden (vgl. Bank of America/Merrill Lynch Research 2010, S. 55).

[20] Hierbei handelt es sich um ein Spiel in Normalform, welches durch die Spieler $i \in \{1, 2\}$, ihre Strategien $s_i \in S_i$ und ihre möglichen Auszahlungen $u_i = u_i(s_1, s_2)$ definiert ist.

grade durch, erzielen sie entsprechend den Gewinn, der aus der neuen LTE-Technologie resultiert, also (π_{LTE}, π_{LTE}). Nimmt jedoch nur ein Netzbetreiber, bspw. die Telekom, ein LTE-Upgrade vor, während der Wettbewerber weiterhin mit der alten Technologie anbietet, dann erreicht die Telekom einen Gewinn in Höhe von $\pi_{LTE(UMTS)}$ und der Wettbewerber in Höhe von $\pi_{UMTS(LTE)}$ (Feld oben rechts in Abb. II.4).

Abb. II.4: Upgradefrage ohne Investitionskosten

		Wettbewerber	
		Upgrade	Kein Upgrade
Dt. Telekom	Upgrade	π_{LTE}, π_{LTE}	$\pi_{LTE(UMTS)}$, $\pi_{UMTS(LTE)}$
	Kein Upgrade	$\pi_{UMTS(LTE)}$, $\pi_{LTE(UMTS)}$	π_{UMTS}, π_{UMTS}

Quelle: Eigene Darstellung

Lässt man die Investitionskosten nach wie vor unberücksichtigt, folgt aus den unterstellten Gewinnrelationen, dass es für beide Netzbetreiber periodenunabhängig eine dominante Strategie[21] darstellt ein LTE-Upgrade durchzuführen. D. h. jeder Betreiber wählt stets „Upgrade" als beste Aktion auf die (zwei) Handlungsmöglichkeiten des Anderen, da seine Gewinne in diesem Fall immer höher ausfallen als bei „Kein Upgrade". Folglich befindet sich das einzige Nash-Gleichgewicht[22] bei (π_{LTE}, π_{LTE}). Nach dem Folk-Theorem von Friedmann[23] wäre es auch möglich langfristig, d. h. über alle zukünftigen Perioden hinweg, einen Auszahlungsvektor durchzusetzen, der für beide Netzbetreiber eine noch höhere Auszahlung als die des Nash-Gleichgewichts verspricht, sofern einer existiert. Da die Gewinne im gegenwärtigen Nash-Gleichgewicht jedoch für beide Netzbetreiber am höchsten ausfallen, ist es auch langfristig als (teil-

---

[21] Eine Strategie s_i' ist streng dominiert von s_i, wenn gilt: $u_i(s_i', s_{-i}) < u_i(s_i, s_{-i})$ $\forall$ $s_{-i} \in S_{-i}$.

[22] Eine Strategienkombination $s^* = (s_1^*, s_2^*)$ bildet ein Nash-Gleichgewicht, falls für alle Spieler i gilt: $u_i(s_i^*, s_{-i}^*) \geq u_i(s_i, s_{-i}^*)$ $\forall$ $s_i \in S_i$. D. h. s_i^* ist eine beste Antwort von Spieler i auf die Strategien der anderen.

[23] In einem unendlich wiederholten Spiel mit einem ausreichend hohen Diskontfaktor kann ein erreichbarer Auszahlungsvektor $z = (z_1, \ldots, z_n)$ gegenüber einem Nash-Gleichgewichts-Auszahlungsvektor $e = (e_1, \ldots, e_n)$ als teilspielperfektes Gleichgewicht durchgesetzt werden, wenn gilt: $z_i > e_i$ $\forall$ i.

spielperfektes[24]) Nash-Gleichgewicht durchsetzbar. Insofern gelten in einer Welt ohne Investitionskosten die oben aufgeführten Gewinnrelationen als die einzigen Voraussetzungen für ein LTE-Upgrade der Mobilfunknetzbetreiber. Dabei spielt es keine Rolle, ob die Gewinne für beide Netzbetreiber identisch sind oder stark variieren, solange die vorausgesetzten Relationen erfüllt sind.

Bezieht man schließlich die Investitionskosten H in die Upgradeentscheidung mit ein und periodisiert diese über einen unendlichen Planungshorizont ($t \to \infty$) mit der klassischen Annuitätenformel aus der betriebswirtschaftlichen Investitionsrechnung:

(II.1) $h = H \cdot \lim_{t \to \infty}$ Annuitätenfaktor$_{t,\rho} = H \cdot \lim_{t \to \infty} [(1 + \rho)^t \cdot \rho] / [(1 + \rho)^t - 1] = H \cdot \rho$,

dann ergeben sich die Auszahlungsvektoren aus Abb. II.5:

Abb. II.5: Upgradefrage mit Investitionskosten

		Wettbewerber	
		Upgrade	Kein Upgrade
Dt. Telekom	Upgrade	$\pi_{LTE} - h, \pi_{LTE} - h$	$\pi_{LTE(UMTS)} - h, \pi_{UMTS(LTE)}$
	Kein Upgrade	$\pi_{UMTS(LTE)}, \pi_{LTE(UMTS)} - h$	π_{UMTS}, π_{UMTS}

Quelle: Eigene Darstellung

Hierbei wird deutlich, dass ein Nash-Gleichgewicht auf Basis der bisherigen Annahmen nicht mehr eindeutig bestimmbar ist. Dieses hängt nun zusätzlich von den Investitionskosten H, dem Zeithorizont t und dem Diskontfaktor ρ aus Gleichung (II.1) ab und je nach Ausprägung dieser Faktoren ist jede (symmetrische) Strategienkombination als Nash-Gleichgewicht möglich. Damit es auch in diesem realitätsnäheren Fall zu einem einheitlichen LTE-Upgrade der Netzbetreiber kommt, muss neben den oben definierten Gewinnrelationen zusätzlich

(II.2) $\pi_{LTE} - h > \pi_{UMTS}$

---

[24] Ein Nash-Gleichgewicht ist teilspielperfekt, wenn die Gleichgewichtsstrategien ein Nash-Gleichgewicht in jedem Teilspiel, welches hier in jeder Periode erneut stattfindet, induzieren.

gelten, andernfalls könnte sich nach Friedmanns Folk-Theorem, trotz potentiell vorhandenem Upgradeanreiz für den Einzelnen (gegeben, wenn $\pi_{LTE(UMTS)} - h > \pi_{UMTS}$ erfüllt wird), auch ein symmetrisches „Kein Upgrade" als mögliches (teilspielperfektes) Nash-Gleichgewicht ergeben. Dies folgt aus der Tatsache, dass beide Netzbetreiber mit der alten Technologie langfristig einen höheren Gewinn erzielen würden als mit der neuen Technologie, welche in diesem Fall mit zu hohen Upgradeinvestitionen verbunden wäre.

Asymmetrische Gleichgewichte, in denen sich ein Netzbetreiber für ein LTE-Upgrade und der andere dagegen entscheiden, sind in der hier betrachteten Modellwelt aufgrund der Annahme identischer Gewinne und Investitionskosten und damit identischer Gewinnrelationen nicht möglich. Mit Blick auf den deutschen Mobilfunkmarkt bedeutet das, dass sich alle Netzbetreiber gleichermaßen für oder gegen ein Upgrade entscheiden müssten. Vergleicht man dazu den asymmetrischen Modellfall wird deutlich, dass solch ein (asymmetrischer) Ausgang langfristig wenig realistisch erscheint. Ist bspw. Bedingung (II.2) für die Deutsche Telekom erfüllt, sie entscheidet sich in diesem Fall immer und völlig unabhängig von ihrem Wettbewerber für ein LTE-Upgrade, muss für den Wettbewerber „lediglich" die schwächere Bedingung mit

(II.3) $$\pi_{LTE} - h > \pi_{UMTS(LTE)}$$

gelten, damit dieser investiert. Geht man bei dem Wettbewerber von einem kleineren Konkurrenten mit einem geringeren Gewinnpotential[25] aber einem ähnlichem Investitionsbedarf h wie die Telekom aus, könnte Bedingung (II.3) verletzt werden. Er würde sich unabhängig von der Telekom und bei Gültigkeit von $\pi_{LTE} - h > 0$ in dieser Periode für „Kein Upgrade" entscheiden und damit ein asymmetrisches Gleichgewicht erwirken. Unterstellt man jedoch, dass der kleine Konkurrent in den zukünftigen Perioden Kunden verliert, da dieser mit der alten Technologie nicht mehr wettbewerbsfähig[26] ist

---

[25] Ein solch geringeres Gewinnpotential kann sich bspw. aus der Kundenzusammensetzung und/oder der Unternehmensstrategie ergeben. So zum Beispiel hat sich E-Plus aufgrund seiner Unternehmensstrategie zu einem „Billiganbieter" entwickelt, das insbesondere auf Kunden mit geringen Zahlungsbereitschaften abzielt (vgl. E-Plus 2010, Welt Online 2009 und Spiegel Online 2006). Diese könnten bei der Einführung einer neuen Technologie, welche zur Nutzung neue Geräte erfordert, nicht sofort bereit sein ein neues Endgerät zu erwerben, so dass E-Plus zunächst Probleme hätte Dienstleistungen auf Basis der neuen Technologie zu verkaufen (vgl. E-Plus 2010).

[26] Im Sinne von Schumpeters „schöpferischer Zerstörung" wird angenommen, dass Unternehmen, die sich den wichtigsten Innovationen ihrer Branche verwehren, entweder zu teuer und/oder unzeitgemäße Produkte anbieten und damit langfristig ihre Kunden an die Konkurrenz verlieren

und somit sein UMTS-Gewinn langsam gegen Null wandert (mit $\pi_{UMTS(LTE)} \rightarrow 0$), Bedingung (II.3) wird *ceteris paribus*[27] im Zeitverlauf automatisch erfüllt, würde auch er früher oder später in die neue Technologie investieren. Bei Gültigkeit von $\pi_{LTE} - h < 0$ wiederum würde er weder kurz- noch langfristig ein LTE-Upgrade durchführen, da ein solches Vorhaben immer mit Verlusten verbunden wäre und er (langfristig) aus dem Markt ausscheiden würde. Mit Blick auf den deutschen Mobilfunkmarkt, welcher durch ein quasi-geschütztes enges Oligopol mit nur vier Anbietern sowie einem vergleichsweise geringen Konkurrenzdruck, hohen Gewinnen und einer starken Nachfrage nach mobilen Internetzugängen gekennzeichnet ist, erscheint dieser letzte Fall jedoch wenig realistisch, so dass für diese Arbeit (langfristige) asymmetrische Nash-Gleichgewichte ausgeschlossen werden (vgl. Gerum et al. 2003, S. 146-166, Bank of America/Merrill Lynch 2010, S. 55 und BITKOM 2010).

Die spieltheoretische Darstellung hat am Beispiel der LTE-Upgradefrage gezeigt, welche grundlegenden Bedingungen erfüllt sein müssen, damit alle vier deutschen Mobilfunknetzbetreiber in eine neue Übertragungstechnologie investieren. Dabei wurde deutlich, dass jene Netzbetreiber, für die Bedingung (II.2) erfüllt ist, völlig unabhängig von ihren Konkurrenten ein LTE-Upgrade durchführen, da sie sich stets besser stellen als in ihrer Ausgangssituation. Anders verhält es sich bei den Netzbetreibern, für die Bedingung (II.2) nicht gilt. Sie sind unter der Erfüllung der (schwächeren) Bedingung (II.3) und der Annahme, dass mindestens ein anderer Netzbetreiber ein Upgrade durchführt, *gezwungen* ebenso in die neue Technologie zu investieren, obwohl sie sich damit nicht besser oder sogar schlechter stellen als in ihrer Ausgangssituation.

Mit ihren vergleichsweise niedrigen Gewinnen gegenüber der Telekom und Vodafone (vgl. Bank of America/Merrill Lynch 2010, S. 55) ist dieser Fall durchaus für die zwei kleineren deutschen Netzbetreiber mit E-Plus und Telefónica/O2 denkbar und könnte

---

[27] (vgl. Schumpeter 1912). Im Zusammenhang mit der früheren UMTS-Lizenzversteigerung trifft der damalige Telefónica/O2 Chef, Maximilian Ardelt, die Aussage, dass das „Überleben seines Konzerns als Mobilfunkbetreiber in Frage gestellt ist", falls es kein UMTS-Upgrade durchführen könnte (Hamburger Abendblatt 2000).
Die „ceteris paribus"-Bedingung besagt in diesem Fall, dass neben den Investitionskosten auch der LTE-Gewinn unverändert bleibt. Es erscheint aber durchaus realistisch, dass ein Netzbetreiber, wenn er bei einem längeren Nicht-Upgrade Kunden an die Konkurrenz verliert und damit fallenden UMTS-Gewinnen gegenübersteht auch bei einem späteren LTE-Upgrade, aufgrund der dann geringeren Kundenbasis, geringere LTE-Gewinne erwarten müsste als wenn er sofort ein Upgrade durchführt. D. h. in Bedingung (II.3) würden sich die linke und die Rechte Seite vom „Größer-Als"-Zeichen, anstatt nur eine, verringern, so dass die „ceteris paribus"-Bedingung keine Gültigkeit hätte. Solange aber $\pi_{LTE} - h > 0$ erfüllt ist, andernfalls tritt der im Text nächste beschriebene Fall ein, spielt es keine Rolle, ob sich der LTE-Gewinn verändert und damit die „ceteris paribus"-Bedingung verletzt wird oder nicht.

eine ökonomische Erklärung für ihre juristischen Anstrengungen zur Verhinderung der LTE-Auktion[28] vom April 2010 gewesen sein (vgl. Focus 2009b). Beide Unternehmen mussten im Vorfeld der Auktion davon ausgehen, dass sie bei Ersteigerung der 800-MHz-Frequenzen regulatorisch dazu verpflichtet sind, eine identische Netzabdeckung und damit ähnlich hohe Investitionen wie ihre zwei Konkurrenten zu leisten, obwohl sie einen deutlich kleineren Kundenstamm aufweisen (vgl. Bundesnetzagentur 2009b, S. 5-6, Kruse 1997, S. 10-14 und VATM 2009b, S. 22-23). D. h. sie mussten damit rechnen, dass sie entsprechend der Größe ihres Kundenstamms vergleichsweise geringe Einnahmen aus der LTE-Technologie erzielen und sich damit in einer schlechteren Position befinden würden, um Bedingung (II.2) zu erfüllen. Bei einer möglichen Nicht-Erfüllung hätten sie eine Verschlechterung ihrer finanziellen Lage und damit ihrer Wettbewerbsposition vermuten müssen und Grund genug gehabt, einer Auktion entgegenzuwirken.

Ein weiterer Grund lag möglicherweise in den noch immer präsenten Negativ-Erfahrungen aus der früheren UMTS-Auktion, in der die Gebote von den zwei großen Netzbetreibern in exorbitante Höhen getrieben wurden, die später von den Unternehmen nicht mehr amortisiert werden konnten (vgl. Technikjournalist 2010). Da auch die Lizenzkosten zur Erfüllung bzw. Nicht-Erfüllung der Bedingungen (II.2) und (II.3) beitragen, haben die großen Netzbetreiber – solange wie für sie Bedingung (II.2) erfüllt ist – grundsätzlich einen Anreiz diese im Auktionsprozess künstlich hochzutreiben, um damit ihre kleineren Konkurrenten in ihrer (finanziellen) Wettbewerbsfähigkeit zu schwächen oder sogar aus dem Markt zu drängen. Da ein solches Verhalten aufgrund der schwierigen Nachweisbarkeit von außen kaum geahndet werden kann, mussten E-Plus und Telefónica/O2 auch im Rahmen der LTE-Auktion mit solchen Maßnahmen rechnen.

Diese Beispiele zeigen bereits, dass die in den 90iger Jahren getroffene Entscheidung der Bundesnetzagentur, E-Plus und Telefónica/O2 mit zeitlicher Verzögerung in den deutschen Mobilfunkmarkt eintreten und die damit noch heute existierenden Größenunterschiede aufkommen zu lassen, auch noch Jahrzehnte danach einen deutlichen Wettbewerbsnachteil für beide Unternehmen darstellt (vgl. Gerpott 2005, S. 37 ff.).

---

[28] Der Erwerb entsprechender Frequenzen aus dieser Versteigerung gilt als regulatorische Grundvoraussetzung für den Betrieb der LTE-Technologie.

1.2 Strategisches Upgradeverhalten

Der vorhergehende Abschnitt hat gezeigt, welche Bedingungen erfüllt sein müssen, damit eine neue Mobilfunktechnologie gleichermaßen von allen Netzbetreibern in Deutschland eingeführt wird. Während das zur Erklärung verwendete spieltheoretische Modell das grundsätzliche Interesse bzw. den Anreiz der Netzbetreiber für ein Upgrade aufzeigt, sagt es nichts über den optimalen Upgradezeitpunkt des Einzelnen aus. Sollten alle Netzbetreiber gleichzeitig ein Upgrade durchführen oder stellt ein sequentielles Upgrade die bessere Strategie dar? Während für den ersten Fall die Vermeidung zeitlich induzierter Wettbewerbsnachteile einen wichtigen Anreiz darstellen könnte, dürften es im letzten Fall – ebenfalls zeitlich induziert – Erfahrungseffekte sein, die möglicherweise zu geringeren Investitionskosten durch ein verzögertes LTE-Upgrade führen könnten.

Zur Untersuchung dieser Fragestellung wird, basierend auf den Modellen von Reinganum (1981) sowie Lin und Saggi (2002), ein Markt mit zwei identischen Mobilfunknetzbetreibern betrachtet, die zunächst Dienstleistungen auf Basis der UMTS-Technologie anbieten, jedoch ein LTE-Upgrade verbindlich planen. Die Deutsche Telekom, hier wieder als repräsentativer Mobilfunknetzbetreiber dargestellt, plant ihr Upgrade zum Zeitpunkt $0 \leq T_{DT} < \infty$ und der Wettbewerber zum Zeitpunkt $0 \leq T_W < \infty$. Ihre Gewinne, die entsprechend der jeweiligen Mobilfunktechnologie möglich sind, genügen den Definitionen und Erläuterungen aus obigem Abschnitt 1.1 und fallen in Abhängigkeit der geplanten Upgradezeitpunkte, wie in Abb. II.6 dargestellt, an. Hierbei steht T_1 (T_2) für den Upgradezeitpunkt des Netzbetreibers, welcher als Erster (Zweiter) ein LTE-Upgrade vornimmt. Dieser kann sowohl die Telekom als auch der Wettbewerber sein. Darüber hinaus wird angenommen, dass alle vier Gewinnmöglichkeiten immer positiv ausfallen und die Differenz zwischen $\pi_{LTE(UMTS)}$ und π_{UMTS} stets größer ist als zwischen π_{LTE} und $\pi_{UMTS(LTE)}$. Der erste Teil der Annahme erlaubt dem Netzbetreiber, welcher als Zweiter und möglicherweise mit Verzögerung das LTE-Upgrade vornimmt, auch in der Verzögerungs- bzw. Wartephase Gewinne zu generieren, wenngleich auch von geringerem Ausmaß als zuvor. Dies kann insofern als realistisch angenommen werden, als dass Mobilfunkkunden durch sowohl objektive als auch subjektive Wechselkosten, wie z. B. Informationsbeschaffung und -verarbeitung (Stichwort: *Tarifjungle*), Mindestlaufzeitverträge, Rufnummernportabilität, Netzqualität und -effekte[29], etc. kurz bis mittelfristig an ihren Mobilfunknetzbetreiber gebunden

---

[29] Netzeffekte, welche nach Katz und Shapiro (1985) auch als Netzwerk-Externalitäten bezeichnet werden, treten immer dann auf, wenn der Konsum eines Gutes einen Einfluss auf andere Konsu-

sind und nur langsam zur Konkurrenz abwandern. Der zweite Teil der Annahme stellt sicher, dass die Gewinnzunahme des Netzbetreibers, der zuerst ein Upgrade durchführt, höher ausfällt als die des zweiten Netzbetreibers und damit ein Anreiz gegeben ist, im Technologiewettrennen erster zu sein. Andernfalls wäre es möglich, dass ein Netzbetreiber bewusst auf den anderen wartet, so dass es möglicherweise niemals zu einem Upgrade kommt.

Abb. II.6: Gewinne in Abhängigkeit der Upgradezeitpunkte ohne Investitionskosten[30]

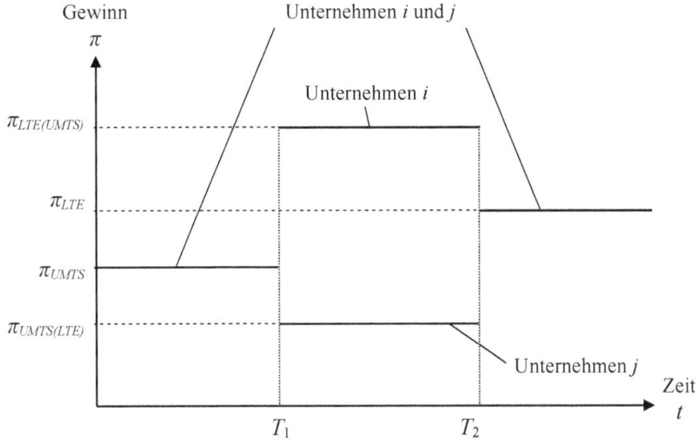

Quelle: Eigene Darstellung

Die Investitionskosten der Deutschen Telekom, H_{DT}, die aufgrund der Installation neuer LTE- Sende- und Empfangsvorrichtungen, der (Netzwerk-)Migration der unterschiedlichen Mobilfunkstandards (GSM, UMTS und LTE müssen zumindest vorüber-

---

menten ausübt, die ebenfalls das Gut konsumieren. So gilt bei den direkten Netzeffekten in Bezug auf den Mobilfunk, dass der Wert des Mobilfunknetzes für den einzelnen Konsumenten und damit sein Reservationspreis umso höher ausfällt, je mehr Nutzer dem (eigenen) Netzwerk beitreten (vgl. Gerum et al. 2003, S. 141). So erlauben bspw. die deutschen Mobilfunkunternehmen kostenlose Anrufe innerhalb ihrer eigenen Netze (sog. On-Net-Gespräche). Wird hingegen der Anruf außerhalb des eigenen Netzes terminiert (Off-Net-Gespräche) wird eine Gebühr erhoben, die der Anrufer dann zu tragen hat. Folglich ist es für den Konsumenten von Vorteil, wenn möglichst viele Nutzer dem eigenen Netzwerk beitreten, um somit die Off-Net-Gesprächsgebühren zwischen den unterschiedlichen Mobilfunknetzen sowie zwischen dem Fest- und Mobilfunknetz zu vermeiden.

[30] Das Schaubild impliziert, dass Upgrade- und Angebotszeitpunkt der LTE-Dienstleistungen zusammenfallen. In der Realität fallen beide Zeitpunkte jedoch auseinander, da die neue Technologie erst landesweit installiert werden muss, damit ein flächendeckendes Angebot möglich ist. Die implizite Annahme identischer Zeitpunkte ist somit wenig realistisch. Fasst man jedoch die Gewinne zwischen T_1 und T_2 als Durchschnittsgewinne für diesen Zeitraum auf, dann kann der Gewinnverlauf durchaus als realistisch betrachtet werden.

gehend kompatibel sein[31]), Softwareanpassungen und Fehlerbehebungen, Marketingausgaben sowie Endgerätesubventionen anfallen, belaufen sich in Abhängigkeit des Upgradezeitpunkts auf[32]:

$$H_{DT}(T_{DT}, T_W) \equiv \begin{cases} H & \text{falls } T_{DT} \leq T_W \\ He^{-\eta(t_i - t_j)} & \text{falls } T_{DT} > T_W \end{cases}$$

Der obere Term entspricht den Investitionskosten die anfallen, falls die Telekom vor ihrem Wettbewerber ein LTE-Upgrade durchführt. Sollte sie nach ihrem Wettbewerber das Upgrade ausführen, entstehen lediglich Kosten in Höhe des unteren Terms. Hierbei wird angenommen, dass das (verzögerte) Upgrade des Zweiten mit geringeren Investitionskosten verbunden ist, da dieser bspw. aus möglichen (Markteintritts- bzw. Upgrade-)Fehlern des Ersten lernen kann, geringere Marketingausgaben zur Bekanntmachung oder für die Überzeugungsarbeit bzgl. Qualität und Nutzen der neuen Technologie leisten muss sowie auf die (kostenintensive) Verbreitung von LTE-fähigen Endgeräten in der Bevölkerung verzichten kann (vgl. ABI research 2009, S. 8). Insbesondere die letzten beiden Punkte sind von großer Bedeutung, da *erstens* bereits die UMTS-Technologie mit dem HSDPA-Ausbau eine dem kabelgebundenen Internetanschluss nahekommende Internet- bzw. Surferfahrung liefert. Warum also sollte der Konsument in diesem Moment auf die LTE-Technologie umsteigen und damit ein neues Endgerät anschaffen sowie einen möglicherweise höheren Abonnementpreis für einen Mobilfunkanschluss zahlen müssen, wenn der bisherige Mobilfunkzugang und das bereits existierende Endgerät den für den Verbraucher gewünschten Nutzen erbringen? Und *zweitens* die auf UMTS basierenden Endgeräte nicht mit der neuen Technologie kompatibel sind und entsprechend neue Geräte in millionenfacher Anzahl für die Endverbraucher bereitgestellt werden müssen. Dies würde entweder immense Gerätesubventionen, das Aussitzen des natürlichen Lebenszyklusses der bisherigen Gerätegeneration (Entstehung von Opportunitätskosten[33]) oder entsprechend überzeugende Werbekampagnen erfordern.

---

[31] Dies stellt sicher, dass die Netzbetreiber schon im Netzaufbaustadium LTE-Dienstleistungen anbieten können ohne dass die Verbraucher auf ihre gewohnte landesweite Mobilfunkverfügbarkeit verzichten müssen.

[32] Die Investitionskosten des Wettbewerbers H_W verhalten sich aufgrund der Symmetrie der Unternehmen äquivalent und werden daher nicht separat dargestellt.

[33] Hierunter können die entgangenen Erlöse der Netzbetreiber verstanden werden, die möglich wären, wenn die Konsumenten über die entsprechenden LTE-Endgeräte verfügen würden.

II.1. Der gewinnoptimale Upgradeprozess konkurrierender

Neben diesen Kostensenkungen, eingeleitet durch den Ersten, spielen auch der technologische Fortschritt und die durch die weltweite Massenproduktion induzierten Skaleneffekte auf Seiten der Netzausrüster und Endgerätelieferanten eine wichtige Rolle. So wird angenommen, dass die zu installierenden Netzapparaturen im Zeitverlauf zunehmend fehlerresistenter und günstiger ausfallen, da Fehler der ersten Version durch Erfahrungswerte behoben und sie global in immer höherer Stückzahl angeboten werden. Letztlich entstehen dem Ersten somit Kosten, die der Zweite durch ein vorübergehendes Nicht-Upgrade und Abwarten vermeiden kann. Solche extern bzw. zeitlich induzierten Kostensenkungen werden im Weiteren durch den Faktor $\eta > 0$ abgebildet und fallen umso mehr ins Gewicht, je länger sich der Erste im LTE-Markt befindet, ohne dass der Zweite ein Upgrade vorgenommen hat.

Unter Berücksichtigung der Upgradezeitpunkte, Gewinnmöglichkeiten und Investitionskosten kann schließlich folgende Gewinnfunktion repräsentativ für die Deutsche Telekom aufgestellt werden:[34]

$$G_{DT}(T_{DT}, T_W) \equiv \begin{cases} g^1_{DT}(T_{DT}, T_W) & \text{falls } T_{DT} < T_W \\ g^2_{DT}(T_{DT}, T_W) & \text{falls } T_{DT} \geq T_W \end{cases}$$

mit

$$g^1_{DT}(T_{DT}, T_W) = \int_0^{T_{DT}} \pi_{UMTS}\, e^{-\rho t} dt + \int_{T_{DT}}^{T_W} \pi_{LTE(UMTS)}\, e^{-\rho t} dt + \int_{T_W}^{E-T_{DT}} \pi_{LTE}\, e^{-\rho t} dt - H\, e^{-\rho T_{DT}}$$

und

$$g^2_{DT}(T_{DT}, T_W) = \int_0^{T_W} \pi_{UMTS}\, e^{-\rho t} dt + \int_{T_W}^{T_{DT}} \pi_{UMTS(LTE)}\, e^{-\rho t} dt + \int_{T_{DT}}^{E-T_{DT}} \pi_{LTE}\, e^{-\rho t} dt \\ - \left[H\, e^{-\eta(T_{DT} - T_W)}\right] e^{-\rho T_{DT}}$$

Hierbei entspricht ρ dem Diskontfaktor, so dass der Funktionswert die diskontierten zukünftigen Gewinne (ersten drei Integrale) abzüglich der diskontierten zukünftigen Investitionskosten (letzter Term) wiedergibt. Der Parameter E (es gilt: $E > T_{DT}$) entspricht dem Endzeitpunkt, ab dem möglicherweise keine Gewinne mehr anfallen, da

---

[34] Die Gewinnfunktion des Wettbewerbs verhält sich aufgrund der symmetrischen Bedingungen äquivalent.

die rechtliche Nutzungsdauer der Frequenzen abgelaufen ist und vom Netzbetreiber nicht erneuert wurde. Da dieser Fall als sehr unwahrscheinlich gilt, wird für den weiteren Verlauf dieses Kapitels angenommen, dass E gegen unendlich läuft. Wie später gezeigt wird, verändern sich hierdurch nicht die Aussagen des Modells, dennoch wird die Implikation eines endlichen Wertes für die Netzbetreiber bzw. die Upgradeproblematik an den relevanten Stellen dieses Kapitels erläutert.

Upgradezeitpunkt des Ersten (First-Mover):

Beginnend mit dem Fall $T_{DT} < T_W$ (die Deutsche Telekom plant bzw. führt vor ihrem Wettbewerber ihr Upgrade durch) muss die Gewinnfunktion g_{DT}^1 nach T_{DT} differenziert werden. Der Upgradezeitpunkt des Wettbewerbers T_W ist hierbei exogen gegeben. Es ergibt sich folgende Gewinnmaximierungsbedingung erster Ordnung:

(II.4)
$$\frac{\delta G_{DT}(T_{DT},T_W)}{\delta T_{DT}} = \frac{\delta g_{DT}^1(T_{DT},T_W)}{\delta T_{DT}}$$
$$= \left[\pi_{UMTS} - \pi_{LTE(UMTS)} + \rho H\right]e^{-\rho T_{DT}} - \pi_{LTE}e^{-\rho(E-T_{DT})}$$

Hiernach nimmt die Gewinnfunktion des First-Movers ihren Maximalwert an (es gilt: $E \to \infty$), wenn der Grenzgewinn den Wert 0 einnimmt bzw. der zusätzliche Gewinn aus der LTE-Technologie ($\pi_{LTE(UMTS)} - \pi_{UMTS}$) den periodisierten Investitionskosten (ρH) entspricht. D. h. die Telekom sollte genau in dem Moment ein LTE-Upgrade durchführen, wenn $\pi_{LTE(UMTS)} - \pi_{UMTS} \geq \rho H$ erfüllt wird. Andernfalls würde es sich für die Telekom nicht lohnen zu investieren, da sonst Verluste bzw. Gewinnminderungen eintreten. Bezugnehmend auf die Ergebnisse aus Abschnitt 1.1 dieses Kapitels, wird deutlich, dass diese Bedingung nicht genügen kann, um das (teilspielperfekte) Nash-Gleichgewicht ($\pi_{LTE} - h$, $\pi_{LTE} - h$) für eine positive Upgradeentscheidung beider Netzbetreiber zu unterstützen. Zur Erinnerung: Asymmetrische Gleichgewichte, in denen nur ein Netzbetreiber ein Upgrade durchführt, wurden aufgrund ihres wenig wahrscheinlichen Auftretens für den deutschen Markt ausgeschlossen). Folglich muss auch hier wieder die *strengere* Bedingung (II.2) gelten, also $\pi_{LTE} - \pi_{UMTS} > \rho H$. Danach nimmt Gleichung (II.4) einen negativen Wert an und es lohnt sich für die Telekom nicht, ihr Upgradevorhaben weiter zu verzögern, da wiederum Gewinne verloren gehen würden. Entsprechend sollte sie genau in dem Zeitpunkt ihr Upgrade durchführen, in dem diese Bedingung erfüllt wird, wenn also das Gewinnpotential ($\pi_{LTE} - \pi_{UMTS}$) und damit auch die Marktreife der Technologie gegeben sind. Dieser Zeitpunkt wird im weiteren Verlauf mit $T_l \geq 0$ definiert. Im Umkehrschluss gilt, dass es sich im Zeitraum $T_l < 0$ für kein Unternehmen lohnt ein LTE-Upgrade durchzuführen. In diesem Zeitfenster hat die Technologie bspw. noch keine Marktreife erlangt und der Netzbetreiber müsste Extrakosten aufgrund technischer Fehlerbehebung und/oder Opportunitätskosten durch entgangene Gewinne tragen, die zu einem späteren Zeitpunkt vermeidbar wären, so dass Bedingung (II.2) verletzt wäre[35].

Upgradezeitpunkt des Zweiten (Late-Mover):

In dem Fall $T_{DT} \geq T_W$ (die Telekom plant bzw. führt nach ihrem Wettbewerber ihr Upgrade durch) muss Gewinnfunktion g_{DT}^2 nach T_{DT} differenziert werden und es ergibt sich folgende Gewinnmaximierungsbedingung erster Ordnung:

(II.5)
$$\frac{\delta G_{DT}(T_{DT}, T_W)}{\delta T_{DT}} = \frac{\delta g_{DT}^2(T_{DT}, T_W)}{\delta T_{DT}}$$
$$= \left[\pi_{UMTS(LTE)} - \pi_{LTE} + (\rho + \eta)He^{-\eta(T_{DT}-T_W)}\right]e^{-\rho T_{DT}} - \pi_{LTE}e^{-\rho(E-T_{DT})}$$

Hat der Wettbewerber zum Zeitpunkt T_W sein Upgrade durchgeführt, dann lässt Gleichung (II.5) zwei Fälle zu (weiterhin gilt: $E \to \infty$): *Erstens*, sie nimmt für alle Upgradezeitpunkte der Telekom mit $T_{DT} \geq T_W$ einen Wert kleiner oder gleich Null an, so dass sich folgende Ungleichung ergibt: $\pi_{LTE} - \pi_{UMTS(LTE)} \geq (\rho + \eta)H$. Diese besagt, dass der Gewinnzuwachs der Deutschen Telekom durch ein Upgrade die hierfür anfallenden (periodisierten) Investitionskosten übersteigt. Demnach lohnt es sich für die Telekom nicht, auf mögliche Kostensenkungen zu warten, da sie sich bereits in der Gewinnzone befindet und andernfalls auf Gewinne verzichten würde. Das Ausmaß der durch den Wettbewerber induzierten Kostensenkung η ist also nicht groß genug, um eine Upgradeverzögerung auf Seiten der Telekom auszulösen. Diese wählt somit den frühestmöglichen Upgradetermin, der unter der Bedingung $T_{DT} \geq T_W$ zulässig ist, also $T_{DT} = T_W$. Die Folge ist ein Parallelupgrade der Netzbetreiber.

Wenn Gleichung (II.5) einen negativen Wert annimmt („*Warten lohnt sich nicht*") und da per obiger Annahme: $\pi_{LTE(UMTS)} - \pi_{UMTS} > \pi_{LTE} - \pi_{UMTS(LTE)}$ sowie $(\rho + \eta)H > \rho H$ gilt,

---

[35] Im Fall von UMTS wurde bspw. zu früh in den Netzaufbau investiert, so dass Gelder investiert wurden, die zunächst keinen (Gewinn-)Rückfluss generieren konnten, da die Technologie noch nicht marktreif war. So bereitete die Übergabe einer UMTS-Verbindung an das GSM-Netz noch Probleme und es fehlte an UMTS-fähigen Endgeräten (vgl. Technikjournalist 2010).

muss auch Gleichung (II.4) einen negativen Wert annehmen („*Warten lohnt sich nicht*"). Folglich stellt es für beide Netzbetreiber eine strikt dominante Strategie dar, unverzüglich ein Upgrade durchzuführen und nicht zu warten. Das einzige Nash-Gleichgewicht in reinen Strategien liegt in diesem Fall bei $T_{DT} = T_W = T_1 = 0$.

Im deutlich interessanteren *zweiten* Fall nimmt Gleichung (II.5) für alle Upgradezeitpunkte der Telekom mit $T_W \leq T_{DT} < T_2$ (= optimaler Upgradezeitpunkt des Zweiten) einen positiven Wert mit folgender Ungleichung an: $\pi_{LTE} - \pi_{UMTS(LTE)} < (\rho + \eta)H$. Hierbei übertreffen die (periodisierten) Investitionskosten die zusätzlichen Gewinne und es lohnt sich für die Telekom nicht, früher als zum optimalen Upgradezeitpunkt des Zweiten (T_2) in den LTE-Markt einzutreten. Folglich bietet die Telekom auch nach dem LTE-Upgrade des Wettbewerbers ihre Produkte mit der alten Technologie an und zögert ihr eigenes Upgrade solange hinaus bis der Grenzgewinn schließlich den Wert 0 erreicht bzw. der zusätzliche Gewinn aus der neuen Technologie den (periodisierten) Investitionskosten entspricht. Die optimale Verzögerungszeit t_{opt} bestimmt sich hierbei durch Nullsetzen von Gleichung (II.5):

$$\frac{\delta G_{DT}(T_{DT}, T_W)}{\delta T_{DT}} = \frac{\delta g_{DT}^2(T_{DT}, T_W)}{\delta T_{DT}} = 0$$

$$\Rightarrow \pi_{LTE}(1 + e^{\rho(2T_{DT}-E)}) - \pi_{UMTS(LTE)} = (\rho + \eta)He^{-\eta(T_{DT}-T_W)}$$

und anschließendem Auflösen dieser Gleichung nach $t_{opt} = (T_{DT} - T_W)$:

(II.6) $$t_{opt} = \frac{1}{\eta} \ln\left[\frac{H(\rho + \eta)}{\pi_{LTE}(1 + e^{\rho(2T_{DT}-E)}) - \pi_{UMTS(LTE)}}\right]$$

bzw.

$$t_{opt} = \frac{1}{\eta} \ln\left[\frac{H(\rho + \eta)}{\pi_{LTE} - \pi_{UMTS(LTE)}}\right] \text{ mit } E \to \infty^{36}.$$

Der optimale Upgradezeitpunkt der Telekom ist somit durch $T_{DT} = T_W + t_{opt}$ oder allgemein für den Zweiten durch $T_2 = T_1 + t_{opt}$ fest vorgegeben. Dieser Zeitpunkt verzö-

---

[36] An dieser Stelle wird deutlich, dass die Einschränkung mit $E \to \infty$ keinen Einfluss auf die Modellaussagen hat, da sich lediglich die absolute Höhe des „Nenners" verändert.

gert sich umso mehr, je höher die Investitionskosten H und der Diskontfaktor ρ, also die potentielle Kostenersparnis, ausfallen. Demgegenüber führt ein höherer erzielbarer Gewinn ($\pi_{LTE} - \pi_{UMTS(LTE)}$) zu einem zügigeren Upgrade, da mit höheren potentiellen Gewinnen die Opportunitätskosten ansteigen. Nimmt dabei der Endwert E einen endlichen Wert an bzw. verkleinert sich, erhöht sich der LTE-Gewinn mit einem zusätzlich verkürzenden Effekt auf die Upgradeverzögerung. Sobald schließlich der Gewinn („Nenner") die Kosten („Zähler") übersteigt, nimmt Gleichung (II.6) einen negativen Wert an und es sollte nicht länger gewartet werden. Dies entspräche dem oberen Fall mit $T_{DT} = T_W = T_1 = 0$.

Der Einfluss des externen Kostenfaktors η auf den Upgradezeitpunkt zeigt hingegen einen ambivalenten Einfluss. Einerseits macht ein höherer η-Wert das Warten auf weitere Kostensenkungen attraktiver, andererseits werden größere Kostensenkungen zügiger realisiert, so dass ein Upgrade früher möglich wird. Welcher Effekt unter welcher Voraussetzung dominiert, zeigt die Ableitung von t_{opt} nach η:

$$dt_{opt}/d\eta = 1/\eta \, [1/(\rho + \eta) - t_{opt}].$$

Für kleine η-Werte nimmt die Ableitung tendenziell einen positiven Wert an und umgekehrt bei relativ hohen η-Werten. D. h. je geringer die durch den Wettbewerber induzierten Kostensenkungen ausfallen, desto länger verzögert sich das eigene Upgrade und *vice versa*.

Kommen wir nun zu der Frage, welchen Platz die Mobilfunknetzbetreiber im *Verzögerungsfall* einnehmen sollten. Lohnt es sich erster oder zweiter zu sein und welche Möglichkeiten haben die jeweiligen Netzbetreiber die Rangfolge zu beeinflussen? Die Beantwortung dazu erfolgt über die folgenden zwei Hilfssätze:

Lemma 1: $g_{DT}^1(T_1, T_2) > g_{DT}^2(T_2, T_1)$

(„*Es lohnt sich als Erster ein Upgrade auszuführen, da die Gewinne höher ausfallen*")

Zum Beweis von Lemma 1 werden die Gewinnfunktionen g_{DT}^1 und g_{DT}^2 in ihre Stammfunktionen umgewandelt und voneinander abgezogen (mit $E \to \infty$ bereits berücksichtigt). Mit

$$g_{DT}^1(T_1, T_2) = \frac{\pi_{UMTS}}{\rho} + \left[\frac{\pi_{LTE(UMTS)} - \pi_{UMTS}}{\rho} - H\right]e^{-\rho T_1} + \left[\frac{\pi_{LTE} - \pi_{LTE(UMTS)}}{\rho}\right]e^{-\rho T_2}$$

abzüglich

$$g_{DT}^2(T_1, T_2)$$

$$= \frac{\pi_{UMTS}}{\rho} + \left[\frac{\pi_{UMTS(LTE)} - \pi_{UMTS}}{\rho}\right] e^{-\rho T_1} + \left[\frac{\pi_{LTE} - \pi_{UMTS(LTE)}}{\rho} - H e^{-\eta(T_2-T_1)}\right] e^{-\rho T_2}$$

ergibt:

$$g_{DT}^1 - g_{DT}^2 = \left[\frac{\pi_{LTE(UMTS)} - \pi_{UMTS(LTE)}}{\rho}\right](e^{-\rho T_1} - e^{-\rho T_2}) - H(e^{-\rho T_1} - e^{-\eta t_{opt}} e^{-\rho T_2}).$$

Durch Einsetzten von $T_2 = T_1 + t_{opt}$ ergibt:

$$g_{DT}^1 - g_{DT}^2 = \left[\frac{\pi_{LTE(UMTS)} - \pi_{UMTS(LTE)}}{\rho}\right] e^{-\rho T_1}(1 - e^{-\rho t_{opt}}) - H e^{-\rho T_1}\left(1 - e^{-(\eta+\rho)t_{opt}}\right)$$

und mit $y = \dfrac{\pi_{LTE} - \pi_{UMTS(LTE)}}{H(\rho + \eta)} \leq 1$ folgt schließlich[37]:

$$g_{DT}^1 - g_{DT}^2 = \left[\frac{\pi_{LTE(UMTS)} - \pi_{UMTS(LTE)}}{\rho}\right] e^{-\rho T_1}\left(1 - y^{\frac{\rho}{\eta}}\right) - H e^{-\rho T_1}\left(1 - y^{\frac{\rho}{\eta}+1}\right).$$

Die Ableitung dieser Funktion nach y,

$$\frac{d(g_{DT}^1 - g_{DT}^2)}{dy} = -\left[\frac{\pi_{LTE(UMTS)} - \pi_{UMTS(LTE)}}{\rho}\right] e^{-\rho T_1} \cdot \frac{\rho}{\eta} \cdot y^{\frac{\rho}{\eta}-1} + H e^{-\rho T_1} \cdot \left(\frac{\rho}{\eta}+1\right) \cdot y^{\frac{\rho}{\eta}}$$

$$= -\underbrace{\left[e^{-\rho T_1} \cdot \frac{1}{\eta} \cdot y^{\frac{\rho}{\eta}-1}\right]}_{+} \underbrace{\left(\pi_{LTE(UMTS)} - \pi_{LTE}\right)}_{+} < 0^{38},$$

zeigt, dass die Differenz aus den Gewinnen g_{DT}^1 und g_{DT}^2 mit steigendem y fällt. Und da $g_{DT}^1 - g_{DT}^2 = 0$, wenn $y = 1$ erreicht, muss für jedes $0 < y < 1$ gelten:
$g_{DT}^1(T_1, T_2) > g_{DT}^2(T_2, T_1)$.

Lemma 2: $\exists \ \overline{T} \in (T_1, T_2)$, so dass $g_{DT}^1(T_1, T_W) \lesseqgtr g_{DT}^2(T_2, T_W)$ wenn $T_W \lesseqgtr \overline{T}$
(*„Es existiert ein kritischer Zeitpunkt, der über die Upgraderangfolge entscheidet"*).

---

[37] Es muss gelten: $y \leq 1$. Wäre $y > 1$, würde das eine negative Verzögerungszeit t_{opt} implizieren, die ökonomisch unsinnig wäre. Negative y-Werte können aufgrund der unterstellten Faktordefinition nicht auftreten.

[38] Der Term wird erreicht durch erneutes Einsetzen des Ursprungsterms von y sowie eine (sich selbst auflösende) Erweiterung von y.

Da Funktion G_{DT} sowie Gleichung (II.6) implizieren:
$g_{DT}^1(T_1, T_1) = g_{DT}^2(T_1, T_1) < g_{DT}^2(T_2, T_1)$ und $g_{DT}^1(T_1, T_W)$ bzw. $g_{DT}^2(T_2, T_W)$ mit jedem höherem Wert von $T_1 < T_W < T_2$ monoton ansteigt bzw. fällt, muss es unter Gültigkeit von Lemma 1 einen Zeitpunkt $T_1 < \bar{T} < T_2$ geben, in dem $g_{DT}^1(T_1, \bar{T}) = g_{DT}^2(T_2, \bar{T})$ gilt. Das bedeutet, wenn $T_W < \bar{T}$, dann gilt: $g_{DT}^1(T_1, T_W) < g_{DT}^2(T_2, T_W)$ und *vice versa*.

Der Beweis von Lemma 1 zeigt, dass es für einen Mobilfunknetzbetreiber von Vorteil ist als Erster ein Upgrade durchzuführen, da die Gewinne höher ausfallen als in der Position des Zweiten. Demzufolge wird jeder Netzbetreiber solange versuchen seinen Konkurrenten im Upgradezeitpunkt zu unterbieten, wie es für ihn vorteilhaft ist. Dieses Verhalten führt dazu, dass exakt der Zeitpunkt $T_1 = 0$, aber auch nicht früher, für das Upgrade des Ersten erreicht wird, da per obiger Definition jeder frühere Zeitpunkt mit zu hohen Kosten verbunden wäre. Kann sich ein Netzbetreiber „glaubhaft" an diesen Zeitpunkt binden, ist es für den anderen per Gleichung (II.6) gewinnoptimal sein Upgrade zu verzögern und exakt im Zeitpunkt $T_2 = T_1 + t_{opt} = 0 + t_{opt} = t_{opt}$ durchzuführen. Per Lemma 2 können sich diese Zeitpunkte jedoch auch (leicht) verschieben, ohne dass sich die Upgraderangfolge der Unternehmen ändert. Plant z. B. die Telekom ihr Upgrade im Zeitraum $0 < T_{DT} < \bar{T}$, dann ist es für den Wettbewerber nicht optimal, vor der Telekom in den LTE-Markt einzutreten, sondern auf den Zeitpunkt $T_W = T_{DT} + t_{opt}$ zu warten. Wird hingegen der kritische Zeitpunkt $\bar{T}$ von der Telekom überschritten, kann der Wettbewerber vor ihr in den Markt eintreten und von den höheren Gewinnen profitieren.

Grafisch stellt sich die strategisch „Beste Antwort" der Telekom auf den Upgradezeitpunkt ihres Wettbewerbers, $\phi_{DT}(T_W)$, wie in Abb. II.7 dar. Hierbei wird deutlich, dass es genau zwei (Zeit-)Punkte gibt, in denen sich die „Beste Antwort"-Korrespondenzen $\phi_{DT}(T_W)$ und $\phi_W(T_{DT})$ schneiden. Im Schnittpunkt unten rechts hat sich die Telekom für einen Upgradezeitpunkt mit $T_{DT} < \bar{T}$ entschieden mit der Folge, dass es für den Wettbewerber stets eine beste Antwort darstellt, zum Zeitpunkt T_2 ein Upgrade durchzuführen. Das Nash-Gleichgewicht in diesem Fall entspricht ($T_{DT} = T_1, T_W = T_2$). Im Schnittpunkt oben links mit dem Nash-Gleichgewicht ($T_W = T_1, T_{DT} = T_2$) gilt der umgekehrte Fall. Sollte sich ein Netzbetreiber für den theoretisch denkbaren Fall mit einem Upgrade zum Zeitpunkt $\bar{T}$ entscheiden, ist der andere indifferent zwischen T_1 und T_2 und „würfelt" seine Entscheidung. Folglich existieren zwei eindeutige Nash-Gleichgewichte in reinen Strategien, die in diesem *Verzögerungsfall* mit identischen Unternehmen auftreten können.

Abb. II.7: „Beste Antwort"-Korrespondenzen der Deutschen Telekom

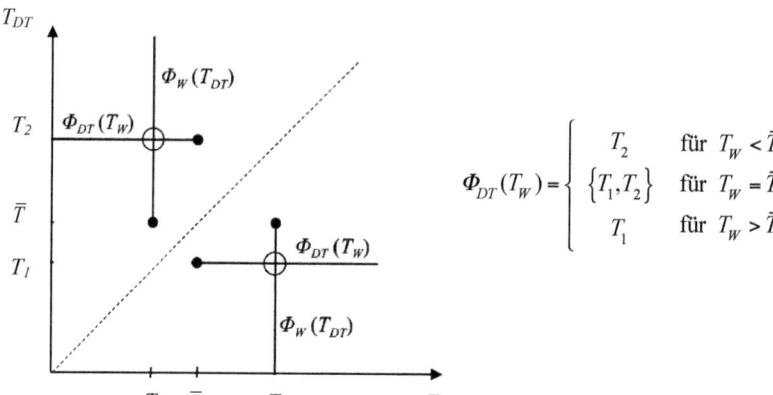

Quelle: angelehnt an Reinganum (1981, S. 401-402)

Als nächstes stellt sich die Frage, welches der beiden Nash-Gleichgewichte sich einstellen wird bzw. welcher Netzbetreiber zum früheren Zeitpunkt T_1 und welcher zum späteren Zeitpunkt $T_2 = T_1 + t_{opt}$ sein Upgrade durchführen wird. Unter der bisherigen Annahme symmetrischer Netzbetreiber ist die Frage jedoch nicht zu beantworten, da beide Netzbetreiber einen identischen Anreiz besitzen erster zu sein. Was können die Netzbetreiber also tun bzw. was befähigt sie in den Augen ihrer Wettbewerber, sich plausibel als Erster zu verpflichten, ohne dass es zu einem suboptimalen Parallelupgrade aller zum Zeitpunkt $T_{DT} = T_W = T_1$ kommt? Geht man davon aus, dass die Netzbetreiber in der realen Welt nicht symmetrisch sind, sondern Unterschiede in ihren Umsätzen und Kosten aufweisen, dann kann gezeigt werden, dass dasjenige Unternehmen einen stärkeren Anreiz für ein zügiges Upgrade besitzt, welches die vergleichsweise höheren Zugewinne $\Delta\pi^{DT}_{Upgrade}$ erwartet. Zum Beweis sollen anstatt der symmetrischen Gewinne aus Abb. II.4 nun die individuellen Gewinngrößen, wie in Abb. II.8 dargestellt, gelten (die Investitionskosten werden weiterhin als identisch angenommen und müssen nicht weiter berücksichtigt werden).

II.1. Der gewinnoptimale Upgradeprozess konkurrierender

Abb. II.8: Gewinnverteilungen aufgrund realer Unternehmensunterschiede

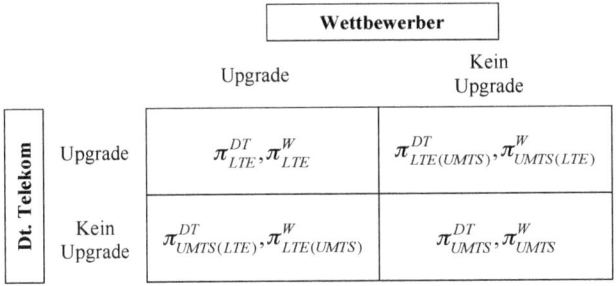

mit den Eigenschaften:

(i) $\pi^{DT}_{LTE(UMTS)} - \pi^{DT}_{UMTS} > \pi^{W}_{LTE(UMTS)} - \pi^{W}_{UMTS} > 0$

(ii) $\pi^{DT}_{LTE} - \pi^{DT}_{UMTS(LTE)} > (\rho + \eta)H > \pi^{W}_{LTE} - \pi^{W}_{UMTS(LTE)} > 0$

Quelle: Eigene Darstellung

Bei Gültigkeit von (i) fallen die Opportunitätskosten der Deutschen Telekom höher aus als die des Wettbewerbers, falls beide ihr Upgrade um die gleiche Dauer verzögern sollten. Anders formuliert, die Telekom hat im direkten Vergleich zu ihrem Wettbewerber mehr zu verlieren, falls sie eine Verzögerung in Betracht ziehen sollte. Wird zudem Bedingung (ii) unterstellt, dann lohnt es sich niemals für die Telekom ihr Upgrade zu verzögern, da ihr Marginalgewinn immer über ihren Marginalkosten liegt. Würde im Folgenden lediglich Bedingung (i) gelten, dann hätte die Telekom gegenüber dem Wettbewerber zwar den höheren Anreiz ein Upgrade durchzuführen, sie würde aber bei Ungültigkeit des ersten Ungleichzeichens aus Bedingung (ii) ihr Upgrade verzögern, wenn der Wettbewerber vor ihr ein Upgrade durchführen würde. Damit gäbe es also keine Garantie, dass die Telekom mit den höheren Gewinnen als Erster das Upgrade durchführt. Erst durch die zusätzliche Gültigkeit von Bedingung (ii) kann das Nash-Gleichgewicht, in dem der Wettbewerber als Erster ein Upgrade durchführt, ausgeschlossen werden. In diesem Fall antizipiert der Wettbewerber bei vollkommener Information, dass es sich niemals für die Telekom lohnt zu warten und folgt damit seiner dominanten Strategie. Das bedeutet, er tritt als Zweiter und mit Verzögerung in den LTE-Markt ein, da: $g^1_W(T_1, T_1) = g^2_W(T_1, T_1) < g^2_W(T_2, T_1)$.

Abb. II.9: Gleichgewichtssituationen im Fall asymmetrischer Gewinnverteilungen

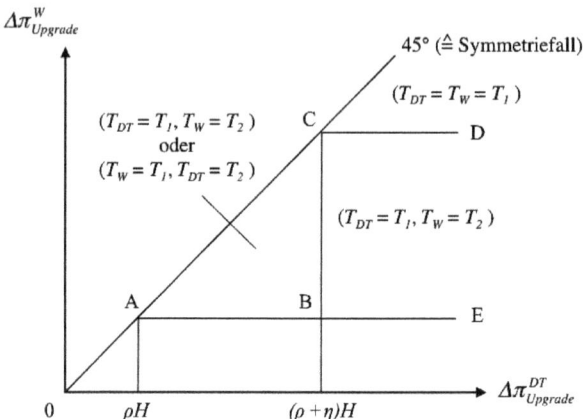

Quelle: Lin und Saggi (2002, S. 221)

Obige Abb. II.9 verdeutlicht nochmals grafisch die möglichen Gleichgewichtssituationen. Im Bereich ABC ist jedes der beiden oben beschriebenen Nash-Gleichgewichte des sequentiellen Eintritts möglich, da es sich für beide Netzbetreiber lohnen würde zu warten, falls der jeweils Andere als Erster ein Upgrade durchführen würde. Aufgrund von Bedingung (i) scheint das Gleichgewicht mit der Telekom als erste im Upgradeprozess jedoch am wahrscheinlichsten (der zusätzliche Gewinn $\Delta\pi^{DT}_{Upgrade}$ bedingt durch ein Upgrade, fällt für sie höher aus als für den Wettbewerber). Im Bereich BCDE wird Bedingung (ii) erfüllt mit der Folge, dass es sich für die Telekom lohnt, ohne Verzögerung und ohne Rücksicht auf den Wettbewerber ein Upgrade durchführen. Dessen beste Antwort ist es, hierauf immer als Zweiter und mit Verzögerung in den LTE-Markt einzutreten. Zwischen der 45°-Linie und der Verbindung CD lohnt es sich für keinen der Netzbetreiber zu warten. Beide nehmen unverzüglich ein Upgrade vor.

Dieser Abschnitt hat verdeutlicht, dass es für einen Mobilfunknetzbetreiber im Rahmen der Einführung einer neuen Mobilfunkübertragungstechnologie nicht immer eine gewinnoptimale Strategie darstellt, das Netzupgrade zeitlich parallel zu einem Wettbewerber auszuführen, wenn dieser die vergleichsweise höheren Gewinne aufweist. So kann es unter der Annahme, dass der „größere" Konkurrent immer als Erster sein Upgrade ausführt, durchaus vorteilhaft sein das eigene Netzupgrade zu verzögern, um von den Bemühungen des Ersten, den Markt zu entwickeln, zu profitieren. Betrachtet man vor diesem Hintergrund den deutschen Mobilfunkmarkt und stützt sich bei der Erklärung der Größenunterschiede zwischen den Netzbetreibern auf die First-Mover-Analyse von Schmalensee (1982), dann muss in Übereinstimmung mit den obigen Ergebnissen ein sequentielles Upgradeverhalten der deutschen Mobilfunknetzbetreiber eine logische Konsequenz der bestehenden Anbieter- bzw. Marktanteilsasymmetrien sein.

2. Implikationen für den deutschen Mobilfunkmarkt

2.1 First-Mover-Vorteile im deutschen Mobilfunkmarkt

Seit Öffnung des Telekommunikationsmarktes für Wettbewerber wird der deutsche Mobilfunkmarkt von vier Mobilfunknetzbetreibern beherrscht, der Deutschen Telekom, Vodafone, E-Plus und Telefónica/O2. Während die ersten beiden im Jahr 2010 einen Marktanteil von 34 % bzw. 32 % erreichten (gemessen an der Zahl der Kundenverträge) und damit 2/3 des Marktes einnahmen, kamen die letzten beiden auf jeweils 19 % bzw. 15 % (vgl. VATM 2010, S. 23). Markteintritte weiterer Mobilfunknetzbetreiber hat es in den Jahren vor der UMTS-Einführung aufgrund der restriktiven Frequenz- bzw. Lizenzvergabepolitik der deutschen Regulierungsbehörde nicht gegeben. Erst die Versteigerung der UMTS-Lizenzen im Jahr 2000 erlaubte wieder Interessenten in den deutschen Mobilfunkmarkt einzutreten. So waren es die damals unter Quam und Mobilcom bekannten Unternehmen, welche neben den vier Etablierten einige der stark umworbenen Lizenzen erwerben konnten. Aufgrund der im europäischen Vergleich sehr hohen Lizenzgebühr von ca. 8,5 Milliarden € je Bieter, welche sie basierend auf ihrer ursprünglichen (und wie heute bekannt ist fehlerhaften) Markteinschätzung eingegangen waren, und der später fehlenden Rentabilitätsperspektiven mussten sie sich wieder vom Markt zurückziehen (vgl. Gerum et al. 2003, S. 147-148). Infolgedessen ist es auch im UMTS-Zeitalter bei nur vier Mobilfunknetzbetreibern in Deutschland geblieben. Eine weitere Möglichkeit des Markteintritts bot 10 Jahre später die Vergabe der LTE-Lizenzen. Auch hier gab es über die vier Etablierten hinaus weitere Interessenten. Diese haben sich aber im letzten Moment von der Lizenzversteigerung zurückgezogen oder konnten die Zulassungsvoraussetzungen nicht erfüllen mit der Folge, dass es erneut bei den vier (Pflicht-)Bietern geblieben ist.

Die bereits seit Beginn des deutschen Massenmobilfunks bestehende Ungleichverteilung der Marktanteile zwischen den vier Netzbetreibern hat zwei grundlegende Ursachen (vgl. Bundesnetzagentur 2009b, S. 24). Erstens ihre zeitlich versetzten Eintrittszeitpunkte in den deutschen Mobilfunkmarkt mit der Folge eines *First-Mover-Vorteils* für den bzw. die Erstanbieter. Und zweitens die unterschiedlichen Frequenzausstattungen, welche zu stark voneinander abweichenden Investitions- und Betriebskosten beim Netzaufbau und -betrieb führten bzw. noch immer führen (siehe dazu Kapitel III, Abschnitt 2.2). Während die Deutsche Telekom und Vodafone gleichzeitig im Sommer 1992 ihren Netzbetrieb im 900-MHz-Bereich aufnahmen und zunächst ein Dyopol bildeten, folgten E-Plus und Telefónica/O2 erst im Frühjahr 1994 bzw. im Herbst 1998 im 1800-MHz-Bereich. Der Eintrittsvorsprung von ca. 2 bzw. 6 Jahren, der auf das frühere Lizenzvergabeverfahren[39] der Bundesnetzagentur zurückzuführen ist, hat den beiden Mobilfunkpionieren gegenüber ihren später folgenden Mitkonkurrenten einen erheblichen Wettbewerbsvorteil bei der Gewinnung von Marktanteilen und zahlungskräftigen Kundengruppen verschaffen können, der auch 2 Jahrzehnte später noch Persistenz zeigt (vgl. Gerpott 2008, S. 37-64). Zieht man zur Erklärung die First-Mover-Analyse von Schmalensee (1982) heran, wird deutlich, wie dieser Vorteil entstanden ist und welchen Einfluss dieser noch heute auf die Upgradefrage ausübt.

Hat es mit der Öffnung des deutschen Telekommunikationsmarktes neben der Telekom drei weitere Eintritte in den Mobilfunkmarkt gegeben, wird in der folgenden First-Mover-Analyse nach Schmalensee der Einfachheit halber von insgesamt nur zwei Wettbewerbern ausgegangen, die sequentiell in den Markt eintreten und der breiten Bevölkerung erstmals den kostengünstigen und „leichten"[40] Zugang zum Mobilfunk erlauben. Der Pionieranbieter (hierbei könnte die Telekom zusammen mit Vodafone aufgrund der hohen Kollusionswahrscheinlichkeit eines Dyopols als ein Monopolist betrachtet werden) tritt dabei zum Zeitpunkt $t = 0$ und der Nachfolger zum späteren Zeitpunkt $t = 1$ ein. Beide Netzbetreiber bieten Dienstleistungen für mobile Endgeräte der GSM-Generation mit identischen Grenzkosten GK an. Die zunächst unerfahrenen Käufer (= 99 % der deutschen Bevölkerung im Fall, dass die bisherigen Analog-Nutzer als erfahren betrachtet werden) besitzen keine Informationen zur Netzverfügbarkeit und -qualität der jeweiligen Netzbetreiber. Darüber hinaus wird angenommen, dass sie nicht sofort vom zusätzlichen Nutzen von Mobiltelefonen gegenüber Festnetz-

---

[39] Die Vergabe der GSM-Lizenzen von der Bundesnetzagentur wurde im Gegensatz zum heutigen Versteigerungsverfahren in einem Ausschreibungsverfahren durchgeführt, welches über den Zeitraum von 1989 bis 1996 insgesamt 3mal eröffnet wurde. Hierbei konnten aufgrund der staatlichen Festlegung auf maximal 4 Marktteilnehmer neben der Telekom nur 3 weitere Unternehmen in den deutschen Mobilfunkmarkt eintreten.

[40] Zur Erinnerung: Während die Geräte im analogen Zeitalter noch mehrere Kilogramm schwer waren und damit nur eingeschränkt für die Mobilität geeignet waren, hat sich ihr Gewicht im digitalen GSM-Zeitalter auf nur wenige hundert Gramm reduziert.

telefonen und öffentlichen Telefonzellen überzeugt sind, so dass sie sich vor dem Hintergrund von Mindestlaufzeitverträgen, vergleichsweise hohen Minutenpreisen und Endgerätekosten scheuen, sich auf längere Zeit kostenpflichtig an einen der Netzbetreiber zu binden bzw. in ein Mobilfunkgerät zu investieren. Um für ihr Risiko σ, dass sich der zusätzliche Nutzen bzw. die Zufriedenheit mit dem Mobilfunkdiensten und/ oder dem Netz nicht einstellt, zu kompensieren, bieten die Netzbetreiber in ihrer ersten Angebotsperiode den unerfahrenen Konsumenten einen reduzierten Einführungspreis, z. B. im Rahmen von Sonderaktionen für neue Kunden, an. Die Preise sind dabei kein qualitätsweisender Indikator und lassen somit keine Vorhersage über die spätere Zufriedenheit der Konsumenten mit einem bestimmten Netzbetreiber zu. In der zweiten Periode erhöhen die Betreiber ihre Preise auf ein zukünftig konstantes Niveau, da die Konsumenten dann nicht mehr unerfahren sind und für ihr Risiko eines potentiellen Fehlkaufs kompensiert werden müssen. Es wird unterstellt, dass die Mehrheit der Konsumenten mit ihrem Kauf bzw. ihrer Netzbetreiberwahl zufrieden ist und in Zukunft nicht mehr auf mobile Dienstleistungen verzichten möchte.

Tritt nun der erste Netzbetreiber zum Zeitpunkt $t = 0$ in den Markt ein, sieht er sich unerfahrenen Käufern gegenüber, die bei Risikoneutralität bzw. als wissende Käufer die Nachfragekurve N mit dem Reservationspreis p_R bilden würden (siehe Abb. II.10). Da sie aber beim Erstkauf das Risiko einer Fehlinvestition scheuen, verringert sich ihre Zahlungsbereitschaft mit der Folge einer nach innen gedrehten Nachfragekurve N_σ mit dem Reservationspreis $p_R(1-\sigma)$. Der Pionieranbieter muss also seinen Preis p_M^P, welchen er ab Periode 2 (aufgrund der Annahme dann erfahrener und zufriedener Kunden) setzen kann, in der ersten Angebotsperiode um den Diskontfaktor ($\hat{=}$ Risikofaktor) auf $p_E^P = p_M^P(1-\sigma)$ reduzieren, um die für die zweite Periode geltende Käufermenge q_M^P zu erreichen. Ein gewinnmaximierender Anbieter würde an dieser Stelle seinen Einführungspreis so wählen, dass die in der ersten Periode abgesetzten Menge mit der gewinnmaximalen Menge auf der Nachfragekurve N übereinstimmt, welche für ihn ab der zweiten Periode in Bezug auf die dann erfahrenen Käufer relevant ist (vgl. Wied-Nebbeling 2004, S. 283). Ab Periode 2 gilt für den Pionieranbieter schließlich die fett gedruckte Nachfragekurve, die im Bereich von 0 bis q_M^P die erfahrenen (Gruppe I) und im Bereich von q_M^P bis zur Sättigungsmenge q_{Max} die unerfahrenen Käufer (Gruppe II) aufweist.

Abb. II.10: Nachfragekurve des Mobilfunkpioniers

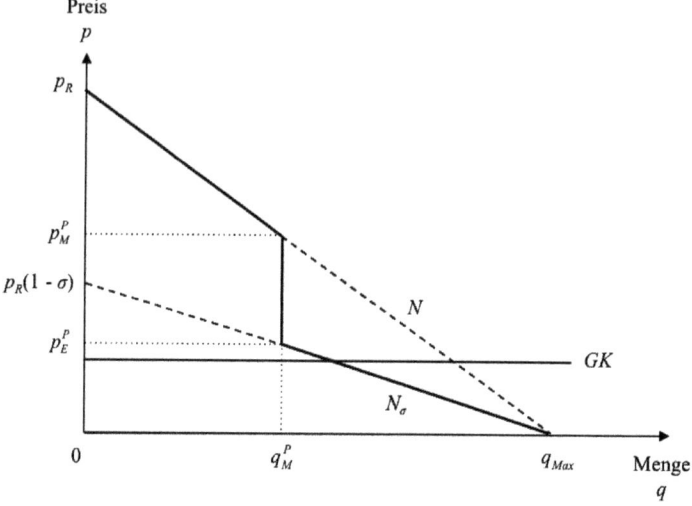

Quelle: Wied-Nebbeling (2004, S. 283)

Folgt der zweite Netzbetreiber zum Zeitpunkt $t = 1$, sieht er sich, wie schon zuvor der Pionieranbieter, einer auf sein Mobilfunkprodukt bzw. Netz (i. S. v. Netzverfügbarkeit und -qualität, Service, etc.) unerfahrenen Konsumentenschicht gegenüber. Während die Nachfragekurve der (unerfahrenen) Gruppe II auch für den Nachfolger unverändert mit N_σ gegeben ist, verläuft die Nachfragekurve der (erfahrenen) Gruppe I zu Ungunsten des Nachfolgers[41]. Um Käufer der Gruppe I anwerben zu wollen, muss er vorab nicht nur ihre Risikoaversion in Bezug auf einen möglichen Fehlkauf überwinden, sondern zudem für die Konsumentenrente (KR) entschädigen, welche die erfahrenen Käufer bereits aus dem Produkt des Pioniers ziehen (außer beim Käufer der letzten Mengeneinheit bei q_M^P). Der Preis, den sie in dieser Situation maximal bereit wären für das Produkt des Nachfolgers zu zahlen, entspricht damit in allgemeiner Form $p = p_R(1 - \sigma) - KR$. Hieraus ergibt sich die nur für den Nachfolger geltende aufsteigende Nachfragekurve der Gruppe I zwischen der Ordinate und der Menge q_M^P aus Abb. II.11. Der Abzug der Konsumentenrente wird hierbei durch die zwei gestrichelten senkrechten Kurven parallel zur Ordinate angedeutet. Es ist erkennbar, dass insbeson-

---

[41] Der später folgende Mobilfunknetzbetreiber hat vermutlich mit einer noch höheren Risikoaversion bei den Konsumenten zu kämpfen als der Pionier, da er eine zeitlichen Nachteil beim Ausbau seines Mobilfunknetzes hat und damit ein nachweislich weniger gut ausgebautes Netz vorweisen kann.

dere jene Käufer für den Nachfolger am schwersten zu erreichen sind, welche die höchsten Zahlungsbereitschaften aufweisen, da diese die niedrigsten (Wechsel-)Preise verlangen und *vice versa*. Des Weiteren zeigt die Abbildung, dass es mit einem höheren Risikofaktor *ceteris paribus* zunehmend schwieriger für den Nachfolger wird, sich im Markt zu etablieren, da die verlustfrei zu erreichende Kundenmenge für ihn abnimmt.

Abb. II.11: Nachfragekurve des Mobilfunkfolgers in seiner zweiten Angebotsperiode

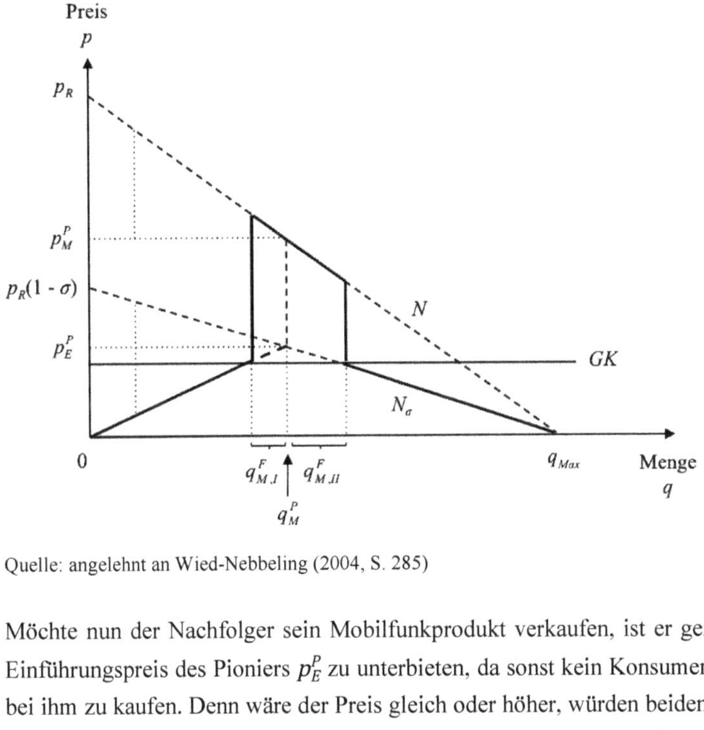

Quelle: angelehnt an Wied-Nebbeling (2004, S. 285)

Möchte nun der Nachfolger sein Mobilfunkprodukt verkaufen, ist er gezwungen den Einführungspreis des Pioniers p_E^P zu unterbieten, da sonst kein Konsument bereit wäre bei ihm zu kaufen. Denn wäre der Preis gleich oder höher, würden beiden Käufergruppen nicht für ihr (Fehlkauf-)Risiko kompensiert. Würde er im Weiteren einen Preis kleiner oder gleich den Grenzkosten setzen müsste er Verluste in Kauf nehmen, da entweder seine Grenzkosten und/oder seine Markteintritts- bzw. Investitionskosten nicht gedeckt würden. Je nach Preissetzung erreicht der Nachfolger somit eine Käufermenge zwischen Null und $q_{M,I}^F + q_{M,II}^F$. Im Fall einer positiven Menge besteht diese aus ehemaligen Käufern des Pionieranbieters ($q_{M,I}^F$) und aus gänzlich unerfahrenen Käufern ($q_{M,II}^F$). Die Käufer mit den höchsten Zahlungsbereitschaften bleiben damit weiterhin beim Pionieranbieter. Dieser kann folglich den höheren Preis verlangen und die höheren Margen erzielen. Ab der zweiten Periode gilt für den Nachfolger schließlich die fett gedruckte Nachfragekurve. Sein durchsetzbarer Marktpreis liegt dabei aller Voraussicht nach oberhalb seines Einführungspreises jedoch unterhalb des Pioniermarktpreises p_M^P, so dass er mit geringeren Margen als sein Wettbewerber rechnen muss (vgl. Haucap et al. 2010, S. 18).

Schmalensees First-Mover-Analyse zeigt, dass der Pionier sowohl die Käufer mit den höchsten Zahlungsbereitschaften für Mobilfunkprodukte hält als auch tendenziell die größere Kundenmenge besitzt, denn je höher das Risiko σ ausfällt, desto schwieriger ist es für den Nachfolger neue Kunden zu gewinnen. Wie eingangs erwähnt, halten die Deutsche Telekom und Vodafone, auch knapp zwei Jahrzehnte nach ihrem Eintritt in den Mobilfunkmarkt, rund 2/3 aller Mobilfunkverträge. Bezugnehmend auf die Ergebnisse im Abschnitt 1.2 dieses Kapitels hat der Mobilfunkpionier auch im Upgradeprozess die Nase vorn. Somit erlaubt der Größenvorteil dem Pionier – glaubwürdig in den Augen des Nachfolgers – auch in der Upgraderangfolge erster zu sein und damit von seiner Pioniersituation zu profitieren. Darüber hinaus ermöglicht die solventere und größere Kundenbasis des Pioniers sich bei der Einführung einer neuen Mobilfunktechnologie auf seine eigenen Kunden zu konzentrieren und diese zügiger bzw. „einfacher" für die neue Technologie zu gewinnen (vgl. Gerpott 2008, S. 59-64). Geht man davon aus, dass der Erste des Upgradeprozesses zunächst als Monopolist oder im deutschen Fall als kooperativer Dyopolist (Deutsche Telekom und Vodafone gemeinsam als Erstanbieter) den neuen Markt betritt, dann wird er seine Angebotsmenge und Preissetzung an der für ihn gewinnmaximalen Monopolmenge ausrichten (vgl. Kruse 1997, S. 19-61 und Gerum et al. 2003, S. 90-92). Damit wird er einen vergleichsweise hohen Preis setzen, den nur Käufer mit einer hohen Zahlungsbereitschaft bereit sind zu zahlen, also solche, die insbesondere beim früheren Pionieranbieter bzw. den Pionieranbietern zu finden sind (Gerum et al. 2003, S. 102-105)[42].

Da dem (kleineren) Nachfolger sowohl die Größenunterschiede als auch die Kundenverteilungen zwischen den Mobilfunknetzbetreibern bekannt sind, weiß er erstens, der

---

[42] Hierbei wird unterstellt, dass die Käufer mit einer hohen Präferenz und damit einer hohen Zahlungsbereitschaft für die neue Mobilfunktechnologie die gleichen kaufbereiten Käufer, also solche mit einer hohen Zahlungsbereitschaft, darstellen, wie sie es bei der GSM-Einführung waren. Mit Blick auf die umsatzstarken Post-Paid-Kunden (vs. umsatzschwache Pre-Paid-Kunden) kann bei der Deutschen Telekom und Vodafone gegenüber E-Plus und Telefónica/O2 tatsächlich ein deutlicher Überhang solcher Kunden festgestellt werden. Dies gilt sowohl für die Anfangsjahre des Mobilfunks als auch zum Zeitpunkt der UMTS- und LTE-Einführung (vgl. Bank of America/ Merrill Lynch 2010, S. 54).

Pionier bzw. der größere Wettbewerber besitzt in der Upgradefrage den stärkeren Anreiz erneut erster zu sein und er wird vermutlich alles dafür tun, diese Position beizubehalten. Und zweitens, seine eigenen Kunden, die im Durchschnitt eine geringere Zahlungsbereitschaft als die beim Pionier aufweisen, werden nur bedingt von der neuen Technologie bzw. den Preisen des Pioniers für die neue Technologie angesprochen und werden infolgedessen nur eine geringe Wechselbereitschaft zeigen. Der Nachfolger kann also davon ausgehen, dass der Pionier alles dafür tun wird, um weiterhin erster zu bleiben, dass er selbst als potentieller zweiter (vorerst) nur eine geringe Abwanderung seiner eigenen Kundschaft fürchten muss und dass er zudem hohe Einführungskosten sparen kann, wenn er selbst als Zweiter in den LTE-Markt eintritt. D. h. er wird mit sehr hoher Wahrscheinlichkeit – und sollte es auch bei entsprechend gegebenem Einsparungspotential – zukünftig als Zweiter neue investitionsintensive Mobilfunktechnologien einführen.

Für den deutschen Markt kann also erwartet werden, dass die Deutsche Telekom und Vodafone als ehemalige Pionieranbieter und als erste bei der UMTS- und LTE-Einführung auch in Zukunft bei der Einführung neuer Mobilfunktechnologien erste sein werden und *ceteris paribus* sein sollten. Die früheren Nachfolger mit E-Plus und Telefónica/O2 sollten sich dagegen auf kein Upgradewettrennen mit den zwei Großen einlassen und sich einzig nach dem möglichen Einsparungspotential orientieren, d. h. ihr Upgrade entsprechend zeitversetzt planen bzw. durchführen. In welcher Größenordnung sich diese Werte bewegen müssen, damit eine Verzögerung vorteilhaft ist, wird anschließend in Abschnitt 2.2 behandelt.

Neben der Beantwortung der Upgradefrage zeigt die obige Analyse, dass die durch den früheren Lizenzvergabeprozess hervorgerufenen First-Mover-Vorteile für die Erstanbieter auch Jahre später noch zum Tragen kommen und sich in ihrem Sinne positiv auswirken. Die Zweitanbieter bleiben dagegen weiterhin benachteiligt und können nur langsam bzw. über erhebliche Mehrkosten in Größe und Image zu den Erstanbietern aufschließen. Aus wettbewerblicher Sicht kann der frühere Vergabeprozess der Bundesnetzagentur als wettbewerbsverzerrend angesehen werden. Noch heute werden die strategischen Entscheidungen, wie die Upgradefrage der Mobilfunknetzbetreiber, davon beeinflusst. Vermutlich wären die UMTS- und LTE-Preise bei Einführung der jeweiligen Technologien deutlich geringer ausgefallen und entsprechend die Technologien deutlich stärker verbreitet, hätte es von Beginn an einen ausgeglichenen bzw. fairen Wettbewerb um die Kunden gegeben.

2.2 Empirische Analyse des strategischen Upgradeverhaltens

Wie die vorhergehenden Abschnitte verdeutlicht haben, kann es für „kleinere" Mobilfunkanbieter durchaus vorteilhaft sein, ein Upgrade des eigenen Netzes zu verzögern, falls die „größere" Konkurrenz ihr Upgrade bereits verbindlich festgelegt hat und großer Voraussicht nach nicht davon abweichen wird. Um diesbezüglich einen greifbaren Wert zu erhalten, soll nun das Modell aus Abschnitt 1.2 dieses Kapitels unter Hinzunahme realer Daten aus dem deutschen Mobilfunkmarkt kalibriert und angewendet werden. Dazu werden für den ersten Modelldurchlauf die Parameter aus Tab. II.1 herangezogen, die sich in Anlehnung an den kleinsten[43] deutschen Mobilfunknetzbetreiber, Telefónica/O2, für den LTE-Fall ergeben. Das Modellergebnis wird dabei so bestimmt, dass der Kosteneinsparungsfaktor η variiert wird und sich für unterschiedliche η-Werte unterschiedliche Verzögerungszeiten t_{opt} ergeben.

Tab. II.1: Upgradeverzögerung – Der Basisfall am Beispiel von Telefónica/O2

Variable	Symbol	Wert
Investitionskosten	H	500,5 Mio. €
- Investition pro LTE-Standort/Basisstation[a]		30.000 €
- Anzahl LTE-Standorte/Basisstationen[b]		10.500
- Variable Kosten pro Neukunde		60 € p.a.
- Zusätzliche (variable) Kosten pro LTE-Kunde[c]		12 € p.a.
- ∅-liche Anzahl LTE-Kunden[d]		7,47 Mio.
Endzeitpunkt[e]	E	∞
Diskontsatz/Kapitalkostensatz[f]	ρ	8,5 % p.a.
Kosteneinsparungsfaktor	η	6,5 % p.a.
ΔGewinn[d]	$\pi_{LTE} - \pi_{UMTS(LTE)}$	72,6 Mio. € p.a.
Optimale Upgradeverzögerung	t_{opt}	6 Monate

a) Der Wert wurde auf Basis von Experteninterviews bestimmt.
b) Der Wert ergibt sich aus der Anzahl der UMTS-Basisstationen von Telefónica/O2 nach den ersten 5 Jahren der UMTS-Einführung plus geschätzten 1.000 weiteren Stationen für den Ausbau der ländlichen Regionen (vgl. Focus 2011).
c) Es wird angenommen, dass bei der LTE-Einführung neben den bisherigen variablen Kosten pro Kunde zusätzliche Kosten entstehen, da bspw. die Hardware teurer ausfällt und/oder der Kunde über LTE informiert werden muss. Diese Kosten werden auf alle bestehenden Kunden und Neukunden aufgeschlagen.
d) Der Wert wurde anhand der Ergebnisse aus Kapitel III in Kombination mit dem Marktanteil von Telefónica/O2 im Jahr 2010 bestimmt.
e) Siehe Anhang A.2 für eine Darstellung zum Einfluss des Endzeitpunkts auf den Kosteneinsparungsfaktor. Ein solcher Einfluss wird hier jedoch ausgeschlossen, da angenommen wird, dass die Netzbetreiber nach Auslaufen ihrer Frequenzverfügungsrechte diese verlängern werden.
f) Der Diskontsatz wurde in Anlehnung an Gerpott (2008, S. 66) bestimmt.

Quelle: Altman Vilandrie & Company 2009, BITKOM, Bundesnetzagentur, Experteninterviews, Gerpott 2008, Telefónica/O2, VATM, eigene Berechnungen

---

[43] Die Größe bestimmt sich nach der Anzahl der Mobilfunkverträge (SIM-Karten). Diese lag für Telefónica/O2 seit ihrem Markteintritt im Jahr 1998 stets hinter ihren drei Wettbewerbern.

II.2. Implikationen für den deutschen Mobilfunkmarkt

Nach Berechnung gibt das Modell für den Wertebereich zwischen 0 % und 6 % eine optimale Verzögerungszeit von $t_{opt} = 0$ für Telefónica/O2 wieder. D. h. Telefónica/O2 sollte bei einer erwarteten Kosteneinsparung von weniger als 6 % pro Jahr ihr Upgrade nicht verzögern und parallel mit ihren Wettbewerbern das Upgrade durchführen. Der entgangene Gewinn (Opportunitätskosten) bei einer Verzögerung liegt in diesem Fall höher als die potentiellen Kosteneinsparungen einer Verzögerung. Ab einem Wert von 6 % pro Jahr liegen die Kosteneinsparungen jedoch über den entgangenen Gewinnen, so dass sich eine Verzögerung erstmals lohnt. Bei den im Modell angewendeten 0,05 %-Schritten ergibt sich z. B. bei einem Wert von 6,5 % eine optimale Verzögerungszeit von 6 Monaten.

Abb. II.12: Upgradeverzögerung in Abhängigkeit von der Kosteneinsparung am Beispiel von Telefónica/O2

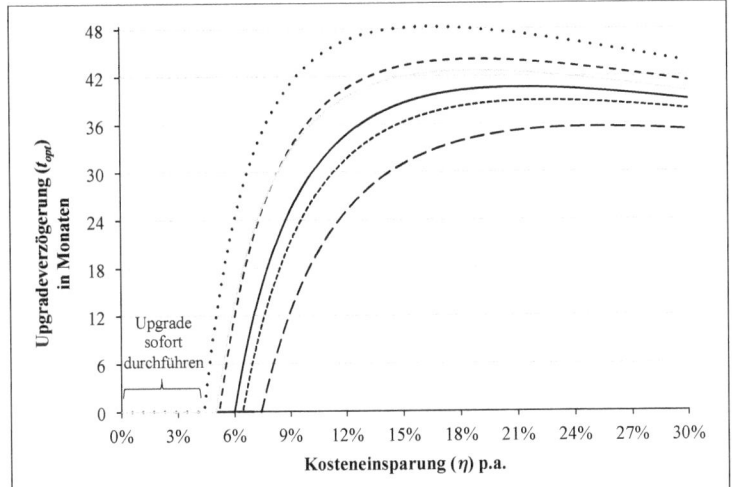

Quelle: Eigene Darstellung

Wird die Upgradeverzögerung t_{opt} in Abhängigkeit vom Kosteneinsparungsfaktor η dargestellt, ergibt sich die schwarz durchgezogene Kurve („Basisfall") in Abb. II.12. Hierdurch wird nochmal die Ableitung der optimalen Verzögerungszeit nach dem Kostenfaktor (Seite 27) grafisch verdeutlicht. Für kleine η-Werte ist der Zusammenhang zunächst positiv (je höher η, desto größer t_{opt}) und schließlich für relativ große η-

Werte negativ (je höher η, desto kleiner t_{opt}). Während es sich bei geringeren Kosteneinsparungen lohnt, länger auf ein Upgrade zu warten, sollte bei höheren Kosteneinsparungen weniger lang gewartet werden. Weiterhin zeigt Abb. II.12 wie sich die optimale Relation von Kosteneinsparung η zur Verzögerungszeit t_{opt} verhält, falls einzelne Parameter des Modells *ceteris paribus* verändert werden. So bewirken ein Anstieg der Investitionskosten pro Basisstation, eine höhere Anzahl an Basisstationen sowie ein höherer Kapitalkostensatz eine Linksverschiebung des Basisfalls, da alle drei Varianten ein höheres Kosteneinsparungspotential erlauben. Der Anreiz für den Netzbetreiber zu warten nimmt zu. Demgegenüber verschiebt sich der Basisfall nach rechts, falls die zusätzlichen (variablen) Kosten pro LTE-Kunde geringer oder der zusätzliche Gewinn aus der LTE-Technologie höher ausfallen. Da hierdurch der Gewinn (relativ) zunimmt, steigen auch die Opportunitätskosten in der Wartephase mit der Folge, dass es für den Netzbetreiber weniger attraktiv ist zu warten.

Interessant ist, dass relativ starke Veränderungen in den jeweiligen Parametern notwendig sind, um eine größere Verschiebung des Basisfalls auszulösen. Lediglich eine Veränderung der Gewinne und/oder der Kapitalkosten zeigen eine relativ höhere Sensibilität des Basisfalls. Geht man davon aus, dass der tatsächliche LTE-(Differenz-)Gewinn in den Anfangsjahren der LTE-Einführung geringer ausfällt als vom „Mehr Gewinn"-Fall ausgewiesen (während in der Praxis der Markt für die LTE-Technologie erst entwickelt werden muss und zunächst geringe Gewinne erlauben wird, unterstellt das Modell vom ersten Jahr an den maximal möglichen Gewinn), dann wird die hier dargestellte Obergrenze für das notwendige Kosteneinsparungspotential vermutlich zu hoch ausfallen. Ebenso gilt für die Kapitalkosten, die mit 8,5 % für den Mobilfunkbereich und dessen hohe spezifische Investitionen[44] als eher niedrig eingeschätzt werden können, dass sie in der Praxis wahrscheinlich höher ausfallen und damit eine relativ starke Linksverschiebung des Basisfalls auslösen. Der Verzögerungsfall würde somit deutlich an Relevanz gewinnen (vgl. Gerpott 2008, S. 66). Insgesamt kann also von einer relativ hohen Robustheit der Ergebnisse ausgegangen und für Telefónica/O2 eine vorteilhafte bzw. positive Wartephase – sofern ein Kosteneinsparungspotential in dem hier dargestellten Wertebereich vorliegt – angenommen werden.

---

[44] Die spezifische Investition unterscheidet die unspezifische Investition davon, dass sie in der nächstbesten Verwendung (deutlich) geringere Erträge zulässt. D. h. eine andere Anwendung der Investition als die für sie vorherbestimmte, ist mit einem (deutlichen) Wertverlust der Investition verbunden. Daher wird die spezifische Investition mit einem höheren Kapital- bzw. Risikozins belastet.

II.2. Implikationen für den deutschen Mobilfunkmarkt

Tab. II.2: Upgradeverzögerung – Der Basisfall am Beispiel von E-Plus

Variable	Symbol	Wert
Investitionskosten	H	498,3 Mio. €
- Investition pro LTE-Standort/Basisstation[a]		30.000 €
- Anzahl LTE-Standorte/Basisstationen[b]		9.200
- Variable Kosten pro Neukunde		60,00 € p.a.
- Zusätzliche (variable) Kosten pro LTE-Kunde[c]		12,00 € p.a.
- ⌀-liche Anzahl LTE-Kunden[d]		8,94 Mio.
Endzeitpunkt	E	∞
Diskontsatz/Kapitalkostensatz[e]	ρ	8,5 % p.a.
Kosteneinsparungsfaktor	η	8,9 % p.a.
ΔGewinn[d]	$\pi_{LTE} - \pi_{UMTS(LTE)}$	82,8 Mio. € p.a.
Optimale Upgradeverzögerung	t_{opt}	6 Monate

a) Der Wert wurde auf Basis von Experteninterviews bestimmt.
b) Der Wert ergibt sich aus der Anzahl der UMTS-Basisstationen von E-Plus nach den ersten 5 Jahren der UMTS-Einführung plus geschätzten 2.400 weiteren Stationen für den Ausbau der ländlichen Regionen. Da E-Plus über keine 800-MHz-Frequenzen verfügt, muss das Unternehmen das 2,4-fache der Anzahl an Basisstationen, die bei einem 800-MHz-Netz notwendig wären, errichten (vgl. Gerpott 2005, S. 68).
c) Es wird angenommen, dass bei der LTE-Einführung neben den bisherigen variablen Kosten pro Kunde zusätzliche Kosten entstehen, da bspw. die Hardware teurer ausfällt und/oder der Kunde über LTE informiert werden muss. Diese Kosten werden auf alle bestehenden Kunden und Neukunden aufgeschlagen.
d) Der Wert wurde anhand der Ergebnisse aus Kapitel III in Kombination mit dem Marktanteil von E-Plus im Jahr 2010 bestimmt. Darüber hinaus wurde eine Gewinnanpassung um 5 % nach unten vorgenommen, um die „Billiganbieter"-Strategie des Unternehmens zu berücksichtigen.
e) Der Diskontsatz wurde in Anlehnung an Gerpott (2008, S. 66) bestimmt.

Quelle: Altman Vilandrie & Company 2009, BITKOM, Bundesnetzagentur, Experteninterviews, Gerpott 2008, E-Plus, VATM, eigene Berechnungen

Im nächsten Modelldurchlauf wird der E-Plus-Fall untersucht (siehe Parameter aus Tab. II.2). Hierbei wurde neben der Tatsache, dass E-Plus über keine 800-MHz-Frequenzen für den LTE-Ausbau in ländlichen Regionen verfügt und damit höhere Kosten für den Netzausbau und -betrieb aufwenden muss[45], auch berücksichtigt, dass E-Plus aufgrund seiner Low-Cost-Strategie grundsätzlich ein inferiores Netz (in Bezug auf Netzverfügbarkeit und Übertragungsbandbreite) gegenüber seinen Wettbewerbern betreibt (vgl. Connect 2009 und 2010, E-Plus 2010, Welt Online 2009 und Spiegel Online 2006). Im Ergebnis ergibt sich dennoch ein 2,4 Prozentpunkte höherer Kosteneinsparungsfaktor im Basisfall gegenüber Telefónica/O2. D. h. E-Plus benötigt einen

---

[45] Bei der LTE-Auktion vom April 2010 konnte E-Plus gegenüber seinen drei Mitbietern keine Frequenzen im 800-MHz-Bereich erwerben. Während sich hierdurch für E-Plus auf der einen Seite der Netzausbau in ländlichen Regionen deutlich verteuert, konnte das Unternehmen auf der anderen Seite über eine Milliarde € an Frequenzausgaben gegenüber seinen drei Wettbewerbern einsparen. Letzterer Einfluss auf den LTE-(Differenz-)Gewinn bleibt im Basisfall unberücksichtigt, er kann jedoch im „Mehr Gewinn"-Fall antizipiert werden.

höheren Mindestwert bei der prozentualen Kosteneinsparung damit eine Upgradeverzögerung ökonomisch sinnvoll ist, und zeigt damit eine geringere Verzögerungswahrscheinlichkeit als Telefónica/O2.

Abb. II.13: Upgradeverzögerung in Abhängigkeit von der Kosteneinsparung am Beispiel von E-Plus

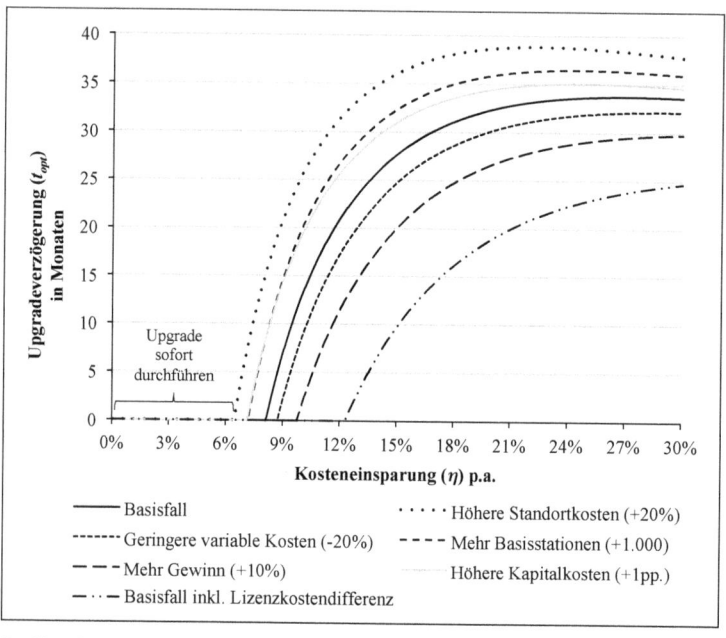

Quelle: Eigene Darstellung

Grund für den höheren Kosteneinsparungsfaktor bzw. die geringere Verzögerungswahrscheinlichkeit sind die trotz fehlender 800-MHz-Frequenzen geringeren Netzausbau- und Betriebskosten (es werden weniger Basisstationen verbaut), welche aufgrund der Low-Cost-Strategie von E-Plus insgesamt deutlich geringer ausfallen als die der Konkurrenz. Würden an dieser Stelle zudem die geringeren LTE-Frequenzausgaben von rund einer Milliarde € gegenüber den Wettbewerbern auf den jährlichen LTE-(Differnz-)Gewinn berücksichtigt, würde der kritische Kosteneinsparungsfaktor, wie anhand des „Basisfall inkl. Lizenzkostendifferenz" aus Abb. II.13 gezeigt, noch höher ausfallen. Auch wenn E-Plus eine äquivalente Netzabdeckung und -qualität wie Telefónica/O2 verfolgen würde (mit der dazu notwendigen höheren Anzahl an Basisstationen unter Berücksichtigung der fehlenden 800-MHz-Frequenzen), dann würde sich der resultierende Kurvenverlauf an den „Mehr Gewinn"-Fall aus Abb. II.13 annähern (hier nicht dargestellt) und damit einen noch immer deutlich höheren kritischen Kosteneinsparungsfaktor als Telefónica/O2 aufweisen.

**Abb. II.14: Upgradeverzögerung in Abhängigkeit von der Kosteneinsparung
– Die Basisfälle der deutschen Mobilfunknetzbetreiber im Vergleich**

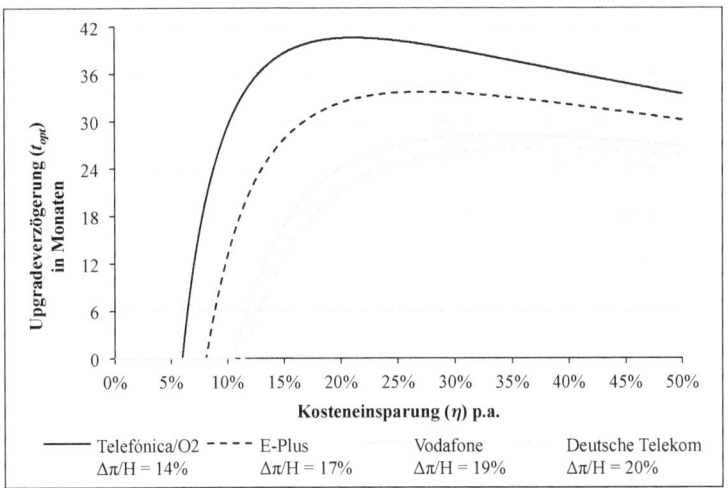

Quelle: Eigene Darstellung

Neben der höheren kritischen Verzögerungsschwelle fällt auf, dass bei gegebenem Kosteneinsparungspotential η die optimale Verzögerungszeit bei E-Plus permanent unter der von Telefónica/O2 liegt (siehe Abb. II.14). Betrachtet man diesbezüglich die Relation zwischen dem (Differenz-)Gewinn und den Investitionskosten (siehe Legende in Abb. II.14), wird deutlich, dass Telefónica/O2 mit einem Gewinnanteil von 14 % an den Investitionskosten etwas schlechter abschneidet als E-Plus mit 17 %. D. h. E-Plus muss – vereinfacht gesprochen – weniger häufig Gewinne generieren und damit entsprechend weniger lange warten, um seine Upgradeinvestition zu amortisieren. Das bedeutet im Fall der Upgradeverzögerung, dass bei gegebenem Kosteneinsparungspotential η dasjenige Unternehmen weniger lang verzögern muss, welches die höheren Gewinne in Relation zu den Investitionskosten und damit zum möglichen Kosteneinsparungspotential aufweist.

Wird das Modell schließlich für die Deutsche Telekom und Vodafone kalibriert (siehe Anhang A.1), ergeben sich in Abb. II.14 die Kurven für den Basisfall. Da beide Netzbetreiber ähnliche Investitionskosten aufweisen und zukünftige LTE-Gewinne erwarten lassen, liegen ihre Kurven nah beieinander. Die Abweichung zueinander ergibt sich lediglich aus marginalen Unterschieden in den Marktanteilen und der Anzahl der (zu installierenden) Basisstationen. Da die Telekom mit den leicht geringeren Netzkosten gegenüber Vodafone trotz geringerem Marktanteil höhere Gewinne erwarten lässt, liegt die Kurve rechts von der Vodafone-Kurve. Insgesamt gilt jedoch für beide Unternehmen, dass sie einen relativ hohen Mindestkosteneinsparungssatz benötigen, 11,5 % bzw. 10,6 %, damit es sich für sie lohnt in der Position des Zweiten zu verzögern. D. h. für beide Unternehmen ist die Wahrscheinlichkeit relativ hoch, dass sich eine Upgradeverzögerung – und damit die Position des Zweiten in der Upgraderangfolge – niemals lohnt. Entsprechend sollten die kleineren Wettbewerber mit Telefónica/O2 und E-Plus ihr Upgradevorhaben daran ausrichten und als Zweite bzw. mit Verzögerung in den LTE-Markt eintreten. Jedes andere Verhalten wäre unter den hier gegebenen Bedingungen ökonomisch irrational und mit geringeren Gewinnen verbunden.

Basierend auf diesen Ergebnissen und unter Beachtung der sich sukzessive annähernden Marktanteile der deutschen Mobilfunknetzbetreiber gilt für die Einführung zukünftiger Mobilfunktechnologien, wie bspw. LTE-Advanced, dass in Zukunft immer weniger eindeutig der verzögernde Netzbetreiber bestimmt werden kann (vgl. VATM 2010, S. 23). D. h. die Gefahr eines ineffizienten Upgrades aller Netzbetreiber zum gleichen Zeitpunkt steigt, wenn zuvor keine explizite Absprache über die Upgraderangfolge erfolgt ist. Einem solchen Fall können die „großen" Netzbetreiber entgegensteuern, falls sie netzbetreiberübergreifende Verbundvorteile im Rahmen des potentiellen eigenen Upgrades bewusst fördern und an ihre „kleineren" Wettbewerber kommunizieren. Dies würde zumindest das Kosteneinsparungspotential für die „kleineren" Wettbewerber im Rahmen ihrer Verzögerungsentscheidung verdeutlichen und eine positive Entscheidung für den Verzögerungsfall fördern.

III. Auswirkungen fundamentaler Innovationen auf den Mobilfunkwettbewerb

Mit Abschluss der LTE-Frequenzauktion vom Mai 2010 ist den deutschen Mobilfunknetzbetreibern eine Technologie zur Verfügung gestellt worden, mit der die zunehmend knappen Übertragungskapazitäten in den deutschen Mobilfunknetzen zu wesentlich geringeren Kosten als mit der Vorgängertechnologie UMTS ausgeweitet werden können (siehe Abb. III.1).

Abb. III.1: Die Kosten eines mobil übertragenen Megabyte in Abhängigkeit von der Technologie

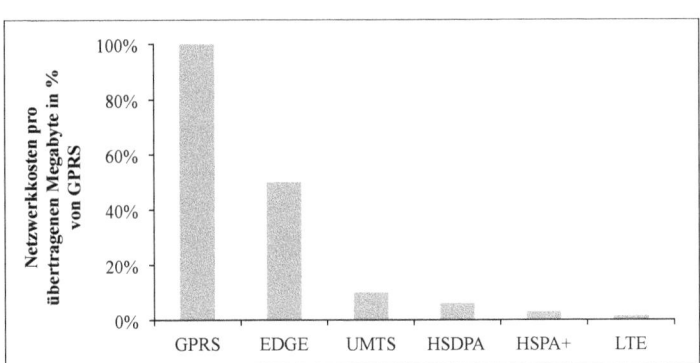

Quelle: Morgan Stanley (2009, S. 67)

Grund für diesen Kostenrückgang ist insbesondere die vereinfachte und vollständig auf dem Internetprotokoll (kurz: IP)[46] basierte Netzwerkarchitektur. Während bspw. bei der GSM- und UMTS-Technologie die Sprachübertragung noch leitungsgebunden abgewickelt wird bzw. wurde, Daten dagegen paketvermittelt, ist diese Zweiteilung für den Sprach- und Datenverkehr bei der LTE-Technologie nicht mehr vorgesehen. D. h. der gesamte Verbindungsverkehr wird ausnahmslos paketvermittelt übertragen. Zum Verständnis: Bei der leitungsgebundenen Übertragung wird ein eigener Kanal und damit eine festgelegte Menge an Netzkapazitäten für die Sprachverbindung reserviert, welche damit nicht mehr für andere Dienste zur Verfügung stehen. Dagegen wird bei

---

[46] Das „Internetprotokoll (IP)-Verfahren" ist das Übertragungsverfahren, welches das weltweite Internet benutzt. Es verpackt die zu übertragenen Informationen, wie bspw. Sprache, Bilder, Videos, Texte, usw. in Datenpakete und regelt die Vermittlung dieser an das jeweilige Ziel. Dabei hat jeder Sender und Empfänger eine spezifische IP-Adresse zugewiesen (ähnlich wie eine Postadresse), welche den Datenpaketen hinzugefügt werden, damit sie ihr Ziel finden und unterwegs nicht verloren gehen.

der paketvermittelten Übertragung jeder Dienst, egal ob Sprach- oder Datenübertragung, in gleichartige (Daten-)Pakete umgewandelt und über die verfügbaren Netzkapazitäten übertragen. Die Reservierung eines separaten Kanals bzw. von Netzkapazitäten für die Sprachübertragung findet nicht mehr statt. Hierdurch kann eine Komplexitätsreduktion im Netzbetrieb erzielt werden, die in Verbindung mit dem höheren Automatisierungsgrad und der höheren Spektraleffizienz (→ mehr Bandbreite bei gleicher Frequenzausstattung) von LTE zu weniger Netzwerkkomponenten, Antennenstandorten und (Wartungs-)Personal führt. Die so erreichten Kosteneinsparungen belaufen sich auf mindestens 50 % der Netzwerkkosten gegenüber HSPA+ pro übertragenem Megabyte (vgl. ATIS 2009, S. 13 ff., Nokia Siemens Networks 2009, S. 12 und LTE mobile 2010, S. 4). Anders ausgedrückt, bei gleichen Netzwerkkosten kann LTE gegenüber HSPA+ mehr als das Doppelte an Daten übertragen.

Ein weiterer kostenwirksamer Vorteil von LTE, der in den Medien und Fachberichten bisher nur wenig Aufmerksamkeit fand, ist die erstmalige weltweite *Standardisierung* dieser Technologie. Wurde UMTS noch in drei unterschiedlichen Standards (UMTS, CDMA2000 und UWC-136) jeweils für Europa, die USA und Asien zugelassen, ist LTE nur noch in zwei Versionen weltweit verfügbar und zugelassen (siehe dazu auch Abschnitt 2.2.1 dieses Kapitels, „Einfluss der Frequenzausstattung"). Unter Standardisierung versteht man zunächst die Vereinheitlichung eines Gegenstandes, in diesem Fall einer Technologie, zum Gebrauch an unterschiedlichen Orten von unterschiedlichen Personen und/oder Unternehmen. In Bezug auf den Mobilfunk bedeutet sie, dass sich die unzähligen Netzinfrastrukturhersteller dieser Welt zunehmend auf einige wenige anstatt viele verschiedene Technologien konzentrieren und auf diese Weise ein weltweit höheres Absatzvolumen erreichen können. Mit einem solchen Volumenanstieg gehen grundsätzlich positive Skalenerträge – also sinkende Grenzkosten – einher mit der Folge, dass die Produktionskosten und damit die Verkaufspreise für die Netzkomponenten sinken. Dies wiederum führt zu fallenden Netzausbau- und Instandhaltungskosten auf Seiten der Mobilfunknetzbetreiber, so dass ein größeres geografisches Gebiet mit Mobilfunkanschlüssen versorgt und/oder die Netzkapazitäten ausgeweitet werden können (vgl. Kruse 1997, S. 15-17, Foros und Kind 2003, S. 217 ff.).

Neben den Skalenerträgen erlaubt die weltweite Standardisierung auch Effizienzgewinne in Hinblick auf die Nutzung mobiler Endgeräte über die eigenen Landesgrenzen hinweg. Blickt man auf die Anfänge des europäischen Mobilfunks zurück, wird der Effizienzgewinn einer europaweiten oder globalen Standardisierung deutlich. So wurden in Europa während der 80iger Jahre mindestens vier unterschiedliche Mobilfunkstandards betrieben, die zueinander völlig inkompatibel waren (vgl. Gerum et al. 2003, S. 10-13). Das bedeutete einerseits, dass die Netzinfrastrukturhersteller gezwungen waren, mehrere Technologien parallel anzubieten und damit insgesamt höhere Forschungs- und Entwicklungs- sowie Produktionskosten in Kauf zu nehmen, wollten sie in mehreren Ländern gleichzeitig präsent sein. Zum anderen konnte ein für das deutsche System entwickeltes Mobiltelefon im Ausland nicht genutzt werden. So benötigten deutsche Verbraucher im Ausland – sofern sie mobil telefonieren wollten – ein neues Endgerät, welches wiederum im eigenen Land völlig nutzlos war. Neben den Infrastrukturherstellern waren somit auch die Endgerätehersteller (bzw. Verbraucher) gezwungen, für die verschiedenen Systeme spezielle Geräte zu entwickeln (bzw. zu erwerben) und dadurch auf Skalenerträge (bzw. Kosteneinsparungen) zu verzichten. In der Folge stiegen die Opportunitätskosten[47] der Mobilfunknetzbetreiber, da die höheren Endgerätepreise die Mobilfunkdiffusion verlangsamte und damit die optimale Netzauslastung (bei fest vorgegebener Frequenzausstattung) zeitlich länger unerreicht blieb (vgl. Kruse 1997, S. 10 ff.).

Während diese Kostensenkungen aus Sicht der Gesamtwohlfahrt grundsätzlich zu begrüßen sind, ist der Vorteil einer LTE-Einführung mit einer Kapazitätsausweitung und dem einhergehenden (kostenintensiven) Netzneuaufbau[48] für die Netzbetreiber dennoch fraglich. Grundsätzlich gilt, dass knappe Güter zu deutlich höheren Preisen angeboten werden als Güter, die im Überfluss vorhanden sind[49]. Für die Netzbetreiber besteht also ein Anreiz, ihre UMTS-Kapazitäten in ihrer knappen Menge simultan bestehen zu lassen oder sogar zu reduzieren, um mögliche Preis- und damit Gewinnsteigerungen durchzusetzen. Möglicher Wettbewerb bisher marktfremder Netzbetreiber droht ihnen dabei kaum, da keine weiteren Unternehmen über die entsprechenden Marktzutrittslizenzen verfügen oder in absehbarer Zeit verfügen werden[50]. Anderer-

---

[47] Hierunter können die entgangenen Erlöse der Netzbetreiber verstanden werden, die möglich gewesen wären, wenn die Konsumenten zügiger über die entsprechenden Endgeräte verfügt hätten, obwohl bereits Kosten für den Netzbetrieb anfallen.

[48] Während die bisherigen UMTS-Standorte und -Sendemasten weiterhin genutzt werden können, müssen dennoch völlig neuartige Sende- und Empfangsgeräte an den Sendemasten installiert werden, so dass eine Kapazitätsausweitung via LTE letztlich einem Netzneuaufbau gleichkommt.

[49] Als Beispiel sei der Ölpreis genannt, der durch die zunehmende weltweite Öl-Knappheit sukzessive ansteigt und zu Milliardengewinnen bei den Öl-Firmen führt.

[50] Der Zugang zum deutschen Mobilfunkmarkt als Netzbetreiber wurde bisher über zu erwerbende Mobilfunkfrequenzen geregelt, welche nach Erwerb von ihren Eigentümern weder gehandelt noch weitergegeben werden konnten. Da derzeit keine weiteren Frequenzen zur Mobilfunknutzung zur Verfügung stehen, sind auf absehbare Zeit keine weiteren Frequenzvergabetermine seitens der Bundesnetzagentur geplant und damit der Zugang für weitere potentielle Netzbetreiber in den deutschen Mobilfunkmarkt faktisch ausgeschlossen. Dennoch, auch wenn kurz- bis mittelfristig

seits könnte durch den zusätzlichen Nutzen der LTE-Technologie für die Konsumenten der Reservationspreis und damit der Verkaufspreis gesteigert und in Verbindung mit den geringeren LTE-Netzbetriebskosten die Gewinne der Mobilfunknetzbetreiber in dem Maße erhöht werden, dass ein LTE-Upgrade gegenüber einer Kapazitätsreduktionsstrategie auf Basis der Vorgängertechnologie UMTS vorteilhafter wäre. Wie also müssen bzw. werden sich die Netzkapazitäten, Preise und Mengen in Deutschland bei einer potentiellen LTE-Einführung verhalten, damit die eine oder andere Strategie zu bevorzugen ist und welche Auswirkungen haben dabei mögliche Asymmetrien zwischen den Netzbetreibern bzw. ihren Frequenzausstattungen? Können die Netzbetreiber darüber hinaus Einfluss auf die jeweiligen strategischen Variablen, also Preise und Kapazitäten bzw. Mengen, ausüben und wenn ja, wie? Weitere Fragen, die sich direkt an diese Analyse anschließen und nicht nur für die Netzbetreiber, sondern auch für den Regulator von Interesse sind, beschäftigen sich mit den in Deutschland regulatorisch vorgegeben Mindestnetzabdeckungsquoten zum Aufbau eines Mobilfunknetzes, dem Ausbau der sog. „weißen Flecken" (→ mit Breitbandinternetanschlüssen unterversorgte Regionen Deutschlands) und dem Problem der zunehmenden Datenmengen in den deutschen Mobilfunknetzen.

1. Der Einfluss neuer Übertragungstechnologien auf den Mobilfunkwettbewerb

Um im Folgenden die Problematik eines kostensenkenden Netzupgrades bzw. Netzneuaufbaus im deutschen Mobilfunkmarkt zu analysieren, wird ein einfaches Modell von De Borger und Van Dender (2006) herangezogen, welches auf der Theorie zum Preiswettbewerb unter Kapazitätsrestriktionen aufbaut und damit dem Bertrand-Wettbewerb zugeordnet werden kann. Das Modell untersucht dabei einen dyopolistischen Markt, in welchem zwei symmetrische Wettbewerber zunächst ihre (knappen) Kapazitäten und schließlich ihre Preise bzgl. des angebotenen (Club-)Gutes[51] festlegen. Ziel der Autoren ist es, die Interaktion der Unternehmen in diesem Prozess formal abbilden und erklären zu können. Erste Aufsätze, die sich ebenso der Anbieterseite von „Clubs" zugewandt haben (sog. „gewinnmaximierende Clubs") stammen von

---

keine weiteren Netzbetreiber in den deutschen Markt eintreten können, laufen die vier etablierten Netzbetreiber Gefahr langfristig ihre LTE-Frequenzen wieder zu verlieren, sollten sie die LTE-Mindestnetzabdeckung in der ihnen dafür vorgegeben Zeit nicht erreichen. Folglich sind sie angehalten möglichst zeitnah den Ausbau der LTE-Technologie ökonomisch zu bewerten und den möglichen Alternativen entgegenzustellen.

[51] Unter einem Clubgut versteht man ein Gut, welches die Ausschließbarkeit im Konsum für Nicht-Clubmitglieder bzw. Nicht-Käufer vorsieht. Der Rivalitätsgrad um das Gut ist für Clubmitglieder bzw. Käufer gering, er kann jedoch bei steigender Mitgliederzahl und der Erreichung potentieller Kapazitätsgrenzen stark zunehmen.

Scotchmer (1985a, b), Braid (1986) oder De Palma und Leruth (1989). Scotchmer analysiert dabei den Preiswettbewerb zwischen Clubs bzw. Einrichtungen, die der Überfüllung und damit der Überlastung unterliegen. Zielsetzung der Analyse ist es die optimale Anzahl der Clubs (hier: Mobilfunknetze) – die hingegen im deutschen Mobilfunkmarkt mit vier Anbietern bereits durch die Regulierungsbehörde in den 90iger Jahren exogen vorgegeben wurde – zu bestimmen. Braid wiederum beschränkt den Markt auf eine feste Anzahl von Clubs, erlaubt aber keine Kapazitätsanpassungen, so dass der Einfluss kapazitätserweiternder Technologien (wie im LTE-Fall) nicht berücksichtigt werden kann. Demgegenüber konstruieren De Palma und Leruth ein ähnliches Modell wie De Borger und Van Dender, sie unterstellen jedoch eine wenig realistische diskrete Nutzenfunktion, nach der alle Konsumenten entweder die gleiche positive Konsumentenrente oder aber einen Rente von Null aus dem Clubgut erzielen.

Spätere Arbeiten, die sich mit verwandten Fragestellungen zum Thema „verstopfte" bzw. überlastete Netzwerke beschäftigen, aber zu der hier untersuchten Thematik unterschiedliche Ziele verfolgen oder abweichende Annahmen treffen, stammen insbesondere von MacKie-Mason und Varian (1994), Gibbens et al. (1998), Laussel et al. (2004), Van Dender (2005), Basso und Zhang (2007) sowie Baake und Mitusch (2007). So konzentrieren sich MacKie-Mason und Varian lediglich auf die Preissetzung, Gibbens et al. untersuchen den Mehrproduktfall und Baake und Mitusch stellen den Vergleich zwischen unterschiedlichen ökonomischen Herangehensweisen zur Lösung des Netzüberlastungsproblems in den Vordergrund. Laussel et al., Van Dender sowie Basso und Zhang verfolgen ein ähnliches Ziel, unterstellen jedoch im ersten Fall, dass die Konsumenten heute Erwartungen über die Netzverstopfung in den zukünftigen Perioden treffen, eine Annahme, die aufgrund der beschränkten kognitiven Fähigkeiten der Endkunden hier als unrealistisch angesehen wird (vgl. Brosig et al. 2009). Im zweiten Fall wird angenommen, dass die Kapazitäten, ähnlich wie bei Braid, fix und damit nicht veränderbar sind. Im letzten Fall befinden sich die in ihrer Kapazität limitierten Unternehmen nicht im Endkundenmarkt, sondern stellen Intermediäre (sog. „Upstream-Unternehmen") dar, welche Input-Dienstleistungen an die Unternehmen im Endkundenmarkt (sog. „Downstream-Unternehmen") liefern. Als Beispiel solcher Intermediäre werden Flughäfen genannt, welche Kapazitäten i. S. v. Parkslots an die Fluggesellschaften verkaufen, die wiederum den Endkunden mit Flügen von einem bestimmten Ort versorgen.

Im Gegensatz zu der hier angestrebten Analyse gehen die erwähnten Autoren, dies schließt De Borger und Van Dender mit ein, nicht weit genug bzw. fokussieren sich auf Themenbereiche, die in dieser Arbeit nicht im Vordergrund stehen. Während De Borger und Van Dender mit ihrer modelltheoretischen Analyse den Kern der hier untersuchten Problematik am besten treffen, kommt ihr empirischer Teil sowohl mit der Sensitivitätsanalyse eines einzigen Faktors als auch der Untersuchung unterschiedlicher Marktstrukturen zu kurz bzw. läuft in die falsche Richtung. Eine Überleitung ihrer Ergebnisse für den deutschen Mobilfunkmarkt insbesondere unter der Berücksichtigung asymmetrischer Netzbetreiber bzw. Angebotsvoraussetzungen ist nicht möglich. Insofern wird ihr Modell für den hier untersuchten Fall entsprechend angepasst bzw. erweitert. Die Annahme von lediglich zwei konkurrierenden Unternehmen in Bezug auf den deutschen Mobilfunkmarkt mit vier Unternehmen soll indessen als unproblematisch angesehen werden, da vordergründig das relative Verhalten bzw. die relativen Parameterniveaus eines einzelnen Netzbetreibers unter der Beachtung von Wettbewerb untersucht werden sollen und weniger absolute Werte oder von der Anzahl der Anbieter abhängige Marktstrukturen[52].

Modellaufbau:

Es wird ein Markt mit zwei gewinnmaximierenden Mobilfunknetzbetreibern i und j betrachtet, die jeweils vor der Markteinführung eines (homogenen) mobilen Internetzugangs stehen. Bevor sie den Zugang anbieten können, müssen sie ein Mobilfunknetz mit der entsprechenden Anzahl an Sendestationen errichten (→ erste Entscheidungsstufe). Hierbei gilt, je mehr Sendestationen sie *ceteris paribus* errichten, desto größer fällt ihre netzinterne Übertragungskapazität aus und desto mehr Mobilfunknutzer können sie gleichzeitig mit einer bestimmten Mindestqualität versorgen (sog. *Cell-Splitting*[53]).

An dieser Stelle könnte durchaus die Frage nach der maximalen bzw. gewinnoptimalen geografischen Netzabdeckung interessant sein. Da einerseits in Deutschland der Erwerb von Mobilfunkfrequenzen an regulatorisch festgelegte Mindestnetzabde-

---

[52] Des Weiteren ist es durchaus denkbar, dass sich die vier Netzbetreiber wie zwei große Anbieter verhalten, da die Deutsche Telekom und Vodafone als Dyopolist in den deutschen Markt gestartet sind und E-Plus als auch Telefónica/O2 erst mit deutlicher Zeitverzögerung und ähnlichen Nachteilen in ihrer Frequenzausstattung gegenüber den zwei Erstanbietern dazukamen. D. h. die zwei Erstanbieter nehmen potentiell die Rolle des großen und die zwei Nachfolger die Rolle des kleinen Anbieters mit nahezu ähnlichen Voraussetzungen und Verhaltensweisen ein.

[53] Die Übertragungskapazität bzw. Bandbreite einer Sendestation ist auf einen Maximalwert begrenzt. D. h. je mehr Mobilfunknutzer auf diesen einen Sendemast simultan zugreifen, desto weniger Bandbreite steht jedem Einzelnen zur Verfügung (→ Aufteilung der Bandbreite auf alle simultanen Nutzer) und umso länger ist die Downloadzeit einer bestimmten Datenmenge. Errichtet man jedoch eine zweite Sendestation nahe der ersten, dann verteilen sich die Nutzer auf beide Sendemasten und jedem einzelnen Nutzer steht in diesem Fall mehr Bandbreite zur Verfügung, als im Fall einer einzelnen Sendestation.

ckungsquoten gekoppelt ist und andererseits die räumliche Netzabdeckung für die Mobilfunkkunden neben dem Preis das wichtigste Kriterium bei der Wahl eines Netzbetreibers darstellt (vgl. Deutsche Telekom 2010b, S. 3 und Gerpott 2008, S. 39 ff.), wird davon ausgegangen, dass alle Mobilfunknetzbetreiber mit einer ähnlichen landesweiten Netzverfügbarkeit planen (müssen) und die Frage entsprechend an Relevanz verliert. Die bereitgestellte Übertragungskapazität bzw. Bandbreite, die keinen regulatorischen oder zwingend erfolgsrelevanten Anforderungen unterliegt aber mit dem Netzaufbau bzw. der Anzahl der Sendestationen (bei gegebener Frequenzausstattung und Übertragungstechnologie) direkt in Verbindung steht, ist somit die von den Netzbetreibern zu bestimmende Entscheidungsgröße.

Während auf dem (dünn besiedelten) Land die Flächenversorgung – also die Abdeckung auch der entlegensten Regionen mit Mobilfunk – im Vordergrund steht, ist es in den (dicht bevölkerten) Ballungsgebieten, die von rund 80 % der deutschen Bevölkerung besiedelt und damit für einen Mobilfunknetzbetreiber erfolgsrelevant sind, die Kapazitätsversorgung (vgl. Vodafone 2008). So reicht es nicht aus, in den Ballungsgebieten die für eine Flächenversorgung notwendige Mindestanzahl an Sendestationen zu errichten, sondern es muss ein engmaschigeres Mobilfunknetz – mit mehr Stationen als bei der Flächenversorgung notwendig – errichtet werden (vgl. Gerum et al. 2003, S. 7, Kruse 1997, S. 12-14). So können für die Mobilfunkkunden nutzensenkende Netzüberlastungen und Verbindungsausfälle vermieden werden, die andernfalls die Gewinne des Netzbetreibers durch potentielle Kundenabgänge und/oder Regressforderungen senken würden. Dies erlaubt bspw. auch einem Mobilfunknetzbetreiber sich in Punkto Netzqualität von der Konkurrenz zu differenzieren bzw. im Wettbewerb um potentielle Kunden und Marktanteile zu behaupten (vgl. Vodafone 2008). Andere Mittel zur Kapazitätsausdehnung, wie die Ausweitung der eigenen Frequenzausstattung oder der Einsatz einer effizienteren Übertragungstechnologie stehen den Netzbetreibern (zunächst) nicht zur Verfügung.

Sind die Sendestationen und damit die Kapazitäten errichtet, wählen die Netzbetreiber unter Berücksichtigung ihrer zuvor festgelegten Kapazitäten sowie der Konkurrenzkapazitäten und -preise ihre eigenen Preise (→ zweite Entscheidungsstufe[54]) und es

---

[54] Solch ein sequentielles Entscheidungsspiel mit zwei aufeinander folgenden, zeitlich getrennten Entscheidungsstufen wird in der Fachsprache als „closed-loop"-Spiel bezeichnet (vgl. Basso und Zhang 2007, S. 224-233). Daneben gibt es noch das „open-loop"-Spiel, bei welchem die zwei Entscheidungen simultan getroffen werden. Während die erste Spielart bei gegenseitig bekannten Kapazitätsentscheidungen zum Tragen kommt, findet die zweite Spielart Anwendung bei gegenseitig unbekannten Kapazitätsentscheidungen („*Die Entscheidungsträger können nicht die Kapazitäten der jeweils anderen Entscheidungsträger beobachten.*"). In Anlehnung an die Praxis wird

kommt zum Angebot mobiler Internetanschlüsse. Markteintritte weiterer, bisher marktfremder Mobilfunknetzbetreiber sind nicht möglich und damit irrelevant für den Entscheidungsprozess der etablierten Netzbetreiber bzgl. ihrer Kapazitäts- und Preisbestimmung.

Nachfrageseite:

Die inverse Nachfragefunktion mit dem Preis p_i lautet:

(III.1) $\qquad p_i = \alpha - \tau_i R_i q_i - b(q_i + q_j)$ mit $i, j = 1, 2$ und $j \neq i$

hierbei steht α für den Reservationspreis des Kunden mit $\alpha \geq 1$, $\tau_i R_i q_i$ für einen Abschlag auf den Reservationspreis, den der Konsument in Abhängigkeit von der Netzverstopfung im Mobilfunknetz i vornimmt, b für die Steigung mit $0 < b < 1$ und q_i bzw. q_j für die Anzahl der Nutzer in jedem Mobilfunknetz. Der Abschlag $\tau_i R_i q_i$ spiegelt dabei die in Geldeinheiten gemessene Verärgerung der Konsumenten über eine möglicherweise zu langsame mobile Internetverbindung wider. Sie ist von dem marginalen Zeitwert der Konsumenten τ_i mit $\tau_i > 0$, der Inverse der Netzkapazität R_i mit $R_i = 1/K_i > 0$ sowie der Anzahl der Nutzer q_i in dem jeweiligen Mobilfunknetz abhängig[55]. Der Zeitwert τ_i kann dabei als ein Wert interpretiert werden, der die finanzielle Bereitschaft der Konsumenten darstellt, für die Vermeidung von Netzverstopfung bzw. Wartezeit und damit einer gewissen Verärgerung über die möglicherweise zu langsame Internetverbindung in dem jeweiligen Netz zu bezahlen.

Der Abschlag ist so definiert, dass er umso geringer ausfällt, je höher die verfügbare Kapazität K_i in dem gewählten Mobilfunknetz ist bzw. je weniger Konsumenten das jeweilige Netz (simultan) nutzen. Die mathematische Umsetzung impliziert dabei einen linearen Verlauf, d. h. mit zunehmender Nutzerzahl (→ Netzauslastung nimmt zu) steigt die Wartezeit und Verärgerung jedes einzelnen Konsumenten in der eigenen Internetnutzung proportional an. Während so ein linearer Verlauf bspw. im Straßenver-

---

in dem hier zu untersuchenden Fall davon ausgegangen, dass die Kapazitäten beobachtbar sind („closed-loop"-Spiel), da sowohl Frequenzausstattung und Anzahl der Sendestationen öffentlich bekannt bzw. beobachtbar sind. Wird zum Vergleich die „open-loop"-Variante angewendet, kann festgestellt werden, dass der Wettbewerb zwischen den Netzbetreibern ausgeprägter erscheint, mit insgesamt geringeren Preisen und höheren Kapazitäten als bei der „closed-loop"-Variante.

[55] In den Fällen $\tau_i = 0$ und $R_i = 0$ würden die Konsumenten (potentielle) Netzüberlastungsprobleme bei ihrer Netzbetreiberwahl unberücksichtigt lassen bzw. die Kapazitäten würden einen unendlich hohen Wert annehmen. Da beide Fälle als unrealistisch gelten, werden sie durch die Annahme, dass beide Variablen größer Null sind, ausgeschlossen.

kehr im Rahmen der täglichen auftretenden Staus auf denselben Strecken unrealistisch wäre, da bei Erreichen der Kapazitätsgrenzen die Wartezeit überproportional ansteigt bzw. gegen unendlich läuft, ist er in Bezug auf den Internetverkehr durchaus realistisch, da vergleichsweise selten Ereignisse am selben Ort auftreten, die zu einem überproportionalem Anstieg in der Wartezeit führen (vgl. De Borger und Van Dender 2006, S. 265 und Laussel et al. 2004, S. 659)[56].

Angebotsseite:

Die Gewinnfunktion des Mobilfunknetzbetreibers *i* lautet:

(III.2) $\quad \max_{p_i} \pi_i = p_i q_i - c_i K_i = p_i q_i - \frac{c_i}{R_i} \quad$ mit $\quad i, j = 1, 2$ und $j \neq i$

Der Parameter c_i stellt dabei die marginalen Kosten pro Kapazitätseinheit bzw. Sendestation für den Netzbetreiber *i* dar. Diese enthalten alle Kosten, die für den Aufbau und Betrieb des Mobilfunknetzes pro Sendestation anfallen, also sämtliche Betriebs- und (periodisierten) Investitionskosten wie Kosten der Standortakquisition, Planungs- und Baukosten, Material- bzw. Gerätekosten, Wartungskosten sowie Miet- und Mietnebenkosten (vgl. Gerpott 2008, S. 65-67)[57]. Dabei gilt, je mehr Kapazität der Netzbetreiber zur Verfügung stellen möchte bzw. je besser die (Übertragungs-)Qualität seines Funknetzes sein soll, desto mehr muss er im selben Verhältnis an Betriebs- und Investitionskosten aufwenden[58]. Variable Kosten, welche im Zusammenhang mit der Kundengewinnung und -betreuung durch einen Netzbetreiber entstehen (sog. „Subscriber

---

[56] Solche besonderen Ereignisse stellen bspw. eine Weltmeisterschaft, ein Konzert oder auch die Vorstellung eines neuen Apple-Dienstes/Produkts dar, die zu einer sehr hohen Menschendichte an einem bestimmten Ort oder Internetserver führen und damit die technischen Kapazitäten an diesem Ort/Server unverhältnismäßig stark belastet werden. Dies kann im schlimmsten Fall zu einem Ausfall des Internetdienstes und damit zu einem quasi-unendlichen Anstieg in der Wartezeit der Konsumenten führen. Da solche Ereignisse eher die Ausnahme als die Regel darstellen, kann der lineare Verlauf als eine gute Approximation angesehen werden.

[57] Kosten des Frequenzerwerbs werden nicht berücksichtigt, da sie sunk costs darstellen und damit versunken sind bzw. für den weiteren Entscheidungsverlauf irrelevant sind (siehe dazu Abschnitt 2.2.1 dieses Kapitels).

[58] Aufgrund der beschränkten Frequenzausstattung muss ein Mobilfunknetzbetreiber, möchte er seine Netzkapazitäten erweitern, *ceteris paribus* seine bestehenden Funkzellen teilen bzw. weitere Sendestationen errichten (siehe dazu auch Abschnitt 2.2.1 dieses Kapitels). Dies führt bei zunehmender Zellteilung zu immer höheren Kosten und damit zu einem in der Realität konvexen Kostenverlauf (vgl. Kruse 1997, S. 11-13). Eine entsprechende Berücksichtigung im Modell führt dazu, dass sich ein Nash-Gleichgewicht schon bei einer geringeren Kapazitätsmenge bildet als bei einem linearen Kostenverlauf. Da die aus dem Modell abgeleiteten Aussagen hierdurch nicht beeinflusst werden, kann vereinfacht von einem linearen Kostenverlauf ausgegangen werden.

Acquisition Costs", kurz: SACs, oder „Subscriber Retention Costs", kurz: SRCs), werden nicht berücksichtigt, da sie technologieunabhängig anfallen und keine Besonderheit im LTE-Fall darstellen[59].

Bestimmung der Nash-Gleichgewichtspreise[60]:

Zur Bestimmung der optimalen Preise und Kapazitäten wird das Modell mit Hilfe des spieltheoretischen Konzepts der Rückwärtsinduktion gelöst. Nach diesem Konzept werden die sequentiellen Entscheidungspunkte der Unternehmen einzeln betrachtet und beginnend auf der chronologisch letzten Stufe rückwärts gelöst (mehr dazu in Gibbons 1992, S. 57-61 oder Samuelson 1997, S. 239-266). D. h. die chronologisch frühere Kapazitätsentscheidung wird zunächst als gegeben unterstellt mit der Folge, dass zuerst die Preisentscheidung gelöst wird. Da der Preis in diesem Fall die strategische bzw. gewinnmaximierende Variable darstellt, muss die Menge q_i aus Gleichung (III.2) durch die Mengenreaktionsfunktion ersetzt werden. Diese gibt an, wie sich die Nutzermenge unter Veränderung der jeweiligen Preise (und Kapazitäten) verhält und wird bestimmt durch die Nachfragefunktion, Gleichung (III.1). Auflösen dieser nach q_i ergibt:

$$q_i = \frac{\alpha - p_i - bq_i}{\tau_i R_i + b} \quad \text{bzw.} \quad q_j = \frac{\alpha - p_j - bq_j}{\tau_j R_j + b}$$

Einsetzen von q_j in q_i und Auflösen nach q_i ergibt die Mengenreaktionsfunktion nach den Preisen und (inversen) Kapazitäten für Netzbetreiber i[61]:

(III.3) $\quad q_i^R(p_i, p_j, R_i, R_j) = \dfrac{\tau_j R_j (\alpha - p_i) + b(p_j - p_i)}{A} \quad$ mit $A = \tau_i \tau_j R_i R_j + b(\tau_i R_i + \tau_j R_j)$

---

[59] Es sei jedoch angemerkt, dass eine Berücksichtigung variabler Kosten v_i zu einer Reduktion in der Nutzermenge $\partial q_i / \partial v_i < 0$ und den Kapazitäten $\partial K_i / \partial v_i < 0$ sowie in einem Anstieg der Preise $\partial p_i / \partial v_i > 0$ führt. Die Erklärung hierfür liegt darin, dass durch einen Anstieg bzw. eine Berücksichtigung der Akquisitionskosten eines Neukunden, die (finanzielle) Attraktivität eines weiteren Kunden für das Unternehmen fällt. Entsprechend werden insgesamt weniger Kunden akquiriert und damit weniger Kapazitäten benötigt. Durch die geringere Kundenanzahl q_i steigt der Preis p_i (siehe Gleichung III.1).

[60] Eine Strategiekombination $s^* = (s_1^*, s_2^*)$ bildet ein Nash-Gleichgewicht, falls für alle Spieler i gilt: $u_i(s_i^*, s_{-i}^*) \geq u_i(s_i, s_{-i}^*) \ \forall \ s_i \in S_i$. D. h. s_i^* ist eine beste Antwort von Spieler i auf die Strategien der Anderen. D. h. der optimale Preis eines Mobilfunknetzbetreibers ist ein solcher, bei dem er sich nicht besser stellen kann, egal welchen Preis sein Wettbewerber setzt.

[61] Die Mengenreaktionsfunktion von Netzbetreiber j verhält sich äquivalent.

Zur Bestimmung der optimalen Preise bzw. der Nash-Gleichgewichtspreise muss im ersten Schritt Gleichung (III.3) in (III.2) eingesetzt, dieser Ausdruck nach dem Preis differenziert und schließlich nach p_i aufgelöst werden. Die anschließende Gleichung ergibt die Preisregel, nach der die Netzbetreiber ihre Preise setzen:

(III.4) $$p_i(q_i, R_i, R_j) = q_i^R(\cdot)\tau_i R_i + q_i^R(\cdot)\tau_j \frac{bR_j}{b+\tau_j R_j}$$

Die Preisregel zeigt, wie sich die Preise der Netzbetreiber optimal zusammensetzen. Die erste Komponente mit $q_i^R \tau_i R_i$ spiegelt dabei die marginalen „Verärgerungskosten" der Konsumenten wider. D. h. der Netzbetreiber verlangt von jedem Konsument einen Grundpreis, der in der Höhe exakt den Kosten entspricht, die der letzte Konsument durch seine Präsenz an Warte- bzw. Verärgerungskosten bei allen anderen bereits bestehenden Konsumenten im Netz auslöst. Die zweite Komponente, $q_i^R \tau_j bR_j/(b + \tau_j R_j)$, passt den Preis in Abhängigkeit an die (inversen) Kapazitäten des Wettbewerbers und die Nachfrageelastizität der Konsumenten an. Mit $\partial p_i/\partial b > 0$ und $\partial p_i/\partial R_j > 0$ gilt, dass der Preis umso höher ausfällt, je weniger elastisch die Nachfrage ist und je geringer die (inversen) Kapazitäten des Wettbewerbers ausfallen.

Im zweiten Schritt wird die Mengenreaktionsfunktion in Gleichung (III.4) eingesetzt und nach p_i aufgelöst:

$$p_i(p_j, R_i) = \frac{\alpha\tau_j R_j + bp_j}{2(\tau_j R_j + b)} \quad \text{bzw.} \quad p_j(p_i, R_i) = \frac{\alpha\tau_i R_i + bp_i}{2(\tau_i R_i + b)}$$

Einsetzen von p_j in p_i sowie anschließendes Auflösen nach p_i ergibt schließlich den Nash-Gleichgewichtspreis für Netzbetreiber i:

(III.5) $$p_i^N(R_i, R_j) = \frac{\alpha(2A - b\tau_i R_i)}{4A + 3b^2} \quad \text{mit} \quad A = \tau_i\tau_j R_i R_j + b(\tau_i R_i + \tau_j R_j)$$

Diese Gleichung gibt an, von welchen Faktoren die optimalen Marktpreise für mobiles Internet abhängig sind. Zum einen wird der Preis durch den Reservationspreis α bestimmt, der wiederum ein Indikator des Nutzens von mobilen Internetzugängen für die Konsumenten ist. Es ist direkt erkennbar, dass der Marktpreis umso höher ausfällt, je höher der Nutzen des Internetzugangs für die Konsumenten ist. Kann bspw. der Reservationspreis durch die mit der neuen Mobilfunktechnologie einhergehenden höheren Maximalbandbreite (siehe Abb. II.2) gesteigert werden, nimmt ebenso der Marktpreis im direkten Verhältnis zu.

Des Weiteren sind die Marktpreise von den zuvor festgelegten Netzkapazitäten bzw. der Anzahl der Sendestationen abhängig. Wird Gleichung (III.5) nach den inversen Kapazitäten R_i bzw. R_j differenziert, wird deutlich, dass eine Kapazitätsreduktion (d. h. weniger Sendestationen bzw. Cell-Splitting) – egal bei welchem Netzbetreiber – zu einem Anstieg in den Marktpreisen aller führt und *vice versa*:

$$\frac{\partial p_i^N(R_i,R_j)}{\partial R_i} = \frac{\alpha \tau_i b^2 (2\tau_j R_j + 3b)}{(4A + 3b^2)^2} > 0$$

$$\frac{\partial p_i^N(R_i,R_j)}{\partial R_j} = \frac{2\alpha b \tau_j (\tau_i R_i + b)(2\tau_i R_i + 3b)}{(4A + 3b^2)^2} > 0$$

Zuletzt sind die Marktpreise noch von den netzabhängigen Zeitkosten der Konsumenten τ_i und τ_j abhängig. Nach Ableitung von Gleichung (III.5) nach diesen Faktoren ergibt sich ebenso ein Anstieg in den Marktpreisen beider Netzbetreiber:

$$\frac{\partial p_i^N(R_i,R_j)}{\partial \tau_i} = \frac{\alpha R_i b^2 (2\tau_j R_j + 3b)}{(4A + 3b^2)^2} > 0$$

$$\frac{\partial p_i^N(R_i,R_j)}{\partial \tau_j} = \frac{2\alpha b R_j (\tau_i R_i + b)(2\tau_i R_i + 3b)}{(4A + 3b^2)^2} > 0$$

Grund für diese Entwicklung ist die „gefühlte" Zunahme der Netzverstopfung bei den Konsumenten. Nimmt diese bei den eigenen oder den Konsumenten der Wettbewerber zu, wird über die Marktpreiserhöhung eine Reduktion in der Nutzermenge erreicht, welche schließlich das eigene Netz entlastet und so eine Zuwanderung der abgehenden Konsumenten zum Konkurrenznetz auslöst. Damit auch bei diesem aufgrund des zusätzlichen Kundenzustroms keine Netzüberlastung auftritt, erhöht er seinen Preis. Die entgegengesetzte Reaktion gilt im umgekehrten Fall. Hat die „gefühlte" Netzverstopfung bspw. aufgrund einer neuen und schnelleren Übertragungstechnologie abgenommen, werden die Marktpreise gesenkt, um eine bessere bzw. optimalere Netzauslastung in Hinblick auf die Unternehmensgewinne zu erreichen.

Bestimmung der Nash-Gleichgewichtskapazitäten:

Zur Lösung der Kapazitätsfrage auf der ersten Stufe werden nun die Nash-Gleichgewichtspreise in Gleichung (III.3) eingesetzt. Hieraus ergibt sich die reduzierte Mengenreaktionsfunktion nach den (inversen) Kapazitäten für Netzbetreiber i:

(III.6) $\quad q_i^R(R_i, R_j) = \dfrac{\alpha R_j (2\tau_j A + \tau_j b^2) + \alpha b A}{A(4A + 3b^2)} \quad$ mit $\quad A = \tau_i \tau_j R_i R_j + b(\tau_i R_i + \tau_j R_j)$

Leitet man zunächst diese Gleichung nach den inversen Kapazitäten R_i und R_j ab, wird deutlich, dass die Frage nach der optimalen Kapazitätsfestlegung nicht leicht zu beantworten ist[62]:

$$\frac{\partial q_i^R(R_i, R_j)}{\partial R_i} = [\ldots] < 0$$

$$\frac{\partial q_i^R(R_i, R_j)}{\partial R_j} = [\ldots] > 0$$

Während eine Kapazitätsausweitung im eigenen Netz aufgrund der hiermit gestiegenen Netzqualität die Nutzerzahlen und damit die Menge zahlender Kunden erhöht (obere Ableitung) bzw. im Fall steigender Konkurrenzkapazitäten reduziert (untere Ableitung), fallen gleichzeitig die (Markt-)Preise, da marktweit eine größere Menge an Konsumenten bedient wird (siehe oben, „Ableitung der Nash-Gleichgewichtspreise nach den inversen Kapazitäten"). Welcher Effekt mit Blick auf die Unternehmensgewinne letztlich überwiegen wird, kann an dieser Stelle nicht gesagt werden und muss im Rahmen der anschließenden empirischen Analyse untersucht werden. Es sei jedoch darauf hingewiesen, dass bei einem möglichen Kapazitätsausbau gegenüber der UMTS-Welt und über die hierdurch ausgelöste Preissenkung und Mengenausweitung ein potentielles Mobilfunk-Festnetz-Substitutions- bzw. Kannibalisierungsproblem der integrierten Netzbetreiber verstärkt werden könnte (mehr dazu in Kapitel IV dieser Arbeit).

Einsetzen des Nash-Gleichgewichtspreises und der reduzierten Mengenreaktionsfunktion in die Gewinnfunktion von Netzbetreiber i, Gleichung (III.2), ergibt:

---

[62] Siehe Anhang B.1 für vollständige Ableitungen.

(III.7) $$\pi_i(R_i, R_j, c_i) = \frac{\alpha(2A - b\tau_j R_i)}{4A + 3b^2} \cdot \frac{\alpha R_j(2\tau_j A + \tau_j b^2) + \alpha b A}{A(4A + 3b^2)} - \frac{c_i}{R_i}$$

mit $A = \tau_i \tau_j R_i R_j + b(\tau_i R_i + \tau_j R_j)$

Differenzieren und anschließendes Auflösen dieser Funktion nach der inversen Kapazität R_i ergibt die Reaktionsfunktion der inversen Kapazität in der Form $R_i^R(R_j, c_i)$. Da der resultierende Ausdruck weder überschaubar ist noch einen zusätzlichen Erkenntnisgewinn einbringt, wird er zur Vereinfachung in impliziter Form dargestellt. Diese lautet[63]:

(III.8) $$\psi(R_i, R_j, c_i) = p_i^N \frac{\partial q_i^R(p_i, p_j, R_i, R_j)}{\partial R_i} + p_i^N \frac{\partial q_i^R(p_i, p_j, R_i, R_j)}{\partial p_j} \frac{\partial p_j^N}{\partial R_i} + \frac{c_i}{R_i^2} = 0$$

Hierbei wird deutlich, von welchen Faktoren und über welche Mechanismen die bereitgestellten Netzkapazitäten eines Mobilfunknetzbetreibers abhängen bzw. bestimmt werden. Erwartungsgemäß hängt die Kapazität eines Netzbetreibers von seinen Kapazitätskosten (letzter Term zwischen den Gleichzeichen) ab. Darüber hinaus wird der Einfluss der eigenen Kapazität auf die eigene Nachfrage (erster Term), als auch der Einfluss der eigenen Kapazität auf die Preise der Konkurrenz p_j (zweiter Term) beachtet, welche wiederum die eigene Nachfrage beeinflussen. Entsprechend den Vorzeichen nachfolgender Ableitungen wirkt sich eine Ausweitung der eigenen Kapazität positiv auf die eigene Nachfrage aus (direkter Effekt). Gleichzeitig führt aber die eigene Kapazitätsausweitung zu einer Gegenreaktion seitens der Konkurrenz, welche über Kapazitätsausweitungen ihren Preis senkt und damit Kunden wieder abwirbt (indirekter Effekt):

$$\frac{\partial q_i^R(p_i, p_j, R_i, R_j)}{\partial R_i} = -\frac{\tau_i q_i(b + \tau_j R_j)}{A} < 0$$

---

[63] Um zu dieser Ableitung zu gelangen muss Gleichung (III.2) unter Berücksichtigung der Nash-Gleichgewichtspreise und der Mengenreaktionsfunktion nach der inversen Kapazität R_i differenziert werden. Es ergibt sich: $\frac{\partial \pi_i}{\partial R_i} = \frac{\partial p_i^N}{\partial R_i} q_i^R(p_i, p_j, R_i, R_j) + p_i^N \frac{dq_i^R(p_i, p_j, R_i, R_j)}{dR_i} + \frac{c_i}{R_i^2} = 0$. Durch Einsetzen von $\frac{dq_i^R(p_i, p_j, R_i, R_j)}{dR_i} = \frac{\partial q_i^R(p_i, p_j, R_i, R_j)}{\partial R_i} + \frac{\partial q_i^R(p_i, p_j, R_i, R_j)}{\partial p_i} \frac{\partial p_i^N}{\partial R_i} + \frac{\partial q_i^R(p_i, p_j, R_i, R_j)}{\partial p_j} \frac{\partial p_j^N}{\partial R_i}$ in diese Funktion sowie unter Beachtung von $p_i \frac{\partial q_i^R(p_i, p_j, R_i, R_j)}{\partial p_i} + q_i^R(p_i, p_j, R_i, R_j) = 0$ ergibt die gesuchte Gleichung in impliziter Form.

III.1. Der Einfluss neuer Übertragungstechnologien auf den Mobilfunkwettbewerb

$$\frac{\partial q_i^R(p_i, p_j, R_i, R_j)}{\partial p_j} = \frac{b}{A} > 0$$

Um nun den isolierten Einfluss variierender (Konkurrenz-)Kapazitäten R_j sowie Kapazitätskosten c_i auf die eigenen Kapazitäten zu bestimmen, muss die Reaktionsfunktion $R_i^R(R_j, c_i)$ jeweils nach diesen Faktoren differenziert werden. Dazu wird ihre implizite Form, Gleichung (III.8), herangezogen und mit Hilfe des „Satzes über implizite Funktionen"[64] abgeleitet. Es ergibt sich im Fall der (Konkurrenz-)Kapazität R_j:

(III.9) $$\frac{dR_i^R(R_j, c_i)}{dR_j} = -\frac{\frac{\partial \psi(R_i, R_j, c_i)}{\partial R_j}}{\frac{\partial \psi(R_i, R_j, c_i)}{\partial R_i}} = -\underbrace{\frac{1}{\frac{\partial \psi(R_i, R_j, c_i)}{\partial R_i}}}_{?} \cdot \frac{\partial \psi(R_i, R_j, c_i)}{\partial R_j}$$

mit

$$\frac{1}{\frac{\partial \psi(R_i, R_j, c_i)}{\partial R_i}} < 0^{[65]}$$

und

$$\frac{\partial \psi(R_i, R_j, c_i)}{\partial R_j} = p_i^N \left[\underbrace{\frac{\partial^2 q_i^R(\cdot)}{\partial R_i \partial R_j}}_{?} + \underbrace{\frac{\partial q_i^R(\cdot)}{\partial p_j}}_{>0} \underbrace{\frac{\partial^2 p_j^N}{\partial R_i \partial R_j}}_{<0} + \underbrace{\frac{\partial p_j^N}{\partial R_i}}_{>0} \underbrace{\frac{\partial^2 q_i^R(\cdot)}{\partial p_j \partial R_j}}_{<0} + \underbrace{\frac{\partial p_i^N}{\partial R_i}}_{>0} \left[\frac{\partial q_i^R(\cdot)}{\partial R_i} + \underbrace{\frac{\partial q_i^R(\cdot)}{\partial p_j} \frac{\partial p_j^N}{\partial R_i}}_{<0} \right] \right].$$

Für die jeweiligen Terme in dieser Gleichung gelten:

(III.10) $$\frac{\partial^2 q_i^R(\cdot)}{\partial R_i \partial R_j} = \frac{1}{A^3} \left\{ b^2 \tau_i \tau_j \left[q_i^R(\cdot) - q_j^R(\cdot) \right] - b \tau_i \tau_j^2 q_j^R(\cdot) R_j \right\} = ?$$

---

[64] Der Satz über implizite Funktionen setzt voraus, dass ψ stetig differenzierbar, $\overline{R}_i$ und $\overline{R}_j$ bzw. $\overline{c}_i$ eine Lösung von $\psi(\overline{R}_i \mid \overline{R}_j) = 0$ bzw. $\psi(\overline{R}_i \mid \overline{c}_i) = 0$ und $\partial \psi / \partial R_i \neq 0$ ist. Dann gilt in der Nähe von ($\overline{R}_i, \overline{R}_j$) bzw. ($\overline{R}_i, \overline{c}_i$), dass $dR_i / dR_j = [-1/(\partial \psi / \partial R_i)] \cdot \partial \psi / \partial R_j$ bzw. $dR_i / dc_i = [-1/(\partial \psi / \partial R_i)] \cdot \partial \psi / \partial c_i$ ist.

[65] Die Ableitung der Reaktionsfunktion nach der inversen Kapazität R_i muss negativ sein, da sie der Bedingung zweiter Ordnung für die Gewinnmaximierung nach der Kapazität entspricht.

$$\frac{\partial^2 p_j^N}{\partial R_i \partial R_j} = -\frac{2\alpha\tau_i\tau_j b^2(8\tau_j R_j b + 4b\tau_i R_i + 4\tau_j R_j \tau_i R_i + 9b^2)}{(4A+3b^2)^3} < 0$$

$$\frac{\partial^2 q_i^R(\cdot)}{\partial p_j \partial R_j} = -\frac{b\tau_j(b+\tau_i R_i)}{A^2} < 0$$

$$\frac{\partial q_i^R(\cdot)}{\partial R_i} + \frac{\partial q_i^R(\cdot)}{\partial p_j}\frac{\partial p_j^N}{\partial R_i} = -\frac{c_i}{p_i^N R_i^2} < 0$$

(entspricht Gleichung III.8)

mit $A = \tau_i \tau_j R_i R_j + b(\tau_i R_i + \tau_j R_j)$.

Gleichung (III.9) gibt die Reaktion eines Mobilfunknetzbetreibers auf Kapazitätsänderungen der Konkurrenz wieder. Nach Gleichung (III.10) ist diese Reaktion jedoch nicht allgemeingültig, sondern muss für die vier Fälle mit $q_i^R(\cdot) = q_j^R(\cdot)$, $q_i^R(\cdot) < q_j^R(\cdot)$ und $q_i^R(\cdot) > q_j^R(\cdot)$ bzw. $q_i^R(\cdot) \gg q_j^R(\cdot)$ unterschieden werden. Im Symmetriefall mit $q_i^R(\cdot) = q_j^R(\cdot)$ als auch im Fall, dass die Konkurrenz eine höhere Nutzermenge aufweist mit $q_i^R(\cdot) < q_j^R(\cdot)$ sowie im Fall, dass die eigene Kapazität geringfügig höher ausfällt als die der Konkurrenz mit $q_i^R(\cdot) > q_j^R(\cdot)$, nimmt Gleichung (III.10) und damit infolge auch Gleichung (III.9) einen negativen Wert an. D. h. eine Kapazitätsausweitung der Konkurrenz führt im eigenen Netz zu einer Kapazitätsreduktion. Dies lässt sich dadurch erklären, dass hier zwei Effekte in unterschiedliche Richtungen wirken. So wird die (ursprüngliche) Kapazitätsausweitung durch eine gleichzeitige Kapazitätsreduktion bei weitem überkompensiert. Der erste Effekt („Ausweitung") spiegelt den Anreiz des reagierenden Netzbetreibers wieder ein Abwandern seiner Kunden an die Konkurrenz zu verhindern. Durch diese anbieterübergreifende Kapazitätsausweitung würde es jedoch zu fallenden Preisen für mobile Internetzugänge kommen und dadurch die Unternehmensgewinne gefährden. Somit hat der reagierende Netzbetreiber wiederum den Anreiz, seine Kapazitäten wieder zu reduzieren (zweiter Effekt), um die Preise erneut steigen zu lassen. Da der zweite Effekt den ersten per Definitionem übersteigen muss, kommt es in der Summe zu einer Negativreaktion, so dass die Kapazitäten insgesamt reduziert werden. Im vierten Fall, in dem die eigenen Mengen deutlich höher ausfallen als die der Konkurrenz mit $q_i^R(\cdot) \gg q_j^R(\cdot)$, nehmen Gleichung (III.10) und (III.9) einen positiven Wert an. In diesem Szenario wird auf eine Kapazitätsausweitung der Konkurrenz ebenso mit einer eigenen Kapazitätsausweitung reagiert. Folglich lohnt es sich für den (deutlich) größeren Netzbetreiber eine marktweite Preissenkung und damit einen schärferen Konkurrenzkampf in Kauf zu nehmen, um seine größere Kundenbasis gegenüber der Konkurrenz zu verteidigen. D. h. je größer die Kundenbasis eines Netzbetreibers in Relation zu seiner Konkurrenz ausfällt (→ hohe Asymmetrie zwischen den Netzbetreibern), desto höher ist die Wahrscheinlichkeit, dass dieser einen Preiskampf mit der Konkurrenz eingehen wird und damit bestehende Asymmetrien weiter festigt bzw. ausbaut.

Im Fall, dass die eigene Kapazität nach den Kapazitätskosten c_i abgeleitet wird, ergibt sich:

(III.11) $$\frac{dR_i^R(R_j,c_i)}{dc_i} = -\frac{\frac{\partial \psi(R_i,R_j,c_i)}{\partial c_i}}{\frac{\partial \psi(R_i,R_j,c_i)}{\partial R_i}} = -\frac{1}{\underbrace{\frac{\partial \psi(R_i,R_j,c_i)}{\partial R_i}}_{<0}}\left[\frac{1}{R_i^2}\right] > 0$$

Hiernach reagiert ein Netzbetreiber im Falle sinkender Kapazitätskosten erwartungsgemäß mit einer Erhöhung seiner Kapazitäten, was wiederum zu einer Mengenausweitung und einer Preissenkung führt. Auf Seiten der Konkurrenz bleibt diese Reaktion bzw. Veränderung nicht unbeachtet, so dass auch diese entsprechend reagieren – einerseits aufgrund ihrer eigenen, durch die neue Technologie bedingten niedrigeren Kapazitätskosten (auch für sie gilt Gleichung III.11) andererseits aufgrund ihrer Reaktion gegenüber der veränderten Konkurrenzkapazität (siehe Gleichung III.9). Da dies wiederum Reaktionen beim Ersten auslöst, kann an dieser Stelle nicht geklärt werden, ob und in welche Richtung und Stärke veränderte Kapazitätskosten Reaktionen seitens der Mobilfunknetzbetreiber im bisherigem UMTS-Nash- bzw. Marktgleichgewicht auslösen.

Für eine abschließende Lösung müssen noch die Nash-Gleichgewichtskapazitäten und damit das Nash- bzw. Marktgleichgewicht bestimmt werden. Hierzu setzt man die Reaktionsfunktionen $R_i^R(R_j, c_i)$ und $R_j^R(R_i, c_j)$ ineinander ein und löst diese jeweils nach der inversen Kapazität R_i bzw. R_j auf. Es ergeben sich in definitorischer Form[66]:

---

[66] Eine einfache mathematische Lösung dieses Gleichungssystems ist nicht mehr möglich und kann nur noch mit Hilfe spezieller Computer-Programme (z. B. Maple) gelöst werden. Da der resultierende Ausdruck in seiner wenig übersichtlichen Form keinen zusätzlichen Erkenntnisgewinn

$$R_i^N \equiv R_i^R(R_j^N, c_i) \quad \text{bzw.} \quad R_j^N \equiv R_j^R(R_i^N, c_j)$$

Erneutes Differenzieren dieser Gleichungen nach den Kapazitätskosten c_i ergibt die Reaktion der Netzbetreiber auf Kostenänderungen im Marktgleichgewicht[67]:

$$\frac{\partial R_i^N}{\partial c_i} = \frac{1}{\underbrace{1 - \frac{\partial R_i^R}{\partial R_j} \frac{\partial R_j^R}{\partial R_i}}_{?}} \underbrace{\frac{\partial R_i^R}{\partial c_i}}_{>0}$$

und

$$\frac{\partial R_j^N}{\partial c_i} = \frac{1}{\underbrace{1 - \frac{\partial R_i^R}{\partial R_j} \frac{\partial R_j^R}{\partial R_i}}_{?}} \underbrace{\frac{\partial R_i^R}{\partial c_i}}_{>0} \underbrace{\frac{\partial R_j^R}{\partial R_i}}_{?}$$

Schließt man den Fall extremer Mengenasymmetrien mit $q_i^R(\cdot) \gg q_j^R(\cdot)$ aus, dann ergibt sich in der oberen Gleichung ein positives und in der unteren Gleichung ein negatives Vorzeichen und man erhält den bereits oben beschriebenen ambivalenten Fall. D. h. beide Netzbetreiber haben bei einer simultanen Senkung ihrer Kapazitätskosten sowohl den Anreiz ihre Kapazitäten auszuweiten als auch wieder einzuschränken mit der Folge, dass nicht geklärt werden kann, wie sich die Netzbetreiber ultimativ verhalten werden. Klarheit darüber schafft jedoch die nachfolgende empirische Analyse für den deutschen Mobilfunkmarkt.

Fasst man die Ergebnisse dieses Abschnitts zusammen, konnte einerseits gezeigt werden, wie sich die Zusammenhänge bei der Kapazitäts- und Preissetzung grundsätzlich als auch vor dem Hintergrund verschiedener Unternehmensgrößen bzw. Kundenmengen zwischen Mobilfunknetzbetreibern verhalten. Andererseits wurde deutlich, wie komplex die Entscheidungsfindung der Netzbetreiber bzgl. der gewinnoptimalen Größen bei einem möglichen Kapazitätsausbau bzw. Technologieupgrade im Mobilfunk ist. So ist jede Faktoränderung eines Netzbetreibers mit einer (Gegen-)Reaktion seitens der Konkurrenz verbunden, die wiederum erneute Reaktionen beim Ersten auslösen

---

bringt, wird auf eine explizite Darstellung verzichtet und auf die empirische Lösung im nächsten Abschnitt verwiesen.

[67] An dieser Stelle danke ich Indra Theisen vom Controlling Lehrstuhl Prof. Homburg der Universität zu Köln für ihren wertvollen Input bzgl. der mathematischen Lösung.

(sog. „oligopolistische Reaktionsverbundenheit"). Um einen solchen (nahezu) Endlosprozess sowie möglicherweise suboptimale Investitionen bei dem Einzelnen zu vermeiden, sollten die Netzbetreiber bei ihrer Entscheidungsfindung nicht nur auf mögliche Controlling-gesteuerte Preise und Investitionen setzen, sondern zudem die spieltheoretischen Auswirkungen einer jeden Änderung dieser Parameter berücksichtigen.

2. Empirische Analyse der LTE-Einführung in Deutschland

Die empirische Analyse soll dort anschließen, wo das Modell in seiner allgemeinen Form keine Antworten mehr liefern kann. Da aufgrund der oligopolistischen Reaktionsverbundenheit sich mehrere Effekte, die ihrerseits von den marktspezifischen Inputparametern determiniert werden, simultan überlappen und interdependent verhalten, muss eine situationsbezogene Modellanwendung erfolgen. D. h. das Modell muss mit den spezifischen Gegebenheiten des deutschen Mobilfunkmarkts kalibriert werden, um weitere Aussagen treffen zu können.

Für den ersten Modelldurchlauf, Abschnitt 2.1 dieses Kapitels, werden zunächst jegliche Unterschiede zwischen den deutschen Mobilfunknetzbetreibern, wie etwa Abweichungen in der Frequenzausstattung, der Nutzerzahl und/oder den Investitions- und Betriebskosten, negiert. D. h. es wird ein Markt mit symmetrischen Netzbetreibern betrachtet, die im Wettbewerb miteinander stehen und simultan ein LTE-Upgrade durchführen. Im anschließenden Abschnitt 2.2 werden die in der Praxis tatsächlich auftretenden wesentlichen Unterschiede einzeln betrachtet und eine Aussage über ihren potentiellen Einfluss auf den deutschen Markt bzw. die Wettbewerbsfähigkeit der Netzbetreiber getroffen sowie ein erneuter Modelldurchlauf mit entsprechend angepassten Inputparametern durchgeführt. Diese Vorgehensweise soll dazu beitragen, die bei einem LTE-Upgrade auftretenden Effekte einzeln und ohne Verzerrungen aufgrund von netzbetreiberspezifischen Besonderheiten nachvollziehen zu können.

2.1 Der Fall symmetrischer Mobilfunknetzbetreiber

2.1.1 Die Ausgangssituation vor Einführung von LTE

Angefangen mit der Bestimmung eines Basis- bzw. Referenzfalls, der den deutschen Mobilfunkmarkt vor Einführung von LTE widerspiegeln soll, wird das Modell mit den Inputparametern aus Tab. III.1, Zeile 1-5 kalibriert. Die Symbolspalte verdeutlicht dabei die für den ersten Modelldurchlauf getroffene Annahme symmetrischer Netzbetreiber. Trotz Symmetrieannahme sind die Werte in Anlehnung an die realen Bedingungen des deutschen Mobilfunkmarkts bestimmt worden (siehe Erläuterungen in

Tab. III.1), um so ein möglichst realistisches Ergebnis zu erhalten. Des Weiteren kann der hier abgebildete Fall als „2-Unternehmen-Fall in der UMTS-Welt" interpretiert werden, in dem sich zwei Netzbetreiber den Markt für mobile Internetzugänge teilen, aber in (Kapazitäts-)Konkurrenz zueinander stehen. Es besteht kein dyopolistisches Verhalten[68] mit potentiell impliziten Absprachen, sondern Wettbewerb.

Tab. III.1: Modellparameter für den Basisfall vor Einführung von LTE im deutschen Mobilfunkmarkt unter Annahme von Symmetrie

Variable	Symbol	Wert
Reservationspreis[a]	α	21 € pro Monat
Steigung	b	$\alpha / (q_{1,Max} + q_{2,Max})$
- Gesamtmarkt[b]	$(q_{1,Max} + q_{2,Max})$	64,3 Mio.
(marginale) Zeitkosten der Konsumenten[c]	$\tau_1 = \tau_2$	0,0035375
(marginale) Kosten pro Sendestation[d]	$c_1 = c_2$	1.900 € pro Monat
Kapazität / Sendestationen[e]	$K_1 = K_2$	20.000
Preis / ARPU[f]	$p_1 = p_2$	5,46 € pro Monat
Nutzerzahl	$q_1 = q_2$	18,7 Mio.
Gewinn	$\pi_1 = \pi_2$	771,3 Mio. € p.a.

a) Der Reservationspreis wurde anhand der durchschnittlichen Umsätze pro UMTS-Kunde (sog. Average Revenue Per User, kurz: ARPU[69]) aller deutschen Mobilfunknetzbetreiber im Zeitraum von 2005 bis 2010 statistisch ermittelt (siehe Anhang B.2). Zur Überprüfung der Modellergebnisse wurde der Reservationspreis sukzessive auf 30 € erhöht. Die ergebnisbezogenen Aussagen blieben hierdurch jedoch unverändert, so dass die exakte Höhe des Reservationspreises, solange er sich in diesem Intervall bewegt, weniger relevant ist.

b) Als Gesamtmarkt wird der Teil der Bevölkerung angesehen, der in Ballungsgebieten wohnt, da dieser Teil für den wirtschaftlichen Erfolg des Mobilfunks entscheidend ist und um den sich der Wettbewerb dreht. Das sind ca. 80 % der deutschen Bevölkerung (vgl. Vodafone 2008, S. 1 ff.). Darüber hinaus werden Kinder unter 6 Jahren sowie Senioren über 80 ausgeschlossen, jedoch eine Menge von geschätzten 5 Mio. Geschäftskunden zusätzlich berücksichtigt, da bei ihnen eine höhere Nutzung als im privaten Gebrauch vermutet wird und diese in der Kapazitätsbestimmung berücksichtigt werden muss (siehe Anhang B.3).

c) Die (marginalen) Zeitkosten der Konsumenten stellen eine abstrakte und in der Praxis kaum messbare Größe dar. Um dennoch einen plausiblen Wert zu erhalten, wurde dieser mit Hilfe der tatsächlichen Kapazitätswerte in Deutschland retrograd ermittelt. Der so ermittelte Wert führt im hier dargestellten symmetrischen UMTS-Szenario zu einer exakten Kapazität von 20.000 UMTS-Sendestationen pro Netzbetreiber bzw. zu 40.000 Sendestationen über alle Netzbetreiber hinweg. Dieser Wert entspricht ungefähr der tatsächlichen Anzahl der UMTS-Sendestationen zum Jahreswechsel 2009/10 in Deutschland. Möglicherweise liegt die Anzahl der Sendestationen nach Abschluss dieser Arbeit noch höher, da zwischenzeitlich der Kapazitätsausbau weiter vorangetrieben wurde. Wie verschiedene Modelldurchläufe jedoch zeigen, ist es für die ergebnisbezogenen Aussagen unerheblich, ob mit 40.000 oder bspw. 50.000 Sendestationen gerechnet wird.

d) Die (marginalen) Kosten pro UMTS-Sendestation wurden aus den Berechnungen von Gerpott (2008, S. 67) übernommen und liegen pro Jahr zwischen 18.335 und 25.843 € für Installation und Betrieb. Auf Monatsbasis ergibt das Kosten zwischen gerundet 1.528 und 2.154 €. Während

---

[68] Dyopolistisches Verhalten muss in einem Markt nur zwei Anbietern grundsätzlich vermutet werden, da implizite Absprachen bei nur zwei Anbietern verhältnismäßig einfach durchzuführen sind.

[69] Der ARPU, als eine wichtige Kennzahl der Telekommunikationsbranche, gibt in der Regel den durchschnittlichen Monatspreis pro Kunde für die jeweilige Dienstleistung, wie bspw. ein Mobilfunkvertrag, wieder.

III.2. Empirische Analyse der LTE-Einführung in Deutschland 67

sich der geringere Wert auf den Ausbau einer bereits existierenden GSM-Sendestation mit UMTS bezieht, stellt der höhere Wert die Kosten für die Errichtung einer völlig neuen mit UMTS ausgerüsteten Sendestation dar. Folgt man der Annahme von Gerpott, dass lediglich ca. 37 % aller notwendigen UMTS-Standorte an einem früheren GSM-Standort installiert werden können und so in nur 37 % der Fälle der geringere Kostensatz angewendet werden kann, dann ergibt sich für das hier betrachtete UMTS-Ausbreitungsgebiet ein über alle Sendestationen hinweg durchschnittlicher Kostensatz von aufgerundet 1.900 € pro Sendestation. Die Bestimmung eines exakten Wertes ist jedoch irrelevant, solange der Wert höher ausfällt als bei einer LTE-Sendestation.

e) Hierbei wird indirekt unterstellt, dass sich die mit UMTS versorgte Bevölkerung um die verfügbaren Sendestationen immer gleich verteilt und von diesen (technisch) immer erreicht wird. Da in allen hier betrachteten Szenarien immer der Kapazitätswettbewerb im Vordergrund steht und damit grundsätzlich mehr Sendestationen existieren als für die Flächenversorgung notwendig wären, wobei eine bereits 100 %ige Flächenversorgung angenommen wird, kann die Annahme als unkritisch angesehen werden. So entfielen zum Jahreswechsel 2009/10 bspw. rund 13.000 Sendestationen auf den Netzbetreiber Vodafone in Deutschland, der damit eine Bevölkerungsabdeckung von ca. 80 % erreichte. D. h. der hier bestimmte Modellwert von 20.000 Anlagen erfüllt ausreichend die Annahme der 80 %igen Bevölkerungsabdeckung aus obigen Punkt b) und erlaubt zudem eine höhere Kapazitätsversorgung als im Flächenversorgungsfall vorhanden wäre.

f) Der ARPU (= Average Revenue Per User) spiegelt den durchschnittlichen Umsatz wider, den ein Netzbetreiber pro Kunde (→ Vertrag bzw. SIM-Karte) und Monat erzielt. Dieser kann als durchschnittlicher Marktpreis des Produkts „mobiler Internetzugang" betrachtet werden.

Quelle: Bundesnetzagentur 2005-2010, Gerpott 2008, Statistisches Bundesamt 2010a, Vodafone 2008, eigene Berechnungen

Im ersten Schritt werden die Reaktionsfunktionen der inversen Kapazitäten R_1 und R_2 bestimmt und anschließend in Form der tatsächlichen Kapazitäten K_1 und K_2 grafisch dargestellt, dann ergeben sich die beiden (Reaktions-)Kurven aus Abb. III.2. Hierbei gibt die schwarze Kurve die optimale (Kapazitäts-)Reaktion von Netzbetreiber 1 auf Kapazitätsänderungen von Netzbetreiber 2 wieder (für die graue Kurve gilt der umgekehrte Fall). Bewegen sich die Netzbetreiber immer auf ihrer optimalen Reaktionskurve, fallen ihre Gewinne stets maximal aus, andernfalls müssen sie mit Gewinneinbußen rechnen.

Entscheidet sich im Folgenden Netzbetreiber 2 für eine Kapazität von 5.000 Sendestationen (schwarzer Punkt in Abb. III.2), dann wäre es für Netzbetreiber 1 optimal, rund 30.000 Sendestationen in Betrieb zu nehmen. Würde sich Netzbetreiber 1 tatsächlich für diese Anzahl entscheiden, hätte Netzbetreiber 2 wiederum einen Anreiz von seinen ursprünglich geplanten 5.000 Stationen abzuweichen und die Zahl nach oben – auf knapp 16.000 Stationen – zu korrigieren (gestrichelter Pfeil ausgehend vom schwarzen Punkt), da sich sein Gewinn erhöhen würde. Reagieren beide Netzbetreiber in dieser Form jeweils auf die (zuvor festgelegte) Kapazität des Anderen, dann wird nach einigen „Reaktionsdurchläufen" der Schnittpunkt zwischen der schwarzen und grauen Kurve und damit das einzige (Nash-)Gleichgewicht für diesen Fall erreicht, also bei 20.000 Sendestationen für Netzbetreiber 1 und 20.000 für Netzbetreiber 2. D. h. mit

Erreichen des Schnittpunkts lohnt es sich für keinen der Netzbetreiber mehr seine Kapazität zu verändern, da andernfalls seine Gewinne sinken würden. Der Kapazitätsausbau hat somit sein (Gewinn-)Optimum erreicht und kommt zum Stillstand. In diesem Fall werden mit den 20.000 UMTS-Sendestationen je Netzbetreiber rund 18,7 Mio. Nutzer an das jeweilige Mobilfunknetz angeschlossen und pro Nutzer und Monat durchschnittlich 5,46 € eingenommen (siehe Tab. III.1). Der jährliche Gewinn je Netzbetreiber beläuft sich damit auf ca. 771,3 Mio. € bei bereits verrechneten Investitions- und Betriebskosten von rund 456 Mio. € p.a. für das Mobilfunknetz.

Abb. III.2: Nash-Gleichgewichtskapazitäten im Basisfall unter Annahme von Symmetrie

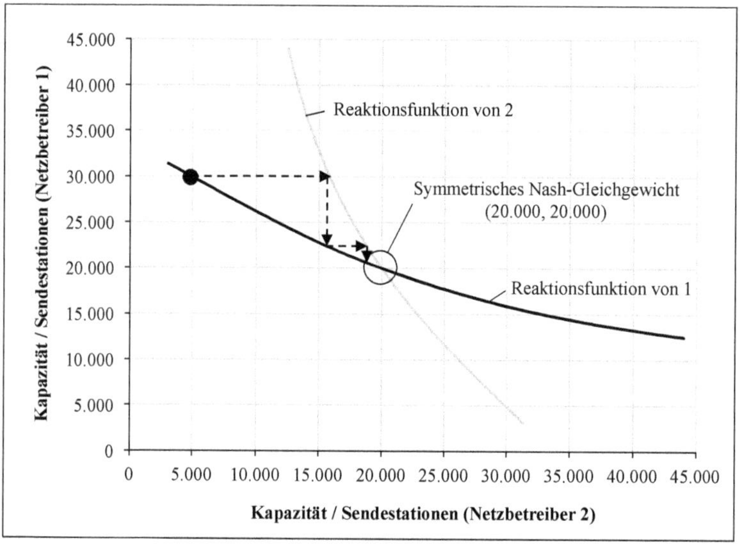

Quelle: Eigene Darstellung

Ruft man sich an dieser Stelle die in Deutschland gezahlten Ausgaben für die UMTS-Lizenzen aus dem Jahr 2000 zurück ins Gedächtnis, rund 8,4 Mrd. € je Netzbetreiber, dann wird deutlich, dass selbst im hier dargestellten Dyopolfall mit über 18 Mio. Konsumenten je Netzbetreiber ab dem ersten (Gewinn-)Jahr über zehn Jahre vergehen müssten, um die Lizenzausgaben zu amortisieren. Unter dem Hintergrund der LTE-Einführung im Jahr 2011, also nur sieben Jahre nach dem UMTS-Vermarktungsstart, muss also davon ausgegangen werden, dass UMTS – unabhängig von der ursprünglich verfolgten Strategie[70] der Bieter – letztlich eine Fehlinvestition für alle deutschen Netzbetreiber war, insbesondere aber für die kleineren mit E-Plus und Telefónica/O2.

Werden an dieser Stelle zusätzlich Mindestnetzabdeckungsquoten zugrunde gelegt (wie sie im Rahmen des UMTS- und LTE-Netzaufbaus existierten bzw. existieren[71]), also die regulatorische Pflicht eine bestimmte Bevölkerungsmenge bzw. -quote in einem dafür fest vorgegebenen Zeitraum mit Mobilfunk zu versorgen, ergibt sich Abb. III.3.

Abb. III.3: Mindestnetzabeckungsquoten im Basisfall unter Annahme von Symmetrie

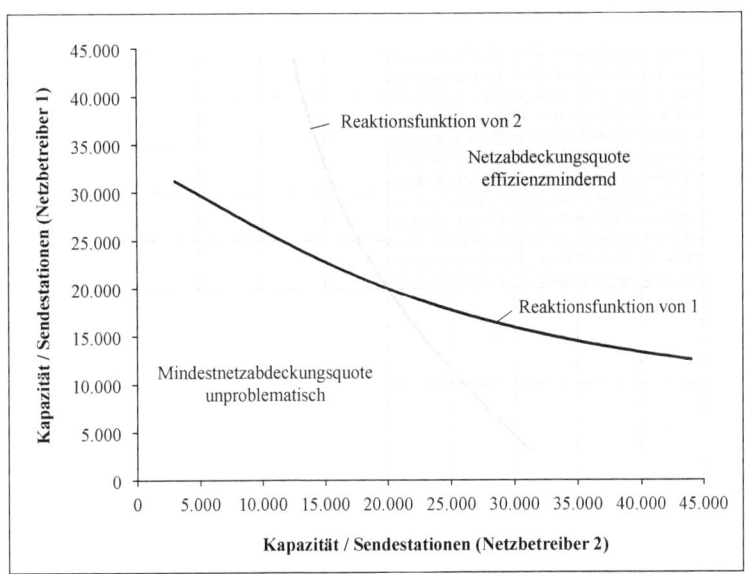

Quelle: Eigene Darstellung

Es zeigt sich, dass im hier dargestellten Basisfall mit zwei Anbietern und einem Nash-Gleichgewicht lediglich zwei Fälle auftreten, in denen die Mindestnetzabdeckungsquoten zum Tragen kommen. Im ersten Fall, unten links in Abb. III.3, haben die ge-

---

[70] Eine mögliche Strategie der großen Mobilfunknetzbetreiber, Deutsche Telekom und Vodafone, könnte es bspw. gewesen sein, ihre Mitkonkurrenten über sehr hohe Bietpreise aus dem Markt zu drängen (vgl. Gruber 2002, S. 61 ff.).

[71] So wurde im Rahmen der UMTS- bzw. LTE-Lizenzversteigerung festgelegt, dass die Gewinner in den ersten fünf bzw. sechs Jahren nach Lizenzerhalt mindestens 50 % der Bevölkerung mit UMTS bzw. LTE abdecken müssen.

forderten Quoten (hier ausgedrückt in der Anzahl der Sendestationen[72]) und sofern die Zeitkomponente vernachlässigt wird keinen Einfluss auf die Netzbetreiber bzw. ihre Wettbewerbsfähigkeit. Grund dafür ist, dass die Mindestanzahl an Sendestationen, welche zur Erlangung der Mindestnetzabdeckungsquote benötigt wird, im Gleichgewicht per se übertroffen und somit ohne zusätzliche Anstrengungen erreicht wird. D. h. solange die mit dem Nash-optimal ausgebauten Mobilfunknetz versorgte Bevölkerungsmenge größer ausfällt als die vom Regulator geforderte Menge, und ohne dass die Zeitkomponente berücksichtigt wird, bleiben die Mindestnetzabdeckungsquoten ohne wirtschaftlichen Einfluss für die Netzbetreiber. Der Basisfall bleibt unverändert. Wird hingegen die Zeitkomponente ins Spiel gebracht und ist diese zu knapp bemessen, kann das durchaus zu höheren Investitionskosten für die Netzbetreiber führen, da bspw. mehr Personal notwendig ist, um die Netzabdeckung im vorgegebenen Zeitraum zu erreichen. Einen Einfluss auf das (symmetrische) Nash-Gleichgewicht und die intraindustrielle Wettbewerbsfähigkeit der Netzbetreiber hat dies jedoch nicht zur Folge, da die höheren Investitionskosten in diesem Fall sunk costs darstellen und damit für die Bestimmung des Nash-Gleichgewichts irrelevant sind. Im Basisfall wird sich dennoch ein geringerer Unternehmensgewinn einstellen und somit zu einem abweichenden Referenzwert führen. Da eventuelle Mehrkosten aufgrund der in Deutschland ausreichenden Zeitspanne von fünf Jahren im UMTS-Fall bzw. knapp sechs Jahren im LTE-Fall zur Erreichung der vorgegebenen Netzabdeckungsquote als sehr gering eingestuft werden[73], wird eine mögliche Abweichung in den Unternehmensgewinnen vernachlässigt.

Im zweiten Fall, oben rechts in Abb. III.3, liegt die geforderte Mindestnetzabdeckungsquote oberhalb des Nash-optimalen Netzausbaus. D. h. jede Quote in diesem Bereich reißt die Netzbetreiber aus ihrem Nash-Gleichgewicht und führt zu ökonomischen Effizienzverlusten bzw. Minderungen in der Produzentenrente. Da die Netzbetreiber symmetrisch sind und ihre Reaktionsfunktionen nur einen Schnittpunkt aufweisen, hat auch dieser Fall keinen Einfluss auf ihre intraindustrielle Wettbewerbsfähigkeit. Je nach Höhe der Quote ändern sich die Outputwerte des Basisfalls jedoch merk-

---

[72] Es gilt die Annahme, dass die Netzbetreiber immer erst die Flächenversorgung im gesamten wirtschaftlichen Netzabdeckungsbereich sicherstellen bevor die Kapazitätsversorgung (via Cell-Splitting) in den Fokus rückt. Die Annahme stellt sicher, dass der für die Netzbetreiber wirtschaftliche Bereich auch ausgebaut wird.

[73] Im UMTS-Fall erreichten einige Netzbetreiber schon ein Jahr vor Ablauf der erlaubten 5-jährigen Zeitspanne mit einer 70 %igen Netzabdeckung eine deutlich höhere Abdeckung als gefordert. Somit wird vermutet, dass eine Zeitspanne von mindestens fünf Jahren keine wesentlichen Mehrkosten zur Erfüllung der Netzabdeckungsquoten verursacht.

III.2. Empirische Analyse der LTE-Einführung in Deutschland

lich und würden die hier dargestellten Werte als Referenz für die LTE-Einführung obsolet werden lassen. Da aber die deutschen Netzbetreiber bereits in den ersten fünf Jahren der UMTS-Einführung die geforderte Quote (zum Teil deutlich) überschritten hatten und heute Netzabdeckungsquoten zwischen 60 % und 80 % aufweisen, wird neben der vorgegebenen Zeitspanne auch die Mindestnetzabdeckungsquote als unproblematisch für das Nash-Gleichgewicht angesehen. D. h. für den weiteren Verlauf dieser Arbeit wird unterstellt, dass die Anforderungen der Bundesnetzagentur an die Netzbetreiber zum Aufbau ihrer Netze im weißen Quadranten unten links in Abb. III.3 liegen und damit irrelevant für die hier dargestellten Werte im Basisfall sind.

Während Netzabdeckungsquoten im obigen Fall lediglich eine ökonomische Effizienzfrage darstellen und für einen ausgeglichenen Wettbewerb irrelevant sind, gibt es Fälle, in denen solche Quoten durchaus wettbewerbsrelevante Auswirkungen haben können. Werden zusätzlich zu den hier untersuchten Datendiensten bspw. noch die Sprach- und SMS/MMS-Dienste in den Reservationspreis mit aufgenommen (siehe Erläuterungen in Abb. III.4), die Zielkapazität von 20.000 Sendestationen je Netzbetreiber weiterhin beibehalten, verändert sich der ursprüngliche Basisfall wie in Abb. III.4 dargestellt. Neben dem symmetrischen Nash-Gleichgewicht bei (20.000, 20.000) gibt es jetzt außerdem – trotz symmetrischer Netzbetreiber – zwei asymmetrische Nash-Gleichgewichte bei (34.018, 10.348) und bei (10.348, 34.018). Würde es hierbei keine vorsorglichen Mindestnetzabdeckungsquoten geben, könnte es einem der beiden Netzbetreiber gelingen die höhere Kapazität aufzubauen (möglicherweise durch einen Zeitvorteil beim Netzaufbau oder einer glaubwürdigen Festlegung auf die höhere Kapazität), während der andere, dem Nash-Gleichgewicht folgend, die geringere Kapazität errichten würde. Dies hätte enorme Gewinnunterschiede zwischen den Netzbetreibern zur Folge. Während die Differenz im hier dargestellten Nash-Gleichgewicht bei ca. 3,4 Mrd. € liegt, würde sie bei identischer Flächenversorgung[74] (nicht aber Kapazitätsversorgung!) zwischen den Netzbetreibern bei ca. 2,3 Mrd. € liegen. Letzterer Fall gilt trotz Abweichung vom Nash-Gleichgewicht als realistischer, da die Annahme einer identischen Flächenversorgung als zwingend notwendig angesehen wird, um die Wettbewerbsfähigkeit des „kleineren" Netzbetreibers langfristig zu gewährleisten. Diese implizite Mindestnetzabdeckungsquote verringert zwar die Asymmetrie zwi-

---

[74] Hierzu wird angenommen, dass ca. 13.000 Sendestationen zur 80 %igen Bevölkerungsversorgung notwendig sind. Vermutlich liegt die tatsächliche Anzahl noch darunter, so dass der Gewinnunterschied noch höher ausfällt. Der Wert spiegelt kein Nash-Gleichgewicht wider. Der kleinere Netzbetreiber wählt „stur" 13.000 Sendestationen, während der größere Netzbetreiber mit 29.711 Sendestationen gewinnoptimal auf diese Kapazität reagiert.

schen Netzbetreibern, sie reicht aber nicht aus, um das symmetrische Nash-Gleichgewicht und damit ausgeglichene Wettbewerbsbedingungen zu forcieren.

Abb. III.4: Mindestnetzabdeckungsquoten im veränderten Basisfall* unter Annahme von Symmetrie

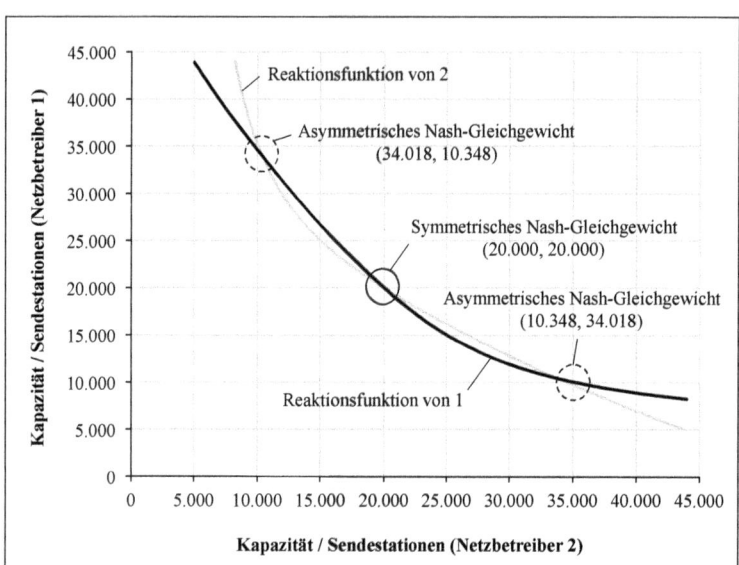

Kapazität / Sendestationen (Netzbetreiber 2)

* Hierbei wird ein Reservationspreis von 95 €, ein Gesamtmarkt von 69,8 Mio., symmetrische Zeitkosten in Höhe von 0,005, symmetrische Kapazitätskosten in Höhe von 1.900 € sowie eine Zielkapazität je Netzbetreiber von 20.000 Sendestationen angenommen; Im symmetrischen Nash-Gleichgewicht ergibt sich eine Nutzermenge von 27,7 Mio., ein durchschnittlicher Preis in Höhe von 12,76 € und ein Gewinn in Höhe von 3,78 Mrd. € je Netzbetreiber. Im asymmetrischen Nash-Gleichgewicht erreicht der große (kleine) Netzbetreiber eine Nutzermenge von 33,7 Mio. (20,0 Mio.), einen Preis in Höhe von 16,98 € (12,29 €) sowie einen Gewinn in Höhe von 6,09 Mrd. € (2,71 Mrd. €).

Quelle: Eigene Darstellung

Erst durch den Eingriff des Regulierers über das Setzen einer Mindestnetzabdeckungsquote, die eine entsprechende Anzahl an Sendestationen erfordert (in diesem Fall rund 15.000 oder mehr Sendestationen), kann der asymmetrische Fall mit starker Dominanz eines einzelnen Netzbetreibers verhindert und der wettbewerblich ausgeglichene Fall erzwungen werden.

Wie dieser letzte Fall am Beispiel des veränderten Reservationspreises zeigt, können sich mit unterschiedlichen Inputwerten der Basisfall sowie alle weiteren hier untersuchten Fälle gravierend verändern und zu völlig unterschiedlichen Ergebnissen und

Aussagen führen. So kann bspw. je nach Definition des zu untersuchenden Marktes der Einsatz von Mindestnetzabdeckungsquoten, wie sie im deutschen Mobilfunkmarkt zum Tragen kommen und damit im Rahmen einer Wettbewerbsanalyse berücksichtigt werden sollten, entweder als wettbewerbsfördernd oder als völlig irrelevant für den Wettbewerb angesehen werden. Folglich muss bei Anwendung des hier zugrunde gelegten Modells immer auf die exakte Definition der Inputvariablen geachtet werden, da möglicherweise Ergebnisse entstehen können, die falsche Aussagen implizieren. Würde im obigen „veränderten Basisfall" neben dem Reservationspreis zusätzlich noch die Kapazität sinngemäß nach oben korrigiert (da bei zusätzlichen Mobilfunkdienstleistungen die Kapazitätsanforderungen steigen), würden sich die asymmetrischen Nash-Gleichgewichte mit Zunahme der Kapazität sukzessive wieder auflösen und die ursprünglichen Ergebnisse hervorrufen. D. h. das Modell zeigt trotz sensiblem Reaktionsverhalten eine gewisse Robustheit gegenüber variierenden aber sinngemäß angepassten Inputvariablen mit der Folge, dass die gewonnen Ergebnisse nicht als Sonderfall, sondern als allgemeingültig interpretiert werden können.

2.1.2 Die Einführung von LTE

Ausgehend vom obigen Basisfall aus Tab. III.1 wird nun die LTE-Technologie gleichzeitig von allen Netzbetreibern in den deutschen Mobilfunkmarkt eingeführt. Unter Berücksichtigung eines gestiegenen Reservationspreises sowie gesunkener Kapazitätskosten und Zeitkosten der Konsumenten entwickelt sich der Markt wie in Tab. III.2 dargestellt. Die Kapazität nimmt bei den hier unterstellten Werten trotz effizienterer Übertragungstechnologie leicht zu (+634 Sendestationen bzw. +3,2 %), da der Effekt der Kapazitätskostenreduktion (führt zu Kapazitätsausweitung) den Effekt der höheren Effizienz (führt zu Kapazitätsreduktion) übersteigt[75]. Mit den gesunkenen Zeitkosten der Konsumenten ist auch der Marktpreis bzw. ARPU leicht zurückgegangen, von ursprünglich 5,46 € auf jetzt 5,12 € (-0,34 € bzw. -6,3 %). Dies führt neben der Zeitkostenreduktion zu einer Ausweitung der Nutzerzahl um 2,2 Mio. zusätzliche Konsumenten auf 20,9 Mio. (+11,5 %). Kumuliert steigt der Gewinn der Netzbetreiber um 140 Mio. € p.a. (+18,2 %) an. Abb. III.5 - Abb. III.8 zeigen diesen Verlauf grafisch. Die vier Kurven spiegeln dabei die geometrischen Orte der Nash-Symmetriegleichgewichte nach Veränderung der jeweiligen Input-Parameter, bedingt durch die LTE-Einführung, wider.

---

[75] Bei einem ursprünglichen UMTS-Reservationspreis von 26 € oder höher, einer Zeitkostenreduktion von 28 % oder höher, einem Reservationspreisanstieg um 10 € oder mehr oder einer geringeren Kapazitätskostensenkung würde sich die Kapazität reduzieren.

Tab. III.2: Modellparameter für den LTE-Fall im deutschen Mobilfunkmarkt unter Annahme von Symmetrie

Variable	Symbol	Wert
Reservationspreis[a]	a	23,1 € pro Monat
Steigung	b	$a / (q_{1,Max} + q_{2,Max})$
- Gesamtmarkt[b]	$(q_{1,Max} + q_{2,Max})$	64,3 Mio.
(marginale) Zeitkosten der Konsumenten[c]	$\tau_1 = \tau_2$	0,0029479
(marginale) Kosten pro Sendestation[d]	$c_1 = c_2$	1.500 € pro Monat
Kapazität	$K_1 = K_2$	20.634
Preis	$p_1 = p_2$	5,12 € pro Monat
Nutzerzahl	$q_1 = q_2$	20,9 Mio.
Gewinn	$\pi_1 = \pi_2$	911,3 Mio. € p.a.

a) Es wird hypothetisch ein Anstieg des Reservationspreises von 10 % unterstellt, da der Nutzen des Mobilfunks für die Konsumenten durch die LTE-Technologie höher ausfällt als zuvor im UMTS-Zeitalter.
b) Der Gesamtmarkt wird aufgrund der Vergleichbarkeit der Modellergebnisse zwischen UMTS und LTE als unverändert betrachtet. Tatsächlich findet eine Ausweitung des Marktes statt, da mit dem Erwerb der 800-MHz-Frequenzen zusätzlich ländliche Regionen mit LTE versorgt werden können und müssen (→ von der Bundesnetzagentur vorab festgelegte Bedingung zum Erwerb der 800-MHz-Frequenzen).
c) Es wird hypothetisch eine für den Konsumenten „fühlbare" Reduktion der marginalen Zeitkosten von 20 % unterstellt. Bei einer zu geringen Veränderung wird vermutet, dass daraus kein Nutzenanstieg für die Konsumenten resultiert. Die Reduktion wird bedingt durch die effizientere bzw. „schnellere" LTE-Technologie als auch durch die Ausweitung der Frequenzmenge.
d) Per Experteninterview und der Datengrundlage von Gerpott 2008, S. 67-77 liegen die Kosten einer neuen LTE-Sendestationen (inkl. Installation und Betrieb) bei rund 23.000 € jährlich (nicht zu verwechseln mit den 30.000 € Einmalinvestition pro LTE-Station aus Kapitel II) oder ca. 1.866 € monatlich. Die Erweiterung einer bestehenden Sendestation mit LTE verursacht dagegen Kosten in Höhe von 16.600 € jährlich oder 1.386 € monatlich. Folgt man der Annahme von Gerpott, dass rund 90 % der bestehenden Sendestationen mit LTE umgebaut werden können und nur 10 % neue LTE-Sendestationen errichtet werden müssen, dann ergibt sich ein monatlicher Wert von aufgerundet 1.500 €. Die exakte Größe ist letztlich irrelevant solange der Wert geringer ausfällt als im UMTS-Szenario.

Quelle: Experteninterviews, Gerpott 2008, Statistisches Bundesamt 2010a, eigene Berechnungen

Beginnend mit dem Basisfall (grauer Punkt in Abb. III.5), welcher auf der grau durchgezogenen Kurve liegt, die ihrerseits den UMTS-Fall für unterschiedliche Kapazitätskosten darstellt, wird von hier – aufgrund der gesunkenen Kapazitätskosten um 400 € – eine Linksverschiebung des Basisfalls auf der grauen Kurve bis auf Höhe des „LTE-Falls" erreicht (grauer Kreis). Im zweiten Schritt werden die Zeitkosten der Konsumenten um 20 % reduziert. Diese Veränderung führt zu einer Vertikalbewegung der Basisfalls bzw. der grau durchgezogenen Kurve nach unten (Abb. III.5 und Abb. III.6) bzw. nach oben (Abb. III.7 und Abb. III.8) und es ergibt sich die grau gestrichelte Kurve. Im letzten Schritt wird der Reservationspreis um 10 % angehoben, was wiederum zu einer Vertikalbewegung des Basisfalls bzw. der jetzt grau gestrichelten Kurve nach unten (Abb. III.5) bzw. nach oben (Abb. III.6 - Abb. III.8) auf die schwarze Kurve führt. Im Ergebnis wird der „LTE-Fall", illustriert durch den schwarzen Punkt auf der schwarz durchgezogenen Kurve, erreicht. Die schwarz durchgezogene Kurve spiegelt dabei den finalen LTE-Fall für unterschiedliche Kapazitätskosten wider. Würde an dieser Stelle der Reservationspreis anstatt 10 % um 20 % ansteigen, würde die schwarz gestrichelte Kurve als finale Kurve für den LTE-Fall erreicht werden.

Abb. III.5: Der Symmetriefall: „Anzahl der Sendestationen"

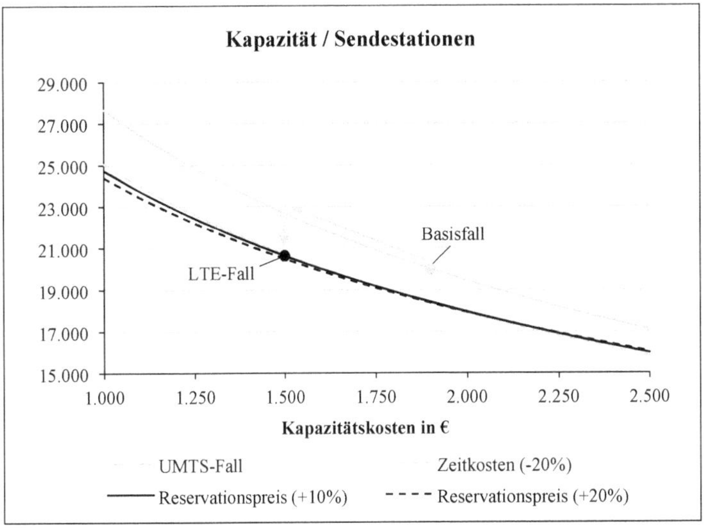

Quelle: Eigene Darstellung

Wie in den Abbildungen erkennbar ist, zeigt die Veränderung der Inputparameter (Kapazitätskosten, Zeitkosten und Reservationspreis) unterschiedlich starke Auswirkungen auf die Outputparameter (Kapazität, Preis, Nutzermenge und Unternehmensgewinn). So reagiert die Kapazität vergleichsweise wenig sensitiv auf Reservationspreisänderungen, während der Preis, die Nutzer und insbesondere der Gewinn starke Reaktionen aufweisen. Die Kapazitäts- und Zeitkosten wiederum zeigen einen großen Einfluss auf den Preis und die Nutzermenge, während die bereitgestellte Kapazität nur einen geringen Einfluss auf den Gewinn zeigt. Das bedeutet, dass bspw. eine Kapazitätserweiterung zur Verbesserung der Netzqualität nur mit einem relativ geringen Gewinnzuwachs für die Netzbetreiber einhergeht und damit grundsätzlich wenig attraktiv erscheint.

Abb. III.6: Der Symmetriefall: „Preis/ARPU Entwicklung"

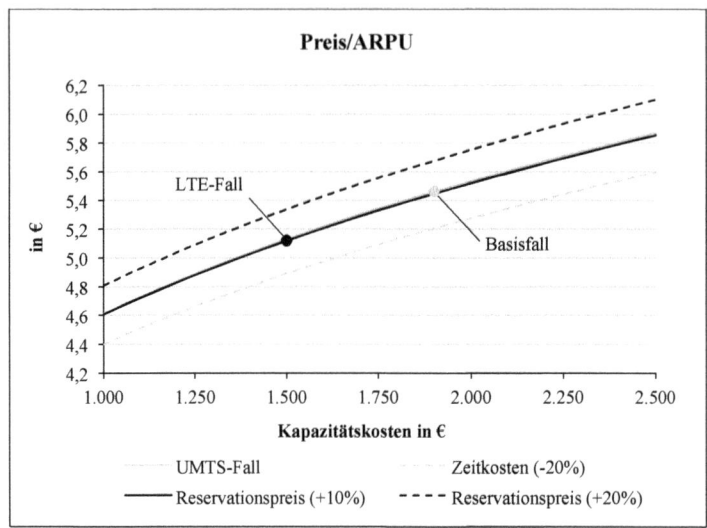

Quelle: Eigene Darstellung

Abb. III.7: Der Symmetriefall: „Anzahl der Nutzer"

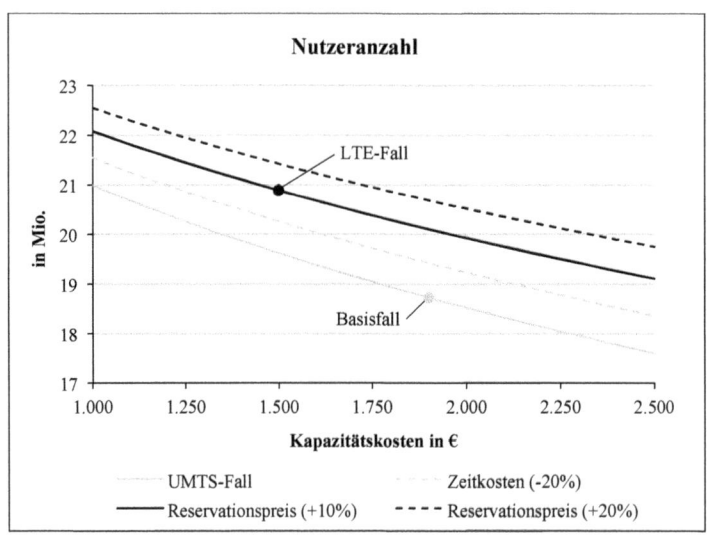

Quelle: Eigene Darstellung

III.2. Empirische Analyse der LTE-Einführung in Deutschland

Abb. III.8: Der Symmetriefall: „Gewinnentwicklung"

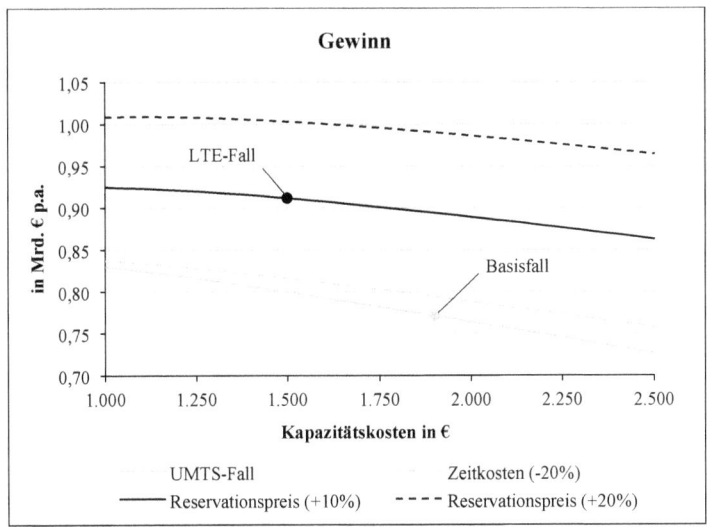

Quelle: Eigene Darstellung

Mit Blick auf die deutschen Mobilfunknetzbetreiber und ihre Upgradeintentionen kann festgehalten werden, dass die Einführung der neuen Übertragungstechnologie LTE unter den hier angenommen Bedingungen erwartungsgemäß mit einer Gewinnzunahme einhergeht. Diese wird insbesondere durch den höheren Reservationspreis (Anteil an Gewinnzunahme: rund 68 %) als auch geringfügig durch die höhere Übertragungseffizienz der Technologie bzw. die verringerten Zeitkosten (12 %) und die gesunkenen Kapazitätskosten (20 %) getrieben. D. h. planen die Netzbetreiber ein Upgrade auf eine neue Übertragungstechnologie, sei es von UMTS auf HSDA+ oder LTE oder von LTE auf LTE-Advanced, dann sollte die Einführung im besten Fall zu einem Anstieg im Reservationspreis der Konsumenten führen, um die größtmögliche Gewinnzunahme zu erzielen. Andernfalls würde die Gewinnzunahme relativ gering ausfallen (in diesem Fall +44,9 Mio. € bzw. +5,8 %), so dass die Investitionskosten – bspw. bei Beachtung der Auktionsausgaben zur Ersteigerung der notwendigen Frequenzen – möglicherweise nicht mehr gedeckt würden und das Upgrade zu einem Verlust führen könnte. Folglich sollten die Netzbetreiber vor der Einführung eines investitionsintensiven Technologieupgrades genau prüfen, inwieweit sich dadurch der Nutzen für die Konsumenten steigern lässt.

Wird der Reservationspreisanstieg neben den verbesserten Übertragungseigenschaften auch durch das Vorhaben der Konsumenten, ihren Festnetzanschluss durch einen Mobilfunkanschluss zu substituieren, getrieben, dann werden die integrierten Netzbetreiber (→ Betreiber eines Fest- und Mobilfunknetzes unter einem Dach[76]) zuvor existierende Einnahmequellen aus ihrem Festnetzgeschäft verlieren. Abhängig von der Höhe dieses Verlustes kann der (Zu-)Gewinn aus der LTE- gegenüber der UMTS-Technologie teilweise oder ganz aufgezehrt oder sogar negativ ausfallen mit der Folge, dass die integrierten Netzbetreiber in der Summe Verlust schreiben würden. Eine Thematik, die in Kapitel IV genauer beleuchtet wird, hier jedoch vorab erwähnt werden muss, da finale Schlussfolgerungen über Gewinn und Verlust aus der LTE-Technologie für die deutschen Netzbetreiber auf Basis der obigen Ergebnisse zu voreilig wären. Einzig für E-Plus, welcher im Vergleich zu den integrierten Netzbetreibern kein Festnetz besitzt, gilt, dass sich eine LTE-Einführung unter den obigen Annahmen lohnt, da sich der Gewinn gegenüber dem vorherigen UMTS-Netzbetrieb erhöhen würde ohne mögliche Kannibalisierungseffekte fürchten zu müssen. Aus Sicht der Verbraucher bzw. eines benevolenten Planers mit dem Ziel der Wohlfahrtsmaximierung kann die Einführung von LTE ebenso begrüßt werden, da Kapazitätskosten reduziert werden und zusätzliche Nutzer (via Preissenkungen und Nutzensteigerungen) Zugang zum mobilen Internet erhalten und damit die landesweite (Breitband-)Vernetzung zunimmt.

Führt man an dieser Stelle eine Sensitivitätsanalyse zur Überprüfung der Robustheit der bisherigen Ergebnisse durch und variiert sowohl den ursprünglichen Reservationspreis (im Basisfall 21 €) als auch die Kapazität (im Basisfall 20.000 Sendestationen) im Bereich von -15 % bis +15 %, dann zeigen alle Outputparameter des LTE-Falls unveränderte Wirkrichtungen und bestätigen obige Ergebnisse. Auch höhere Sensitivitäten führen zu unveränderten Wirkrichtungen beim Preis, der Nutzerzahl und den Gewinnen. Lediglich die Wirkrichtung der Kapazität kann sich ändern, so dass im LTE-Fall die Zahl der Sendestationen abnimmt anstatt zuzunehmen[77]. Insgesamt kann

---

[76] Zu den sog. integrierten Netzbetreibern gehören in Deutschland die Deutsche Telekom, Vodafone und Telefónica/O2. Alle drei bieten neben ihren mobilen Internetanschlüssen via EDGE, UMTS und LTE auch Festnetzinternetanschlüsse via DSL, VDSL und/oder Glasfaser an.

[77] Dieser Effekt tritt bspw. im Rahmen deutlich höherer UMTS-Reservationspreise (ab 26 € und mehr) ein. Er erklärt sich in diesem Fall durch die höhere absolute Reservationspreissteigerung beim Übergang von UMTS auf LTE (die relative Steigerung von 10 % bleibt unverändert) und der gleichzeitig absolut gleichbleibenden Kapazitätskostensenkung von 400 €, dessen Effekt in Relation sukzessive schwächer wird. Anders ausgedrückt, während bei einem UMTS-Reservationspreis von 21 € die Steigerung beim Übergang von UMTS auf LTE 2,10 € beträgt, beträgt sie bei einem Reservationspreis von 30 € exakt 90 Cents mehr, also 3 €. Gleichzeitig bleibt die Senkung der Kapazitätskosten um 400 € unverändert (keine Zunahme bei einem höheren Reservati-

von einer hohen Robustheit der Ergebnisse, insbesondere bei der für die Netzbetreiber (bzw. Konsumenten) relevanten Gewinnentwicklung (bzw. Preisentwicklung) gegenüber Parameteränderungen ausgegangen werden.

Wurde bisher davon ausgegangen, dass der Gesamtmarkt, bestehend aus 80 % der deutschen Bevölkerung, bei Einführung von LTE unverändert bleibt, soll nun gezeigt werden, wie sich die Outputparameter bei einer 100 %igen Bevölkerungsabdeckung verhalten. D. h. der Gesamtmarkt steigt von zuvor 64,3 Mio. auf 79,2 Mio.[78] potentielle Konsumenten an. Dies ist insofern notwendig, als dass die Auktionsgewinner der 800-MHz-Frequenzen (Deutsche Telekom, Vodafone und Telefónica/O2) rechtlich dazu verpflichtet sind, die sog. „weißen Flecken"[79] mit der LTE-Technologie auszubauen. Mit Blick auf Tab. III.3 ergeben sich daraus folgende Veränderungen: Erwartungsgemäß steigen die Kapazität (+4.758 bzw. +23 %) und Nutzerzahl (+4,8 Mio. bzw. +23 %) je Netzbetreiber an, da eine größere Fläche bzw. mehr Einwohner mit LTE versorgt werden müssen. Auch steigen die Gewinne (+210,1 Mio. € bzw. +23 %), da der Marktpreis und die Kosten pro Sendestation de facto unverändert geblieben sind und somit nur ein positiver Volumeneffekt aber kein negativer Preiseffekt auftreten konnte.

Tab. III.3: **Modellparameter für den LTE-Fall im deutschen Mobilfunkmarkt unter Annahme von Symmetrie, „Marktausweitung"**

Variable	Symbol	Wert
Reservationspreis	a	23,1 € pro Monat
Steigung	b	$a / (q_{1,Max} + q_{2,Max})$
- Gesamtmarkt	$(q_{1,Max} + q_{2,Max})$	79,2 Mio.
(marginale) Zeitkosten der Konsumenten	τ	0,0029479
(marginale) Kosten pro Sendestation	$c_1 = c_2$	1.500 € pro Monat
Kapazität	$K_1 = K_2$	25.392
Preis	$p_1 = p_2$	5,12 € pro Monat
Nutzerzahl	$q_1 = q_2$	25,7 Mio.
Gewinn	$\pi_1 = \pi_2$	1,12 Mrd. € p.a.

Quelle: Experteninterviews, Gerpott 2008, Statistisches Bundesamt 2010a, eigene Berechnungen

---

onspreis), so dass der Effekt aus dieser Senkung, welche die Kapazitäten ansteigen lässt, bei einer absolut höheren Reservationspreissteigerung relativ schwächer ausfällt.

[78] Exklusive Kinder unter 6 Jahren sowie Senioren über 80 Jahre.
[79] Unter den „weißen Flecken" sind solche Regionen Deutschlands zu verstehen, die bisher keinen Breitbandzugang zum Internet hatten. Dies sind bzw. waren in der Regel ländliche Regionen mit wenigen erreichbaren Nutzern.

Ist man sich der Kostenstrukturen von Telekommunikationsnetzen in ländlichen Regionen bewusst, dann muss die Annahme der unveränderten Kosten je Sendestation hinterfragt werden. So ist der Ausbau von Telekommunikationsnetzen auf dem Land teurer als in dicht besiedelten Städten, da ein deutlich größeres Gebiet/Fläche mit Sendestationen abgedeckt werden muss, um die gleiche Anzahl an Konsumenten zu erreichen wie in einer Großstadt. So müssen auf dem Land zur Erreichung der gleichen Anzahl an Nutzern wie in einer Stadt mehr Sendestationen, längere Kabel sowie häufiger Signalverstärker[80] installiert werden. Im Falle von LTE müssen die Sendestationen zudem an ein Hochgeschwindigkeitsdatennetz angeschlossen werden, um die höheren Datenraten von LTE auch unter Netzvollauslastung gewährleisten zu können, andernfalls drohen Engpässe bzw. längere Wartezeiten für die Konsumenten. Folglich muss in ländlichen Regionen mit höheren Investitions- und Ausbaukosten pro Sendestation sowie einer verhältnismäßig höheren Anzahl an Sendestationen pro Nutzerzahl gerechnet werden. D. h. die vom Modell ausgewiesene Gewinnzunahme liegt de facto zu hoch und müsste entsprechend niedriger ausfallen. Wird dazu der Ausbau der ländlichen Gebiete mit ca. 14,8 Mio. potentiellen Nutzern separat modelliert (siehe Tab. III.4), dann ergibt sich bei einer beispielhaften Erhöhung der Zeitkosten um 25 % (aufgrund der Leistungsabnahme einer Sendestation über längere Distanzen) sowie der Kapazitätskosten um 50 % eine Abnahme der zusätzlichen Gewinne aus der Versorgung der ländlichen Regionen um 15,2 Mio. € pro Jahr.

Nach Tab. III.4 ergibt sich im Nash-Gleichgewicht neben dem geringeren Gewinn ein höherer Marktpreis von 6,04 € sowie eine Gesamtanzahl von 4.321 Sendestationen zur Versorgung der übrigen 20 % der Bevölkerung. D. h. laut Modell müsste es entsprechend der regionalen Unterschiede verschiedene Mobilfunkpreise geben. Während der städtische Nutzer für seinen mobilen Internetzugang 5,12 € zahlen sollte, sollte der Preis für den ländlichen Nutzer bei 6,04 € liegen. Da im Mobilfunk eine solche Art der regionalen Preisdifferenzierung nicht möglich ist und nur ein Universalpreis verlangt werden kann (aufgrund der fehlenden Ortsgebundenheit der Mobilfunkkonsumenten), muss landesweit und unabhängig von der Region bzw. den Ausbaukosten ein einheitlicher Marktpreis von mindestens 5,12 € höchstens jedoch 6,04 € gelten. Je nach Höhe der tatsächlichen Kapazitätskosten, die letztlich von den spezifischen Gegebenheiten

---

[80] Wird ein Datenpacket über eine Internetleitung (bspw. bestehend aus einem Kupfer- oder Glasfaserkabel) transportiert, dann können auf längeren Strecken Informationen verlorenen gehen, falls das Signal nicht in regelmäßigen Abständen verstärkt wird. Diese Aufgabe erledigt ein sog. „Signalverstärker".

der einzelnen Netzbetreiber abhängen, kann die Obergrenze auch anders ausfallen, so dass ein exakter deutschlandweiter Marktpreis nicht ermittelt werden kann.

Tab. III.4: Modellparameter für den LTE-Fall im deutschen Mobilfunkmarkt unter Annahme von Symmetrie, „Ländliche Regionen" I/II

Variable	Symbol	Wert
Reservationspreis	a	23,1 € pro Monat
Steigung	b	$a / (q_{1,Max} + q_{2,Max})$
- Gesamtmarkt	$(q_{1,Max} + q_{2,Max})$	14,8 Mio.
(marginale) Zeitkosten der Konsumenten[a]	τ	0,0036849
(marginale) Kosten pro Sendestation[b]	$c_1 = c_2$	2.250 € pro Monat
Kapazität	$K_1 = K_2$	4.321
Preis	$p_1 = p_2$	6,04 € pro Monat
Nutzerzahl	$q_1 = q_2$	4,3 Mio.
Gewinn	$\pi_1 = \pi_2$	194,9 Mio. € p.a.

a) Aufgrund der Abnahme der Übertragungsleistung einer Mobilfunksendestation über längere Distanzen wird hypothetisch von einem Anstieg der Zeitkosten der Konsumenten um 25 % ausgegangen. Der hieraus bedingte Anstieg der Sendestationen ist notwendig, da angenommen wird, dass in ländlichen Regionen verhältnismäßig mehr Sendestationen für eine gleiche Anzahl von Nutzern benötigt wird wie in dicht besiedelten Regionen.
b) Es wird beispielhaft eine Erhöhung der Kapazitätskosten um 50 % angenommen.

Quelle: Experteninterviews, Gerpott 2008, Statistisches Bundesamt 2010a, eigene Berechnungen

Folgt man weiterhin den Angaben der Bundesnetzagentur (2010, S. 90) dann liegt die Anzahl der Sendestationen, welche für die Versorgung der übrigen 20 % der Bevölkerung notwendig sind, bei durchschnittlich 5.350 Stück. D. h. der vom Modell ausgewiesene Optimalwert ist für die Realität zu niedrig und muss entsprechend nach oben korrigiert werden. Führt man eine solche Anpassung durch, bei der für den Marktpreis die Untergrenze von 5,12 €, die Kapazität von 5.350 Sendestationen und eine Nutzermenge von rund 4,8 Mio.[81] (aufgrund des geringeren Marktpreises) angesetzt wird, dann ergeben sich die Werte aus Tab. III.5. Der so ermittelte Gewinn stellt kein Nash-Gleichgewichtsgewinn mehr dar und bezieht sich lediglich auf den Dyopolfall und nicht den tatsächlichen Oligopolfall mit vier Netzbetreibern. Würde entsprechend der Beachtung des Oligopolfalls die Nutzerzahl halbiert (auf die zwei hier dargestellten Netzbetreiber vereinen sich somit 50 % der Nutzermenge), ergibt sich ein Gewinn von nur noch 3,4 Mio. € pro Jahr. Auch wenn dieser Fall auf überwiegend hypothetischen

---

[81] Der Wert ergibt sich aus der gesamten Marktgröße von 14,8 potentiellen Nutzern multipliziert mit dem Nutzeranteil wie er sich aus Tab. III.2 - dem LTE-Fall bei 80 %iger Bevölkerungsabdeckung - ergibt.

Annahmen beruht, zeigt er dennoch, dass das Gewinnpotential beim Ausbau der weißen Flecken sehr gering ist.

Tab. III.5: Modellparameter für den LTE-Fall im deutschen Mobilfunkmarkt unter Annahme von Symmetrie, „Ländliche Regionen" II/II

Variable	Symbol	Wert
Reservationspreis	a	23,1 € pro Monat
Steigung	b	$a / (q_{1,Max} + q_{2,Max})$
- Gesamtmarkt	$(q_{1,Max} + q_{2,Max})$	14,8 Mio.
(marginale) Zeitkosten der Konsumenten	τ	0,0036849
(marginale) Kosten pro Sendestation	$c_1 = c_2$	2.250 € pro Monat
Kapazität *(kein Nash-GG!)*[a]	$K_1 = K_2$	5.350
Preis *(kein Nash-GG!)*	$p_1 = p_2$	5,12 € pro Monat
Nutzerzahl *(kein Nash-GG!)*	$q_1 = q_2$	4,8 Mio.
Gewinn *(kein Nash-GG!)*	$\pi_1 = \pi_2$	151,3 Mio. € p.a.

a) Nach Angaben der Bundesnetzagentur (2010, S. 90) kann ein ungefährer Wert von 5.350 Sendestationen ermittelt werden, die notwendig sind, um die übrigen 20 % der Bevölkerung flächendeckend mit Mobilfunkdienstleistungen zu versorgen.

Quelle: Statistisches Bundesamt 2010a, eigene Berechnungen

Sind die LTE-Netze basierend auf den Nash-optimalen Kapazitäten errichtet, stellt sich als nächstes die Frage, wie die Netzbetreiber auf ein in der Zukunft möglicherweise weiter zunehmendes Datenaufkommen reagieren sollen.

Abb. III.9: Datenaufkommen in deutschen Mobilfunknetzen

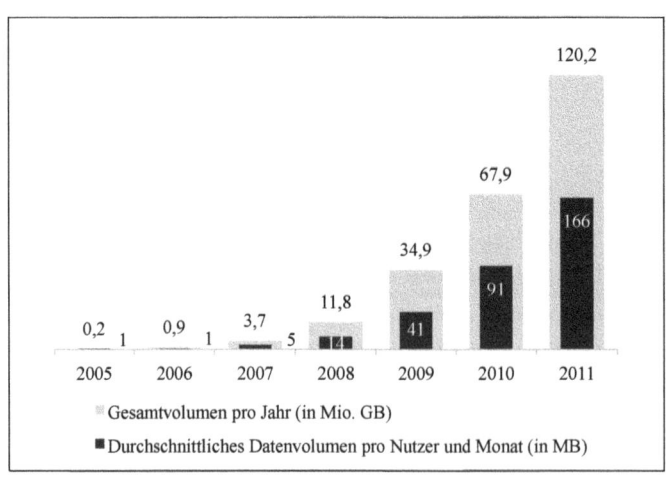

Quelle: VATM (2011, S. 23)

III.2. Empirische Analyse der LTE-Einführung in Deutschland

Wie Abb. III.9 zeigt, hat sich das Datenaufkommen in Deutschlands Mobilfunknetzen zwischen 2005 und 2010 jedes Jahr verdreifacht und in 2011 nahezu verdoppelt, so dass ein schlagartiger Stopp der Datenzunahme in naher Zukunft nicht zu erwarten ist. Diese Entwicklung hat den Netzbetreibern entsprechend Anlass dazu gegeben, eine Debatte darüber zu eröffnen, wer zukünftig für die (kostenintensive) Erweiterung der verstopften Netze bzw. Kapazitäten aufkommen soll. Folgt man aufmerksam dieser Debatte, dann kommt die Seite der Netzbetreiber einheitlich zu dem Schluss, dass die sog. „Content-Anbieter", wie z. B. YouTube, Facebook oder Google, Schuld an der Datenflut sind und damit einen Teil ihrer Umsätze an die Netzbetreiber abgeben sollten. Während es den Netzbetreibern möglicherweise nur darum geht, sich an den Milliardenumsätzen der Content-Anbieter beteiligen zu wollen, um ihre eigene Unfähigkeit, den Konsumenten interessante Inhalte und Dienstleistungen anzubieten, ausgleichen zu können, soll an dieser Stelle das zugrundeliegende Problem der zunehmenden Datenflut in der LTE-Welt modelliert werden.

Das über die Zeit zunehmende Datenaufkommen in Mobilfunknetzen kann zwei Ursachen haben. *Erstens*, einige wenige Nutzer generieren durch ihre exzessive Nutzung ein derartiges Datenaufkommen, dass es zu einer Netzüberlastung kommt, die auch alle anderen Nutzer trifft, obwohl sie die gleichen Zugangspreise zahlen (sog. „Trittbrettfahrerproblem"). Oder *zweitens*, das Datenvolumen jedes einzelnen Nutzers erhöht sich, wie in Abb. III.9 dargestellt, (nahezu) gleichmäßig aufgrund der immer aufwendigeren Internetinhalte der Content-Anbieter (z. B. durch hochauflösende Musik und Videos), so dass auch in diesem Fall das Datenvolumen in den Mobilfunknetzen über die Zeit zunimmt[82]. Für erstere Problematik hat sich in der Praxis frühzeitig eine preisabhängige Volumenbegrenzung durchgesetzt. D. h. die Konsumenten können beim Kauf ihres mobilen Internetanschlusses entscheiden, ob sie monatlich wenig zahlen wollen und ihnen damit bspw. nur 200 Mbyte Datenvolumen bei voller Übertragungsgeschwindigkeit zur Verfügung stehen oder viel zahlen wollen und damit bspw. 5 Gbyte zur Verfügung stehen. Wird das Datenvolumen im vorgegebenen Zeitraum (hier: ein Monat) überschritten, wird entweder die Übertragungsgeschwindigkeit reduziert oder der Konsument muss für jedes weitere übertragene Datenpacket extra bezahlen. Folglich kann kein bzw. nur ein sehr schwach ausgeprägtes Trittbrettfahrerprob-

---

[82] An dieser Stelle könnte durchaus noch die (zeitlich) häufigere Nutzung des mobilen Internetzugangs als Grund für das steigende Datenaufkommen genannt werden. Der Nutzer surft bspw. anstatt einer Stunde zwei Stunden im Internet pro Tag. Da diese Art des steigenden Datenaufkommens nach oben hin begrenzt ist (der Tag besitzt nur 24 Stunden), wird dieser Fall als weniger interessant betrachtet und damit nicht weiter untersucht.

lem bestehen. Das wiederum bedeutet, dass der zweite Fall – die aufwendigen Internetinhalten der Content-Anbieter – die Hauptursache für das steigende Datenvolumen sein muss und somit modelltheoretisch untersucht werden soll.

Tab. III.6: Modellparameter für den LTE-Netzüberlastungsfall unter Annahme von Symmetrie

Variable	Symbol	Wert
Reservationspreis	a	23,1 € pro Monat
Steigung	b	$a / (q_{1,Max} + q_{2,Max})$
- Gesamtmarkt	$(q_{1,Max} + q_{2,Max})$	64,3 Mio.
(marginale) Zeitkosten der Konsumenten	$\tau_1 = \tau_2$	0,0036849
(marginale) Kosten pro Sendestation	$c_1 = c_2$	1.500 € pro Monat
Kapazität	$K_1 = K_2$	23.163
Preis	$p_1 = p_2$	5,43 € pro Monat
Nutzerzahl	$q_1 = q_2$	20,1 Mio.
Gewinn	$\pi_1 = \pi_2$	895,0 Mio. € p.a.

Quelle: Experteninterviews, Gerpott 2008, Statistisches Bundesamt 2010a, eigene Berechnungen

Das Modell wird dazu erneut mit den Daten aus Tab. III.2 kalibriert. Der einzige Unterschied gegenüber den ursprünglichen Werten liegt hier in den (marginalen) Zeitkosten der Konsumenten, welche im Rahmen des höheren Datenaufkommens um 25 % höher angenommen werden (siehe Tab. III.6). Erinnert man sich an die Definition dieser Variable zurück, dann spiegelt sie im Allgemeinen den Wert der (Warte-)Zeit für die Konsumenten wider, während das Produkt aus Nutzerzahl q_i und inverser Kapazität R_i der eigentliche Indikator für die Netzauslastung bzw. -verstopfung ist. Da letzteres nur die Verstopfung auf Basis der gesamten Nutzerzahl und nicht des individuellen Datenaufkommens je Nutzer beschreibt, muss sich das hier betrachtete Überlastungsproblem in einer anderen, den Konsumenten näher beschreibenden Variable ausdrücken. Dies kann durch den Parameter τ geschehen, da mit jedem höheren Datenaufkommen auch der individuelle Zeitwert steigen muss, damit die insgesamt höhere Datenmenge bei unveränderter Übertragungstechnologie in der gleichen Zeit übertragen werden kann wie die zuvor geringere Datenmenge[83]. Andernfalls droht die Verlangsamung der Übertragungsgeschwindigkeit, welche die Konsumenten bei einem konstanten Zeitwert willens und ohne zusätzliche Verärgerung in Kauf nehmen würden. Da dieser Fall aufgrund ihrer Präferenz für schnelle Übertragungsgeschwindigkeiten

---

[83] Das Inhalteangebot im Internet hat sich in der Vergangenheit immer reziprok mit den Übertragungsmöglichkeiten entwickelt. D. h. aufgrund der besseren Technologie konnte der Konsument bei gleichen Wartezeiten immer mehr Daten übertragen. Verlangsamt sich allerdings die technologische Entwicklung in Relation zum Anstieg der Datenmenge, dann muss der Zeitwert der Konsumenten steigen, um nicht längeren Wartezeiten, als sonst gewohnt, ausgesetzt zu werden.

bzw. kurze Wartezeiten ausgeschlossen wird (vgl. Deutschland Online 2004 und 2006, FAZ 2010a), muss ihr Zeitwert in Relation zur ansteigenden Datenmenge zunehmen. Wird das Datenflutproblem entsprechend modelliert, ergeben sich die Werte aus Tab. III.6. Während die bereitgestellte Kapazität zunimmt (+2.529 bzw. +12,3 %), nimmt die Nutzerzahl leicht ab (-0,74 Mio. bzw. -3,5 %) und der Marktpreis zu (+0,31 € bzw. +6,0 %). Insgesamt überwiegt der negative Volumeneffekt den positiven Preiseffekt mit der Folge, dass die Gewinne der Netzbetreiber beim Aufkommen von Datenflutproblemen sinken (-16,3 Mio. € p.a. bzw. -1,8 %). Abb. III.10 veranschaulicht diese Entwicklung nochmals grafisch anhand unterschiedlicher Werte des Zeitkostenfaktors.

Abb. III.10: Datenflut im Symmetriefall

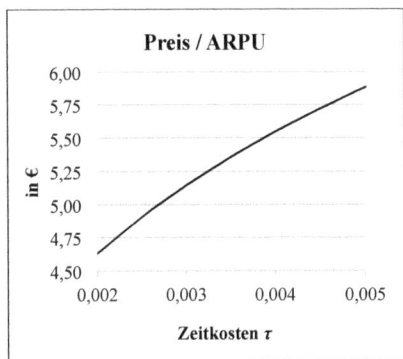
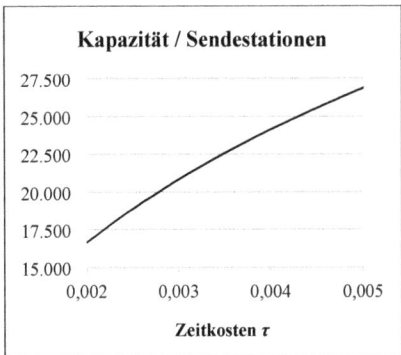
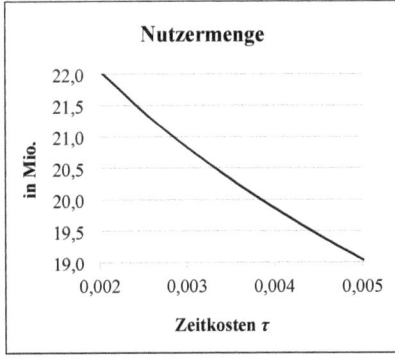
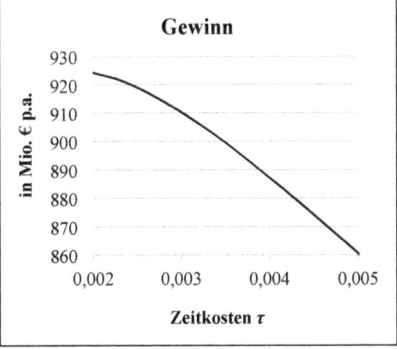

Quelle: Eigene Darstellung

Wie hierbei deutlich wird, führt das Problem der Datenflut im Nash-Gleichgewicht bzw. bei gewinnoptimaler Reaktion der Netzbetreiber trotz Preisanstieg zu rückläufigen Gewinnen. D. h. die Netzbetreiber haben unter Beachtung der wettbewerblichen

Regeln keine Möglichkeit, gegen das Datenflutproblem anzugehen, da andernfalls ihre Gewinne noch stärker einbrechen als im hier dargestellten Gewinnoptimum. Folglich kann eine gewisse Kritik gegenüber den Content-Anbietern als auch die Forderung nach deren Beteiligung an den Netz- bzw. Kapazitätserweiterungskosten gerechtfertigt sein.

Dieser Abschnitt hat gezeigt, dass die Einführung einer effizienteren Übertragungstechnologie im Mobilfunk für die Netzbetreiber nicht nur aus Gründen einer Kostenreduktion und Gewinnsteigerung sinnvoll ist, sondern auch um dauerhafte Gewinnrückgänge, bedingt durch das jährlich zunehmende Datenaufkommen in ihren Netzen, zu vermeiden. Denn wie obige Analyse für den Datenflutfall illustriert, reduzieren sich im Nash-Gleichgewicht trotz Preiserhöhungen (zur Finanzierung des kostenintensiven Cell-Splittings als Alternative zu einem Netzupgrade) die Gewinne der Netzbetreiber, da Kunden im Zuge der Erhöhung abwandern und der Gesamteffekt damit negativ ausfällt. Stehen den Netzbetreibern keine effizienzsteigernden Netzupgrades zur Verfügung, könnte der Gewinnrückgang ebenso durch eine Ausgleichszahlung der Content-Anbieter, welche unter anderem als Verursacher der Datenflut gelten, gebremst werden. Würde diese Zahlung zur Finanzierung des Cell-Splitting genutzt, könnte der Preis konstant gehalten werden und damit zum Vorteil der Content-Anbieter auch die Kundenmenge bzw. ihre Nachfrage nach Internetinhalten. D. h. die Content-Anbieter würden nicht nur die Netzbetreiber im Ausbau der Netzkapazitäten unterstützen, sondern sich zudem ihre eigene Nachfrage schaffen bzw. erhalten. Folglich wäre eine Ausgleichszahlung auch aus ihrer Sicht zu befürworten.

2.2 Der Fall asymmetrischer Mobilfunknetzbetreiber

2.2.1 Deutsche Sondereinflüsse und Ausstattungsasymmetrien

Schaut man sich die in Deutschland aktiven Mobilfunknetzbetreiber und insbesondere ihre für das Angebot von Mobilfunkdienstleistungen zwingend erforderliche Frequenzausstattung an (siehe Tab. III.7), kann festgestellt werden, dass es seit der LTE-Frequenzauktion teilweise erhebliche Unterschiede sowohl in ihrer Ausstattung als auch in den gezahlten (Auktions-)Preisen gibt. Während bspw. Vodafone seither über insgesamt 75 MHz verfügt und dafür rund. 9,9 Mrd. € ausgegeben hat, kommt E-Plus lediglich auf 55 MHz für rund 8,71 Mrd. €.

Wie schon in den vorherigen Abschnitten erkennbar ist, spielt die Kapazitätsausstattung eines Netzbetreibers eine entscheidende Rolle für das Angebot und die Qualität seiner Mobilfunkdienstleistungen. Das bedeutet Unterschiede in der Kapazitätsausstattung zwischen den Netzbetreibern lassen einen Einfluss auf ihre Wettbewerbsfähigkeit und Marktmacht erwarten. Daneben werden auch für die gezahlten Preise trotz ihres „sunk costs"-Charakters Auswirkungen vermutet. So wurde z. B. dem finanziellen Ausgang der deutschen UMTS-Auktion aufgrund der exzessiven Preise markt- bzw. wettbewerbsbeeinflussende Effekte zugesprochen, die möglicherweise auch im hier untersuchten LTE-Fall zum Tragen kommen und somit identifiziert werden müssen.

Tab. III.7: Frequenzausstattung der deutschen Mobilfunknetzbetreiber nach der LTE-Auktion vom April 2010 (ohne GSM-Frequenzen)

Frequenz- bereich & Preis	Frequenzpakete			
	Dt. Telekom	Vodafone	Telefónica/O2	E-Plus
UMTS-Auktion (August 2000)				
2 GHz	2 x 10 MHz & 1 x 5 MHz	2 x 10 MHz & 1 x 5 MHz	2 x 10 MHz	2 x 10 MHz & 1 x 5 MHz
Preis	8,54 Mrd. €	8,48 Mrd. €	8,44 Mrd. €	8,43 Mrd. €
LTE-Auktion (April 2010)				
800 MHz	2 x 10 MHz	2 x 10 MHz	2 x 10 MHz	-
1,8 - 2 GHz	2 x 15 MHz	2 x 4,95 MHz	2 x 4,95 MHz & 1 x 19,2 MHz	2 x 10 MHz & 2 x 9,9 MHz
2,6 GHz	2 x 20 MHz & 1 x 5 MHz	2 x 20 MHz & 1 x 25 MHz	2 x 20 MHz & 1 x 10 MHz	2 x 10 MHz & 1 x 10 MHz
Preis	1,3 Mrd. €	1,42 Mrd. €	1,38 Mrd. €	0,28 Mrd. €
Gesamtausstattung nach beiden Auktionen[84]				
0,8 - 2,6 GHz	65 MHz	75 MHz	74 MHz	55 MHz

Quelle: Eigene Darstellung

Vergleicht man zunächst den Ausgang der UMTS- mit der LTE-Auktion (Tab. III.7), werden zwei Dinge deutlich: Erstens lagen die in der LTE-Auktion gezahlten Frequenzausgaben weit hinter denen aus der UMTS-Auktion zurück. Es wurden lediglich 4,4 Mrd. € anstatt 34 Mrd. € gezahlt (bezogen auf die vier im Markt verbliebenen UMTS-Anbieter). Das entsprach im LTE-Fall gerade mal einem Fünftel der damaligen Branchenumsätze, während es im UMTS-Fall mehr als das Doppelte waren[85]. Zweitens verteilten sich die ersteigerten Frequenzblöcke und gezahlten Preise im LTE-

---

[84] Gepaarte Frequenzen, wie z. B. 2 x 10 MHz, werden nur einmal gezählt, so dass lediglich 10 MHz anstatt 20 MHz in die Gesamtsumme einfließen.

[85] Die Branchenumsätze beziehen sich auf das Jahr der jeweiligen Frequenzauktion und nur auf die vier Mobilfunknetzbetreiber. Die Umsätze der Service Provider werden nicht berücksichtigt.

Auktionsfall ungleich asymmetrischer auf die Auktionsgewinner als zehn Jahre zuvor, wo sich Preise und erworbene Frequenzmengen kaum unterschieden. Während Vodafone mit 12 Blöcken[86], Telefónica/O2 mit 11 Blöcken und die Deutsche Telekom mit 10 Blöcken sowohl in der Frequenzausstattung als auch in der Preislage relativ dicht beieinander lagen, ersteigerte E-Plus nur 8 Blöcke (darunter keine 800 MHz-Frequenzen) für indessen eine Milliarde € weniger oder ca. 80 % Preisunterschied gegenüber seinen Wettbewerbern.

Diese Arbeit unterstellt, dass die Frequenzausgaben, wenn sie einmal erworben und bezahlt sind, sunk costs[87] darstellen. D. h. sie gelten als versunken bzw. sind für die weiteren Unternehmensentscheidungen nicht mehr relevant. In diesem Fall belasten sie allein die Unternehmenseigner über Gewinneinbußen, nicht aber den Netzausbau über potentiell fehlende Investitionsgelder oder die Konsumenten über mögliche Preissteigerungen. In einigen Arbeiten zu diesem Thema wird dennoch vermutet, dass sie ab einer bestimmten (exzessiven) Höhe, wie im UMTS-Fall, über den Verschuldungsgrad der Unternehmen Einfluss auf den Netzausbau und die Marktpreise nehmen (vgl. Gruber 2002, S. 59-63 und Bauer 2003, S. 424). So z. B. mussten die Deutsche Telekom, Telefónica/O2 und E-Plus (zusammen mit der niederländischen Konzernmutter KPN) milliardenschwere Anleihen begeben, um die UMTS-Lizenzausgaben finanzieren zu können, da derartig hohe Summen nicht aus dem Cash-Flow bedient werden konnten (vgl. DIW Berlin 2000, Handelsblatt 2000 und heise online 2000). Aufgrund dieser finanziellen Belastung standen den Netzbetreibern entsprechend weniger Mittel für den Auf- und Ausbau ihrer Mobilfunknetze zur Verfügung. Während die Literatur uneins darüber ist, ob und wie sich diese Belastung tatsächlich auf das Wettbewerbsverhalten auswirkt, wird für den LTE-Fall mit den vergleichsweise geringen Ausgaben gegenüber UMTS – durchschnittlich 87 % weniger – und der „mühelosen" Finanzierung durch die Netzbetreiber unterstellt (vgl. FAZ 2010b), dass sowohl ihre Existenz als auch ihre Höhe und Asymmetrie keinen oder nur gering verzerrenden Einfluss auf die zukünftigen Unternehmensentscheidungen und Marktentwicklungen ausüben. Ent-

---

[86] Die Blöcke setzen sich wie am Beispiel von Vodafone folgendermaßen zusammen: 2 Blöcke mit jeweils 2 x 5 MHz im 800-MHz-Bereich, 1 Block mit 2 x 4,95 MHz im 1,8 - 2 GHz-Bereich, 4 Blöcke mit jeweils 2 x 5 MHz im 2,6-GHz-Bereich und 5 Blöcke mit jeweils 1 x 5 MHz ebenso im 2,6-GHz-Bereich. Die Blöcke der anderen Netzbetreiber ergeben sich äquivalent.

[87] „Sunk costs" sind Kosten, die dadurch entstehen, dass sie sich beim Marktaustritt nicht mehr amortisieren lassen. Je höher sie ausfallen, desto eher wird sich ein Unternehmen überlegen müssen, ob es neu in einen Markt einsteigen soll und sich die Möglichkeit ergibt, die Kosten wieder einzuspielen oder nicht.

sprechend werden weder die Frequenzausgaben in der Modellierung noch potentiell verzerrende Folgen auf die Ergebnisse des Modells berücksichtigt.

Während die Frequenzausgaben aufgrund ihres „sunk cost"-Charakters als irrelevant für die späteren Unternehmensentscheidungen angenommen werden können, ist der Einfluss der Frequenzausstattung weitaus weniger trivial zu bestimmen. Ohne dabei zu tief in die technischen Einzelheiten einsteigen zu wollen, muss sowohl zwischen den sog. *gepaarten und ungepaarten Frequenzen,* der *Frequenzmenge* als auch dem *Frequenzbereich* unterschieden werden.

Unter *gepaarten und ungepaarten Frequenzen* sind solche Frequenzblöcke zu verstehen, die entweder in einer Paarung auftreten, wie z. B. 2 x 10 MHz, oder einzeln – also ungepaart – auftreten, wie z. B. 1 x 5 MHz oder 1 x 25 MHz. Die gepaarten Frequenzblöcke erlauben das simultane Senden und Empfangen von Daten, da jeweils ein separater Kanal bzw. Frequenzbereich (in diesem Beispiel von 10 MHz für das Senden und 10 MHz für das Empfangen) dafür reserviert wird (sog. „Frequency Division Duplex", kurz: FDD). Die ungepaarten Frequenzen hingegen erlauben entweder nur das Senden oder nur das Empfangen von Daten aber nicht beides simultan, da lediglich ein Kanal bzw. Frequenzbereich verfügbar ist, also nur einmal 10 MHz. Über eine spezielle Übertragungstechnik (sog. „Time Division Duplex", kurz: TDD) können die Sende- und Empfangszeiten jedoch auf einen Bruchteil einer Sekunde reduziert und damit ein zweiter Kanal simuliert werden, ohne dass der Nutzer einen Unterschied zur FDD-Technik feststellen kann. D. h. sowohl die gepaarten als auch ungepaarten Frequenzblöcke erlauben die reibungslose Sprach- und Datenübermittlung im öffentlichen Mobilfunk. Unterschiede in ihrer Nutzung ergeben sich „nur" durch die eingesetzte Übertragungstechnik (FDD vs. TDD), die aufgrund der voneinander abweichenden technologischen Anforderungen bei gepaarten und ungepaarten Frequenzen jeweils andere marktrelevante Eigenschaften aufweisen, obwohl sie beide zur LTE-Familie gehören. Während bspw. TDD aufgrund der höheren Übertragungskomplexität höhere Betriebskosten aufweist, benötigt FDD durch das doppelte Frequenzspektrum zusätzliche Hardware und treibt damit die Investitionskosten in die Höhe. Weiterhin nutzt TDD das vorhandene Spektrum wesentlich effizienter, da es eine bedarfsgerechtere und dynamischere Anpassung an die nachgefragten Übertragungskapazitäten erlaubt. So können insbesondere asymmetrisch anfallende Datenströme, wie beim Internetverkehr eines durchschnittlichen Nutzers üblich, optimal bedient werden.

Historisch bedingt wurden bisher nur FDD-Systeme im deutschen Markt eingesetzt, so dass die ungepaarten Frequenzen im Rahmen der UMTS-Auktion für den öffentlichen Mobilfunk bis heute ungenutzt blieben. Gleiches könnte auch für die ungepaarten Frequenzen aus der LTE-Auktion vermutet werden. Da die Netzbetreiber aber bereit waren Millionenbeträge für sie auszugeben, muss ein ökonomischer Nutzen vermutet werden. Vor dem Hintergrund der zunehmenden Datenmengen in den deutschen Mobilfunknetzen und der erstmaligen Marktreife von LTE-TDD-Systemen bzw. der Möglichkeit sowohl FDD als auch TDD im Rahmen von LTE verwenden zu können, wird ein zukünftiger Einsatz beider Systeme im deutschen Markt – und damit auch ein ökonomischer Gegenwert für die Netzbetreiber – erwartet (vgl. VDI Nachrichten 2010, E-Plus 2011)[88]. Obwohl die Vor- und Nachteile von LTE-TDD bekannt sind, kann die Frage nach dem kumulierten ökonomischen Einfluss gepaarter und ungepaarter Frequenzen auf den deutschen Mobilfunkmarkt zu diesem Zeitpunkt nicht geklärt werden. Erst der zukünftige Einsatz von LTE-TDD wird zeigen, welche ökonomischen Konsequenzen daraus für die Mobilfunknetzbetreiber und damit für den deutschen Mobilfunkmarkt entstehen. Insofern wird bei dieser Arbeit von einer neutralen Wirkung gepaarter und ungepaarter Frequenzen ausgegangen mit der Folge, dass ihre Unterschiede im Rahmen der Modellergebnisse als nicht weiter relevant angesehen werden.

Für die *Frequenzmenge* gilt vereinfacht: Je mehr Frequenzen einem Netzbetreiber zur Verfügung stehen, desto mehr Daten oder Kundengespräche kann dieser gleichzeitig über eine einzelne Sendestation übertragen bzw. abwickeln. D. h. ein eventuelles Überlastungsproblem seiner „Leitungen" (Frequenzkanäle) tritt später ein als bei einem Konkurrenten, der auf weniger Frequenzen zurückgreifen muss. Betrachtet man dazu Abb. III.11, wird deutlich, welche ökonomischen Auswirkungen dieser Zusammenhang auf die Kosten der Mobilfunknetzbetreiber hat.

Ist zunächst die Anzahl der Kunden q eines Mobilfunknetzbetreibers gering mit $q = q_0$, ist sein Netz nur geringfügig ausgelastet und die Durchschnittskosten DK_1 belaufen sich auf einen vergleichsweise hohen Wert. Steigt im Folgenden die Kundenanzahl mit $q_0 < q < q_1$, fallen parallel dazu die Durchschnittskosten DK_1, da sich die Kosten des Netzes auf eine größere Anzahl von Kunden verteilen. Gleichzeitig nimmt die Datenmenge zu, die über das Netz übertragen wird. Verfügt der Netzbetreiber in diesem Szenario über eine feste Frequenzmenge (= fixe Kapazität), wird er bei steigendem

---

[88] So plant bspw. die Volksrepublik China ihre Mobilfunknetze allein mit der TDD-Technik zu betreiben. Damit würde sich ein Milliardenmarkt für diese Technik eröffnen und durch die Konkurrenzsituation zur FDD-Technologie die weltweiten Preise und Kosten für die damit in Verbindung stehenden Gerätschaften senken.

Kundenwachstum früher oder später an seine Kapazitätsgrenzen stoßen und es kommt zum (Daten-)Stau. Möchte er diesen verhindern, hat er die Möglichkeit zusätzliche Sendestationen zu errichten, so dass sich weniger Kunden eine Sendestation und die damit verbundene feste Frequenzmenge teilen müssen (→ Cell-Splitting). Entscheidet er sich für das Cell-Splitting, steigen seine Durchschnittskosten DK_1 wieder an, da zusätzliche Sendestationen höhere Investitions- und Betriebskosten bedingen, welche die vorherige Kostendegression bei weitem überkompensieren (vgl. Kruse 1997, S. 13).

Kann er jedoch seine Frequenzmenge ausweiten, bleibt das Cell-Splitting länger unnötig, so dass seine Durchschnittskosten, jetzt DK_2, weiter fallen und erst zu einem späteren Zeitpunkt (via Cell-Splitting) wieder ansteigen.

Abb. III.11: Der Einfluss unterschiedlicher Frequenzmengen auf die Durchschnittskosten der Mobilfunknetzbetreiber

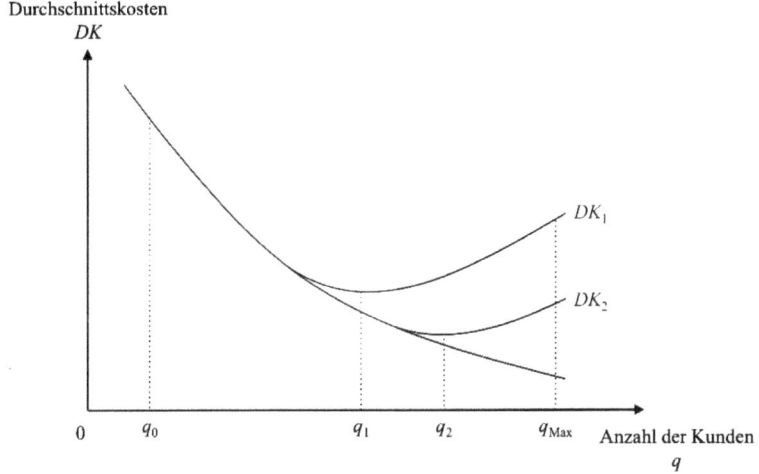

Quelle: Kruse (1997, S. 12)

Möchte also ein Netzbetreiber seine Durchschnittskosten auf ein Minimum reduzieren, muss er die für ihn optimale Kundenanzahl versorgen, welche im Falle einer geringeren Frequenzmenge kleiner ausfällt als im Falle einer größeren Frequenzmenge. D. h. solche Netzbetreiber, die auf eine größere Frequenzmenge zurückgreifen können, haben sowohl einen Kostenvorteil als auch einen höheren Optimalwert bei der (umsatzbringenden) Kundenbasis. Vergleicht man vor diesem Hintergrund die Ausstattungen der deutschen Mobilfunknetzbetreiber (Tab. III.7, letzte Zeile), wird deutlich, das sowohl die Deutsche Telekom als auch E-Plus hinter Vodafone und Telefónica/O2, die eine nahezu identische Frequenzmenge aufweisen, mit 10 MHz bzw. 20 MHz zurückliegen. Um an dieser Stelle aber einer vorschnellen Wertung zu entgehen, muss zunächst noch auf die unterschiedlichen Frequenzbereiche eingegangen werden.

Für den *Frequenzbereich* gilt aufgrund der physikalischen Gesetze, je kleiner der Megahertzwert (MHz), desto größer ist die geographische Fläche, die mit einer Sendestation in Verbindung mit dieser speziellen Frequenz mit Mobilfunkanschlüssen versorgt werden kann (siehe Abb. III.12).

Abb. III.12: Die geografische Abdeckung unterschiedlicher Frequenzbereiche

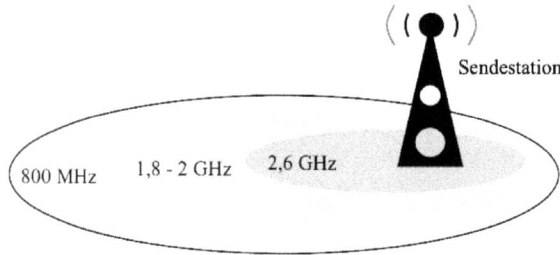

Quelle: LTEmobile 2010

Für einen Netzbetreiber bedeutet das, je weniger zahlende Kunden sich um eine Sendestation verteilen, desto unrentabler wird der Betrieb dieser einen Station. Daher sollte er für die Funkabdeckung in dünn besiedelten bzw. ländlichen Regionen niedrige Frequenzbereiche wählen, um möglichst viele zahlende Kunden mit einer Sendestation erreichen und damit die Rentabilität dieser gewährleisten zu können. Stehen einem Netzbetreiber jedoch nur hohe Frequenzbereiche zur Verfügung, muss er zur Erreichung einer äquivalenten Netzabdeckung mit einer Kundenmenge q^* vergleichsweise mehr Sendestationen errichten und damit höhere Investitions- und Betriebskosten in Kauf nehmen (siehe Abb. III.13).

Mit Blick auf Tab. III.7 wird deutlich, dass die deutschen Mobilfunknetzbetreiber zum Teil erhebliche Unterschiede in der Ausstattung in den jeweiligen Frequenzbereichen aufweisen. Beginnend mit E-Plus, besitzt das Unternehmen keine Frequenzen im niedrigen Frequenzbereich (800 MHz), während die drei Wettbewerber über jeweils 10 MHz in diesem Bereich verfügen. Folglich kann das Unternehmen kein eigenes LTE-Netz in dünn besiedelten Regionen betreiben, ohne dabei erhebliche Mehrkosten gegenüber seinen Wettbewerbern in Kauf zu nehmen. Zieht man die Deutsche Telekom aufgrund ihrer Stellung als Ex-Monopolist des deutschen Telekommunikationsmarktes als Referenzfall heran, dann fällt auf, dass die fehlenden 800-MHz-Frequenzen die gesamte (Ausstattungs-)Differenz zur Telekom, welche insgesamt über 65 MHz verfügt, ausmachen. So gesehen ist E-Plus gegenüber der Telekom „nur" im Ausbau ländlicher Regionen benachteiligt, nicht aber in städtischen Regionen und nicht, wie zuvor vermutet, in der Frequenzmenge bzw. Kapazitätsausstattung. D. h. E-Plus ist in den Ballungsgebieten (ca. 80 % der Bevölkerung), in denen aufgrund des vordergründigen Kapazitätsversorgungsziels – gegenüber dem Flächenversorgungsziel in ländlichen Regionen – beim Netzaufbau höhere Frequenzbereiche zum Einsatz kommen, sowohl in der Netzabdeckung als auch in der Kapazitätsausstattung nicht schlechter gestellt als die Telekom (vgl. Bundesnetzagentur 2008b, S. 10 und Vodafone 2008, S. 1 ff.)[89].

Abb. III.13: Der Einfluss unterschiedlicher Frequenzbereiche auf die Durchschnittskosten der Mobilfunknetzbetreiber

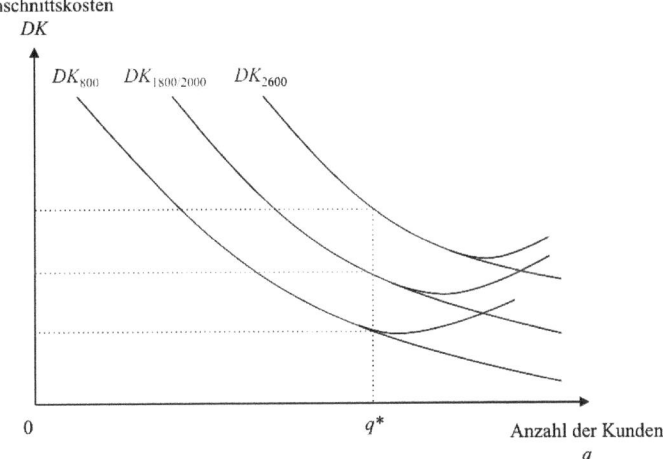

Quelle: Kruse (1997, S. 13)

Sollte für die Mobilfunknutzer die landesweite Netzabdeckung mit schnellen mobilen Internetanschlüssen ein Hauptkriterium bei der Auswahl eines Netzbetreiber sein, wird E-Plus nicht um eine Preissenkung, einen teureren Netzausbau auf Basis von 1,8 - 2

---

[89] Im mittleren und hohen Frequenzbereich (1,8 - 2 GHz und 2,6 GHz) zeigen sich gegenüber der Telekom zwar leichte Differenzen um jeweils 5 MHz, diese werden jedoch als zu vernachlässigen angesehen, da E-Plus über die deutlich geringere Nutzermenge verfügt und damit weniger stark auf den hohen Frequenzbereich in Ballungsgebieten angewiesen ist als die Telekom.

GHz-Frequenzen oder eine Kooperation mit einem der Wettbewerber herumkommen[90]. An dieser Stelle kommen dem Betreiber aber die ca. eine Mrd. € eingesparten Lizenzkosten zu Gute, so dass eine gewisse monetäre Kompensation für die fehlenden 800-MHz-Frequenzen besteht. Ob dieser Betrag den Wettbewerbsnachteil vollständig ausgleichen kann oder nicht, soll hier nicht weiter untersucht werden, da im folgenden Abschnitt der Fall asymmetrischer Investitions- und Betriebskosten modelliert wird und damit eine mögliche Antwort geliefert wird.

Unabhängig davon welche Strategie E-Plus zur Lösung seines potentiellen Wettbewerbsnachteils verfolgt, gilt technisch gesehen, dass ca. 80 % der Bevölkerung und damit ca. 80 % der potentiellen Kunden von E-Plus mit der gleichen Mobilfunktechnologie sowie einer ähnlichen Netzstruktur und Kapazität versorgt werden kann wie von der Deutschen Telekom. Im Umkehrschluss bedeutet das, dass E-Plus bei einem Marktanteil von 18 % nur 3,6 % der gesamten Bevölkerung nicht zu gleichen Kosten wie die Telekom mit mobilen Internetanschlüssen versorgen kann[91]. Somit wird die Auswirkung der fehlenden 800-MHz-Frequenzen von E-Plus zumindest auf die zukünftige Entwicklung der Gesamtzahl mobiler Internetanschlüsse, Kapazitäten, Preise und Branchengewinne in Deutschland als geringfügig eingestuft. Entsprechend wird für die späteren Modellergebnisse, bezogen auf den Gesamtmarkt, vermutet, dass ihre Grundtendenzen nicht oder nur unwesentlich vom tatsächlichen Verlauf abweichen.

Der Netzbetreiber Vodafone, Hauptkonkurrent der Deutschen Telekom, verfügt nach der LTE-Auktion über eine Gesamtausstattung von 75 MHz und damit über 10 MHz mehr als die Deutsche Telekom. Mit Blick auf die Ausstattung in den jeweiligen Frequenzbereichen wird deutlich, dass Vodafone einen deutlichen Überhang im hohen Frequenzbereich (2,6 GHz) aufweist, hingegen aber weniger Frequenzen im mittleren Frequenzbereich (1,8 - 2 GHz). Somit hat Vodafone zwar einen Vorteil in der engmaschigen Kapazitätsversorgung, jedoch einen potentiellen Nachteil im Übergang vom niedrigen zum hohen Frequenzbereich. Wie schon im E-Plus-Fall lässt sich an dieser Stelle nur schwer quantifizieren, ob und wie sich diese Effekte ausgleichen, da zudem die – bisher ungenutzten – ungepaarten Frequenzen berücksichtigt werden. Es wird jedoch vermutet, dass ein gewisser Ausgleich stattfindet, so dass letztlich die verzer-

---

[90] Alternativ wäre auch eine Veränderung bzw. Ausweitung der Konsumentenzielgruppe denkbar. So könnte E-Plus mit der LTE-Technologie deutlich stärker in den Markt für Festnetzinternetanschlüsse vordringen und zunehmend um Kunden aus diesem Bereich werben, eine Strategie, welche die drei anderen Netzbetreiber aufgrund ihres DSL-Festnetzgeschäfts und der damit verbundenen Gefahr von Kannibalisierungseffekten als weniger attraktiv empfinden sollten (mehr dazu in Kapitel IV).

[91] Der Marktanteil bezieht sich auf die Kundenzahlen von E-Plus im Jahr 2009/10.

renden Effekte der Ausstattungsdifferenz von Vodafone gegenüber der Telekom für den Gesamtmarkt eher gering ausfallen. Auch hier gilt, dass in der nachfolgenden Modellierung der asymmetrische Fall (→ ungleiche Frequenzausstattung = ungleiche Investitions- und Betriebskosten) betrachtet wird und somit keine Festlegung auf einen der Fälle erfolgen muss.

Telefónica/O2, als kleinster deutscher Mobilfunknetzbetreiber und mit einer Gesamtausstattung von 74 MHz, liegt nach der LTE-Auktion, ebenso wie Vodafone, in der Frequenzmenge vor der Deutschen Telekom. Im Vergleich zu Vodafone hat das Unternehmen jedoch eine recht ausgewogene Verteilung zwischen den unterschiedlichen Frequenzbereichen, so dass hier keine oder kaum asymmetrisch bedingte Vor- oder Nachteile zu erwarten sind. Insofern könnte angenommen werden, dass Telefónica/O2 die geringsten Investitions- und Betriebskosten für sein Netz und damit die besten Wettbewerbsvoraussetzungen zum landesweiten Angebot mobiler Internetzugänge auf Basis von LTE besitzt. Erinnert man sich an dieser Stelle an Kapitel II, Abschnitt 2.1 zurück, wird deutlich, dass das Unternehmen neben dem hier erwähnten kostensenkenden Ausstattungsvorteil mit einem historisch bedingten Late-Mover-Nachteil zu kämpfen hat, der gleichzeitig zu höheren Kosten bei der Kundengewinnung führt. Folglich findet ein „gewisser" Ausgleich statt. Wie in den vorhergehenden Fällen ist eine exakte Quantifizierung dieses Sachverhalts auch hier kaum möglich, so dass wiederum auf den nachfolgenden asymmetrischen Modellfall verwiesen wird, der eine mögliche Unausgewogenheit der Wettbewerbsbedingungen von Telefónica/O2 gegenüber seinen Konkurrenten widerspiegelt.

Dieser Abschnitt belegt, dass die LTE-Frequenzauktion in ihrem (Verteilungs-)Ausgang durchaus einen langfristigen Einfluss auf den deutschen Mobilfunkmarkt haben könnte. Zwar waren die hier gezahlten Lizenzausgaben um ein Vielfaches geringer als bei der UMTS-Auktion, so dass sie an dieser Stelle als irrelevant angesehen werden, jedoch bringt die asymmetrische Frequenzverteilung Verzerrungen mit sich, die es zuvor im UMTS-Fall nicht gegeben hat. Folglich muss neben dem oben dargestellten symmetrischen Fall mit gleicher Frequenzausstattung und Kosten für alle Mobilfunknetzbetreiber ebenso der asymmetrische Fall mit einer ungleichen Frequenzausstattung und damit unterschiedlichen Kosten zwischen den Netzbetreibern modelliert werden.

2.2.2 Implikationen für die Wettbewerbsfähigkeit der Netzbetreiber

Wurde bisher von symmetrischen Bedingungen für beide Netzbetreiber ausgegangen, soll nun untersucht werden, wie sich die Netzbetreiber und Marktparameter unter der

Annahme von Asymmetrie verhalten. Hierzu wird der symmetrische LTE-Fall aus vorherigem Abschnitt 2.2.1, Tab. III.2 herangezogen jedoch für Netzbetreiber 2 angenommen, dass seine Zeitkosten τ_2 als auch Kapazitätskosten c_2 jeweils um 5 % höher ausfallen als bei Netzbetreiber 1 (siehe Tab. III.8).

Tab. III.8: **Modellparameter für den LTE-Fall im deutschen Mobilfunkmarkt unter Annahme von Asymmetrie**

Variable	Symbol	Wert
Reservationspreis[a]	a	23,1 € pro Monat
Steigung	b	$a / (q_{1,Max} + q_{2,Max})$
- Gesamtmarkt[b]	$(q_{1,Max} + q_{2,Max})$	64,3 Mio.
(marginale) Zeitkosten der Konsumenten[c]		
- Netzbetreiber 1	τ_1	0,0029479
- Netzbetreiber 2	τ_2	0,0030953
(marginale) Kosten pro Sendestation[d]		
- Netzbetreiber 1	c_1	1.500 € pro Monat
- Netzbetreiber 2	c_2	1.575 € pro Monat
Kapazität	$K_1 + K_2$	**41.361**
- Netzbetreiber 1	K_1	21.950
- Netzbetreiber 2	K_2	19.411
Preis / ARPU		
- Netzbetreiber 1	p_1	5,31 € pro Monat
- Netzbetreiber 2	p_2	5,08 € pro Monat
Nutzerzahl	$q_1 + q_2$	**41,4 Mio.**
- Netzbetreiber 1	q_1	21,7 Mio.
- Netzbetreiber 2	q_2	19,7 Mio.
Gewinn	$\pi_1 + \pi_2$	**1.822,6 Mio. € p.a.**
- Netzbetreiber 1	π_1	987,2 Mio. € p.a.
- Netzbetreiber 2	π_2	835,3 Mio. € p.a.

a, b) Siehe Erläuterungen aus Abschnitt 2.1.2, Tab. III.2.
c) Hierbei wird für die Konsumenten von Netzbetreiber 2 hypothetisch von einer Zeitkostendifferenz von 5 % gegenüber den Zeitkosten der Konsumenten von Netzbetreiber 1 ausgegangen, um einen möglichen Frequenzausstattungsüberhang von Netzbetreiber 1 zu berücksichtigen.
d) Hierbei wird für Netzbetreiber 2 hypothetisch von einer Kostendifferenz von 5 % gegenüber den Kapazitätskosten von Netzbetreiber 1 ausgegangen, um einen möglichen Kostennachteil im Netzausbau sowie Betrieb für Netzbetreiber 2 zu berücksichtigen.

Quelle: Experteninterviews, Gerpott 2008, Statistisches Bundesamt 2010a, eigene Berechnungen

Während die höheren Zeitkosten einen möglichen Frequenzausstattungsnachteil widerspiegeln, stellen die höheren Kapazitätskosten einen direkten finanziellen Nachteil bei der Errichtung der Sendestationen dar. So zum Beispiel kann ein „Late-Comer" also ein zeitlich nach der Konkurrenz in den Mobilfunkmarkt eintretender Netzbetreiber gezwungen sein auf teurere Standorte für seine Sendestationen auszuweichen, da

III.2. Empirische Analyse der LTE-Einführung in Deutschland 97

die günstig erreichbaren Standorte bereits an die Konkurrenz vergeben sind. Möglicherweise ist ein kleiner Netzbetreiber auch auf die Backbonekapazitäten eines größeren Netzbetreibers angewiesen, da er selbst über kein ausreichend großes bzw. weitreichendes Backbonenetz verfügt. Hierbei wird ebenso unterstellt, dass die Anmietung entsprechender Kapazitäten teurer ausfällt als im Falle eines eigenen Backbonenetzes.

Abb. III.14: Nash-Gleichgewichtskapazitäten im Basisfall unter Annahme von Asymmetrie

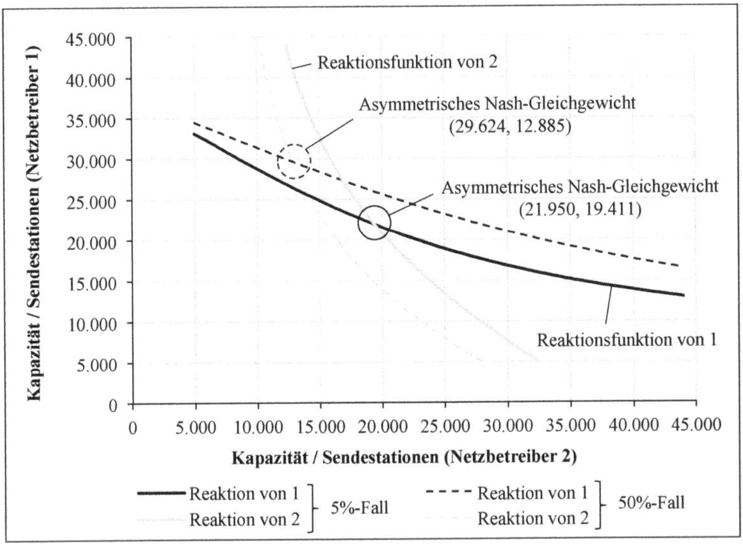

Quelle: Eigene Darstellung

Wird der Asymmetriefall schließlich modelliert, ergeben sich die Outputparameter aus obiger Tab. III.8. Die grafische Darstellung dazu liefert Abb. III.14. Hierbei wird deutlich, dass die optimalen Kapazitäten der jeweiligen Netzbetreiber im Nash-Gleichgewicht auseinanderklaffen (um 13,1 %) und damit ebenso der Marktpreis bzw. ARPU (4,6 %), die Nutzermenge (9,9 %) und die Unternehmensgewinne (18,2 %). D. h. bereits geringe Unterschiede in der Frequenzausstattung und den Kapazitätskosten können zu erheblichen Differenzen bei den Unternehmensgewinnen führen. Bei Ausweitung der Zeit- und Kapazitätskostendifferenz zwischen den Netzbetreibern von 5 % auf 50 % verschiebt sich das asymmetrische Nash-Gleichgewicht in Abb. III.14 weiter nach links oben (Schnittpunkt zwischen der schwarz und grau gestrichelten Kurve). Für Netzbetreiber 2 wäre es nun optimal 12.885 Sendestationen zu installieren. Zur Erinnerung: Im UMTS-Fall wurde unterstellt, dass rund 13.000 Sendestationen zur 80

%igen Bevölkerungsabdeckung notwendig sind (siehe Abschnitt 2.1.1, Tab. III.1, Anmerkung e).

Da im LTE-Fall die Netzbetreiber (mit Ausnahme von E-Plus) auf die für eine Flächenversorgung vorteilhaften 800-MHz-Frequenzen zurückgreifen können, wäre eine 80 %ige Bevölkerungsabdeckung auch mit deutlich weniger als 13.000 Sendestationen möglich und damit durchaus realistisch[92] sowie aus gesamtwirtschaftlicher Effizienzsicht unproblematisch. Einzig E-Plus müsste möglicherweise mehr Sendestationen errichten als Nash-optimal wäre, um die für einen ausgeglichenen Wettbewerb erforderliche Mindestnetzabdeckung zu erreichen. Dies wäre aus wettbewerblicher Sicht durchaus positiv zu bewerten, da das Unternehmen die geringste Frequenzausstattung unter den deutschen Mobilfunknetzbetreibern aufweist und infolgedessen den (Kapazitäts-)Nachteil durch das erzwungene Cell-Splitting wieder verringern würde.

Der Kostennachteil durch die höhere Anzahl an Sendestationen würde dennoch bestehen bleiben und sich beim Ausbau der ländlichen Regionen sogar noch verstärken, da die Kapazitätsanforderungen auf dem Land geringer ausfallen als in der Stadt und infolgedessen eine (ineffiziente) Unterauslastung des Netzes in den ländlichen Regionen hingenommen werden müsste. Eine gewisse Kompensation hierfür würde zwar durch die eingesparte eine Mrd. € aus der LTE-Frequenzauktion erreicht, ob diese Ersparnis aber einen äquivalenten und dauerhaften Ausgleich erreichen könnte, ist höchst fraglich. Folgt man den Berechnungen von Gerpott (2008), sind rund eine halbe Mrd. € zusätzlich pro Jahr notwendig, um ein in Deutschland flächendeckendes Mobilfunknetz auf Basis von 1.800-MHz-Frequenzen gegenüber einem auf 800/900-MHz-Frequenzen basierendem Netz zu betreiben. D. h. nach zwei bis drei Jahren Netzbetrieb wäre die eine Mrd. € aufgebraucht und jegliche Kompensation passé. Die Folge wäre ein gravierender Kosten- und damit Wettbewerbsnachteil ab dem dritten oder vierten Jahr des LTE-Netzbetriebs.

Darüber hinaus macht Abb. III.14 deutlich, dass auch die Netzbetreiber, die über 800-MHz-Frequenzen verfügen aber einen Kosten- und/oder Ausstattungsnachteil bei der Gesamtmenge der Frequenzen aufweisen, in der LTE-Welt durch diesen Nachteil gezwungen sind im Nash-Gleichgewicht eine geringere Kapazität als ihre Wettbewerber anzubieten. Damit können im Vergleich zu den Wettbewerbern entweder weniger Kunden versorgt oder eine geringere Netzqualität angeboten werden. Würden an die-

---

[92] Nach Gerpott (2008, S. 68) liegt die Quote bzw. die Anzahl der benötigten Sendestationen bei einem auf 800/900-MHz-Frequenzen und einem auf 1.800/2.000-MHz-Frequenzen aufgebauten Mobilfunknetz bei 1,0 : 2,4. D. h. es werden rund 5.500 Sendestationen benötigt.

III.2. Empirische Analyse der LTE-Einführung in Deutschland

ser Stelle regulatorisch vorgeschriebene Mindestnetzabdeckungsquoten gelten, hätten diese keinen (relevanten) Einfluss auf den Wettbewerb, da sie ein asymmetrisches Gleichgewicht entweder nicht verhindern oder bei Durchsetzung eines symmetrischen (Netzabdeckungs-)Gleichgewichts den Kostennachteil durch den Ausbau der unrentablen Regionen noch verstärken würden.

Abb. III.15: Der Asymmetriefall: „Frequenzausstattungsunterschiede"

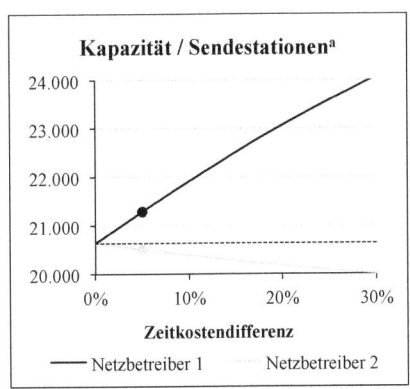
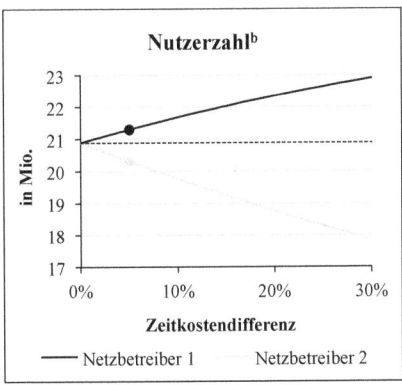
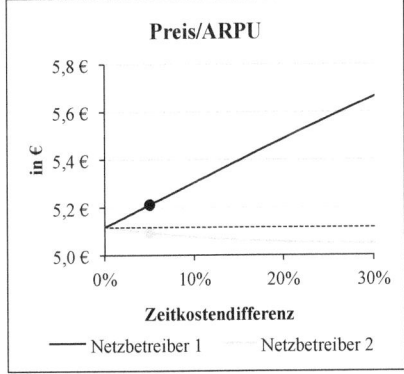
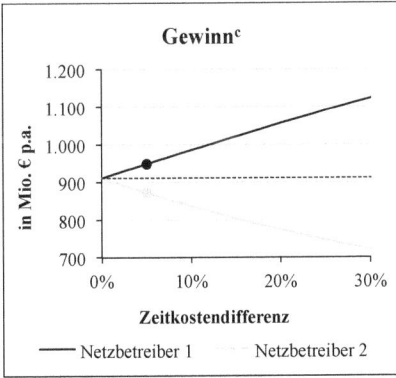

a) Die Gesamtkapazität beider Netzbetreiber beläuft sich im 5 %-Fall auf 41.802 Sendestationen.
b) Die gesamte versorgte Nutzermenge beider Netzbetreiber beläuft sich im 5 %-Fall auf 41,6 Mio. Nutzer.
c) Die Gewinne beider Netzbetreiber summieren sich im 5 %-Fall auf 1,82 Mrd. € pro Jahr.

Quelle: Eigene Darstellung

Wird im Weiteren das bisher kumuliert dargestellte Asymmetrieausmaß nach der jeweiligen Ursache einzeln abgebildet, ergeben sich Abb. III.15 bzw. III.16 für den Effekt auseinanderfallender Zeit- bzw. Kapazitätskosten. Netzbetreiber 2 weist dabei immer den nachteiligen Kostenfaktor auf. D. h. während Netzbetreiber 1 bspw. Kapazitätskosten von 1.500 € besitzt, liegen sie bei Netzbetreiber 2 im Fall einer 5 %igen Kapazitätskostenabweichung bei 1.575 € (siehe schwarzen und grauen Punkt auf den Nash-Gleichgewichtsgeraden für den 5 %-Fall).

Abb. III.16: Der Asymmetriefall: „Kapazitätskostendifferenz"

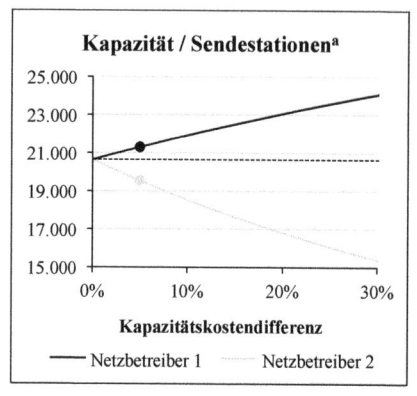
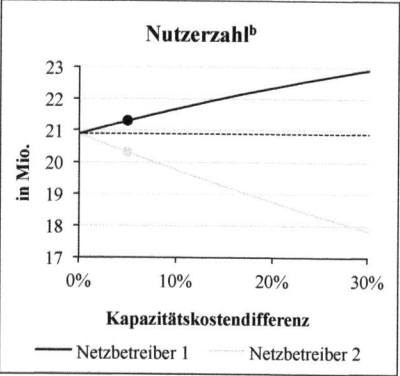
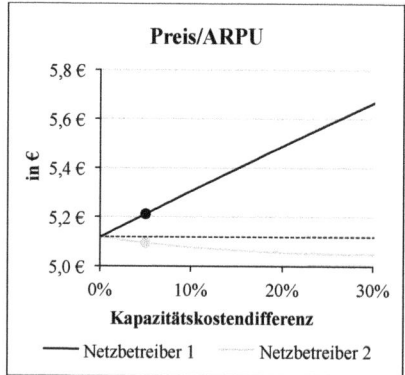
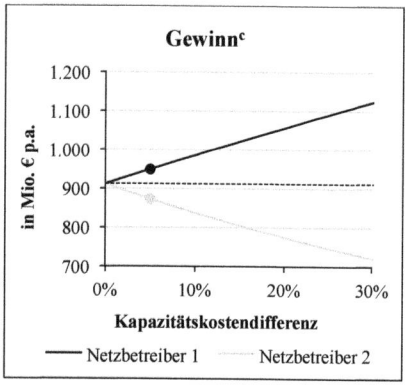

a) Die Gesamtkapazität beider Netzbetreiber beläuft sich im 5 %-Fall auf 40.826 Sendestationen.
b) Die gesamte versorgte Nutzermenge beider Netzbetreiber beläuft sich im 5 %-Fall auf 41,6 Mio. Nutzer.
c) Die Gewinne beider Netzbetreiber summieren sich im 5 %-Fall auf 1,82 Mrd. € pro Jahr.

Quelle: Eigene Darstellung

Im direkten Vergleich beider Asymmetrieeffekte wird deutlich, dass mit Ausnahme der Kapazität alle Outputparameter nahezu identische „Abweichungswerte" aufweisen. D. h. unabhängig davon, ob die unterschiedliche Frequenzausstattung oder die unterschiedlichen Kosten beim Kapazitätsausbau für die Asymmetrie ursächlich sind, solange die prozentuale Differenz bei den Inputparametern identisch ist, fallen auch die Preis-, Mengen- und Gewinnunterschiede identisch aus. Lediglich bei der Kapazität zeigen sich Abweichungen. So stellt Netzbetreiber 2 im Fall der höheren Kapazitätskosten eine geringere Kapazität bereit als im Fall der nachteiligen Frequenzausstattung, trotz gleicher prozentualer Differenz bei den Inputparametern. Dieser Kapazitätsunterschied verliert hingegen im Rahmen der finalen Netzkosten – aufgrund der höheren Kosten pro Sendestation im Asymmetriefall „Kapazitätskostendifferenz" – seinen Einfluss mit der Folge, dass in beiden Asymmetriefällen die Netzkosten identische Werte aufweisen. Somit spielt es für die Netzbetreiber und ihre Gewinne keine Rolle, welche Asymmetrieursache vorliegt, sondern nur, wie hoch die absolute (Asymmetrie-)Differenz bei den Inputparametern ausfällt. Darüber hinaus ist zu beobachten, dass der Gewinnvorsprung von Netzbetreiber 1 annähernd dem Gewinnnachteil von Netzbetreiber 2 entspricht. D. h. im Nash-Gleichgewicht erzielt Netzbetreiber 1 zusätzlich den Gewinn, den Netzbetreiber 2 aufgrund seines (Kosten-)Nachteils verliert. Würde versucht regulatorisch in dieses Missverhältnis einzugreifen, um einen Ausgleich zu schaffen, dann könnte dies im Rahmen der unterschiedlichen Frequenzausstattungen über eine Umverteilung der Frequenzen oder im Rahmen beider Asymmetriefälle über einen Gewinnausgleich (z. B. anhand unterschiedlicher Gewinnbesteuerungen oder unterschiedlich hoher Nutzungsabgaben auf die gehaltene Frequenzmenge) geschehen.

Wird erneut der kumulierte Asymmetriefall betrachtet und – ähnlich wie im Symmetriefall – in Abhängigkeit der Kapazitätskosten dargestellt, ergeben sich Abb. III.17 bis Abb. III.20. Die Punkte auf den Nash-Gleichgewichtsgeraden geben dabei den (kumulierten) Asymmetriefall aus Tab. III.8 wieder. Betrachtet man zunächst Abb. III.20 wird deutlich, dass sich beide Netzbetreiber, trotz der Unterschiede in den Kapazitäts- und Zeitkosten, gegenüber dem UMTS-Symmetriefall besserstellen. D. h. unter den hier angenommen Bedingungen (also ohne Beachtung der LTE-Auktionskosten) lohnt es sich auch für den benachteiligten Netzbetreiber 2 von UMTS auf LTE aufzurüsten, da sich sein Gewinn erhöht. Würde im Folgenden der (Kosten-)Nachteil gegenüber den bisherigen Analysen sukzessive erhöht, müsste dieser auf 21 % oder mehr steigen, damit Netzbetreiber 2 unterhalb des UMTS-Symmetriegewinns fällt[93].

---

[93] Hierbei spielt es keine Rolle, ob der Kapazitäts- und Zeitkostennachteil gemeinsam (um jeweils 1 %) erhöht wird oder nur der Kapazitätskostennachteil bzw. nur der Zeitkostennachteil um insgesamt 2 %. Der Einfluss auf die Gewinne bleibt (nahezu) identisch.

Abb. III.17: Der Asymmetriefall: „Anzahl der Basisstationen"

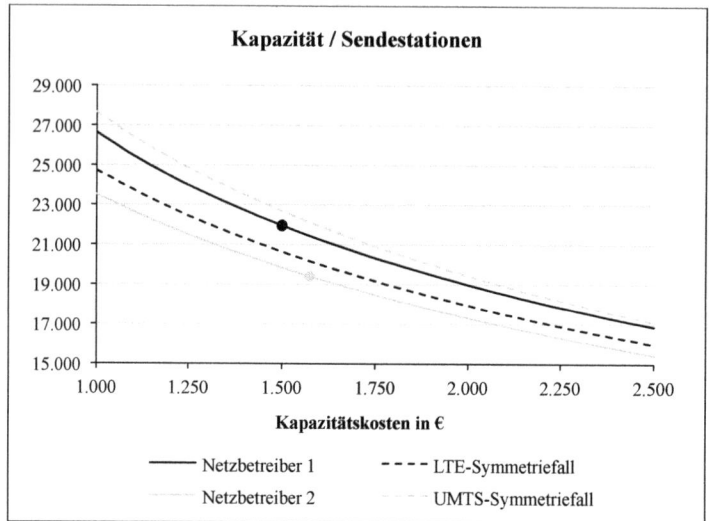

Quelle: Eigene Darstellung

Abb. III.18: Der Asymmetriefall: „Preis/ARPU Entwicklung"

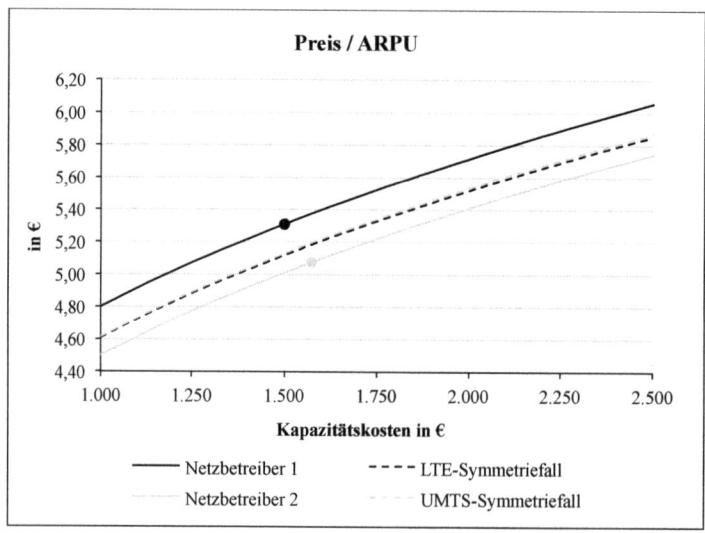

Quelle: Eigene Darstellung

Abb. III.19: Der Asymmetriefall: „Anzahl der Nutzer"

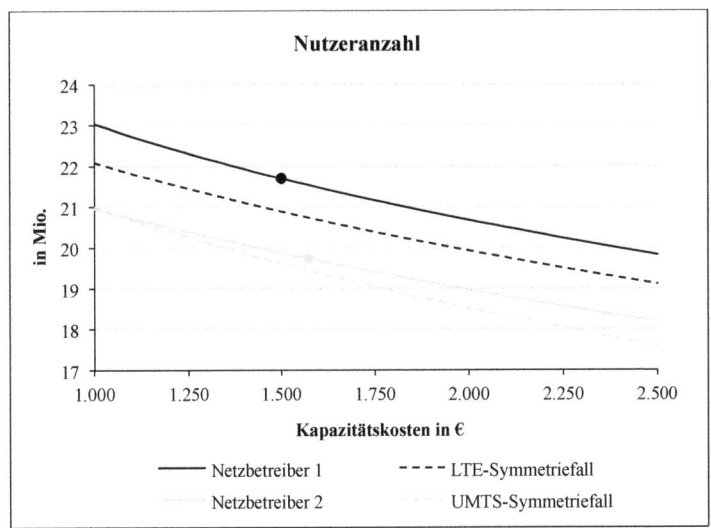

Quelle: Eigene Darstellung

Abb. III.20: Der Asymmetriefall: „Gewinnentwicklung"

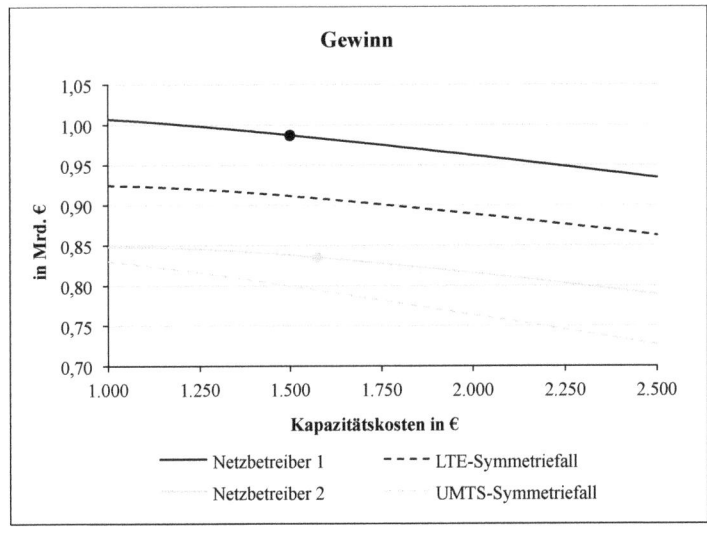

Quelle: Eigene Darstellung

Ein Vergleich mit Tab. III.7 zeigt, dass E-Plus nach der LTE-Auktion eine Frequenzausstattungsdifferenz zu Vodafone und Telefónica/O2 in Höhe von rund 27 % aufweist. Je nachdem in welcher Höhe das vorherige UMTS-Gewinnpotential von E-Plus lag und in welcher Stärke sich der Frequenzausstattungsnachteil auf die Zeitkosten überträgt, kann E-Plus durchaus in der Region liegen, in der sich ein LTE-Upgrade nicht mehr lohnt, da die Gewinne gegenüber der UMTS-Welt geringer ausfallen. Gezwungen durch das Upgradevorhaben der Wettbewerber, muss E-Plus, trotz der potentiell rückläufigen Gewinne, dennoch ein Upgrade auf die LTE-Technologie durchführen, um nicht langfristig aus dem deutschen Mobilfunkmarkt auszuscheiden (siehe dazu Kapitel II, Abschnitt 1.1).

Unabhängig davon in welcher Höhe der (Kosten-)Nachteil tatsächlich ausfällt, bedeutet er stets einen finanziellen Nachteil (in diesem Fall) für Netzbetreiber 2 und damit einen erheblichen Nachteil in Bezug auf bspw. den Erwerb neuer Mobilfunkfrequenzen und -lizenzen, bei der Akquise von Neukunden und/oder der Erweiterung um benachbarte bzw. komplementierende Produkte. Darüber hinaus hat er ab einer gewissen Höhe das Potential in der hier dargestellten Upgradesituation die Ausgangslage des benachteiligten Netzbetreibers mittel- bis langfristig zu verschlechtern und damit die bestehenden Asymmetrien nachhaltig zu festigen oder sogar zu verstärken.

IV. Das Mobilfunk-Festnetz-Substitutionsproblem der Mobilfunknetzbetreiber

Wie schon in den vorherigen Kapiteln dargestellt, bringt die UMTS-Nachfolgetechnologie „Long Term Evolution" einige Innovationen mit sich (siehe für eine Übersicht Abb. II.2 in Kapitel II), die einen nachhaltigen Einfluss auf den deutschen Mobilfunk- und Telekommunikationsmarkt erwarten lassen. Darunter fallen neben der höheren Kosteneffizienz (Einfluss in Kapitel III untersucht) insbesondere die höhere Bandbreite (= maximal mögliche Übertragungskapazität beim Up- und Download von Daten im Internet) und die geringere Latenz- bzw. Pingzeit (= Reaktionszeit einer Informationsabfrage im Internet, z. B. die Abfrage von Aktienkursen). Wie Abb. IV.1 zeigt, erreichen bzw. übersteigen beide Merkmale im Mobilfunk unter Anwendung der LTE-Technologie erstmals das Niveau stationärer DSL-Internetzugänge.

Abb. IV.1: UMTS, DSL und LTE: Bandbreite und Reaktionszeiten im Vergleich*

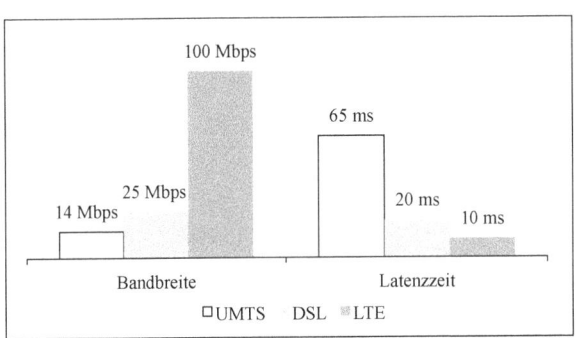

*Je nach Ausbaustufe und technischer Vermarktung durch die Netzbetreiber können diese Werte variieren. Die Aussage der Grafik bleibt jedoch erhalten.

Quelle: Eigene Darstellung

Wird im Folgenden unterstellt, dass für die Konsumenten diese Größen zusammen mit der Mobilität als die Hauptdifferenzierungsmerkmale zwischen dem mobilen und dem stationärem Internetzugang gelten, dann kann *ceteris paribus* von einer Konvergenz beider Internetzugangsarten über die Zeit gesprochen werden (vgl. Welt Online 2008). D. h. der mobile Internetzugang entwickelt sich schrittweise zu einem immer vollkommeneren Substitut für das Festnetz. Abb. IV.2 illustriert diesen Konvergenzgedanken am Beispiel der Bandbreite. Hierbei sollte deutlich werden, dass auch der Nutzen mobiler Internetzugänge für die Konsumenten im Zeitverlauf zunehmen muss, da

Dienstleistungen in gleicher oder ähnlicher Qualität ermöglicht werden, wie sie zuvor nur über das Festnetz denkbar waren. So erlaubte die UMTS-Technologie erstmals Internet- und Multimediadienste auf mobilen Endgeräten, wie bspw. Audio- und Videostreams, Navigationsdienste, Zugriff auf soziale Netzwerke und andere Anwendungen, die in einem GSM-Netz aufgrund der geringen Bandbreiten nicht störungsfrei bzw. „fließend" genutzt werden konnten. Gleiches gilt für die LTE-Technologie, welche insbesondere durch die noch höheren Bandbreiten und geringeren Latenzzeiten (sowie weiterer technischer Neuerungen[94]) gegenüber UMTS das Anwendungsspektrum mobiler Internetzugänge nochmals erweitert. Hochauflösende Videostreams (wie z. B. IPTV), Online Spiele oder die gesamte Abwicklung des beruflichen und privaten Internetverkehrs sind erstmals auf mobilen Endgeräten reibungslos und ohne Zeitverzögerungen möglich. Sofern die Mobilfunknetzbetreiber dieses Potential nutzen und entsprechende Geschäftsmodelle entwickeln, können sie Umsatzquellen generieren, die mit vorherigen Mobilfunkgenerationen verschlossen blieben und so den stagnierenden deutschen Mobilfunkmarkt erneut beleben.

Abb. IV.2: Entwicklung der Festnetz- und Mobilfunkbandbreiten über die Zeit (illustrativ)

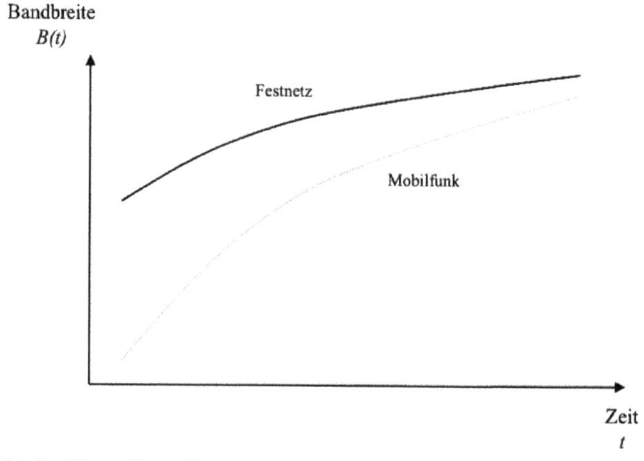

Quelle: Eigene Darstellung

Neben der Konvergenz bzw. dem Bandbreitenabstand zwischen den Internetzugangsarten spielt auch die absolute Höhe der Bandbreite eine entscheidende Rolle. Lässt man diese, unabhängig von der zugrundeliegenden Zugangstechnologie, gedanklich

---

[94] Dazu zählt bspw. die reibungslose Nutzung des mobilen Internets auch bei sehr hohen Geschwindigkeiten (z. B. im Auto oder ICE).

bis ins Unendliche ansteigen, dann wird für den weiteren Verlauf dieser Arbeit angenommen, dass der Nutzen U eines durchschnittlichen Konsumenten stetig aber immer langsamer zunimmt, so dass der zusätzliche Nutzen (Grenznutzen) höherer Bandbreiten B immer geringer ausfällt (siehe Abb. IV.3). An dieser Stelle kann durchaus argumentiert werden, dass mit zunehmender Bandbreite auch die Anwendungen zunehmen, welche eine höhere Bandbreite erfordern (vgl. McKnight und Boroumand 2000, S. 566 und Kruse 2008, S. 191). So seien z. B. Audio- oder Videostreams genannt, die zu Beginn des 21. Jahrhunderts aufgrund der „schmalen" Internetbandbreiten nur zu einer schlechten Qualität im Internet angeboten werden konnten, sie aber über die Jahre hinweg mit der stetigen Bandbreitenzunahme auch an Qualität und Größe gewonnen haben. Dies würde in Abb. IV.3 einen linearen Kurvenverlauf implizieren. Da es ökonomisch aber unplausibel erscheint, dass der Konsumentennutzen mit dem Konsum eines Gutes bis ins Unendliche gesteigert werden kann, wird ein abnehmender Grenznutzen, also ein konkaver Kurvenverlauf, unterstellt.

Abb. IV.3: Konsumentennutzen in Abhängigkeit von der Bandbreite

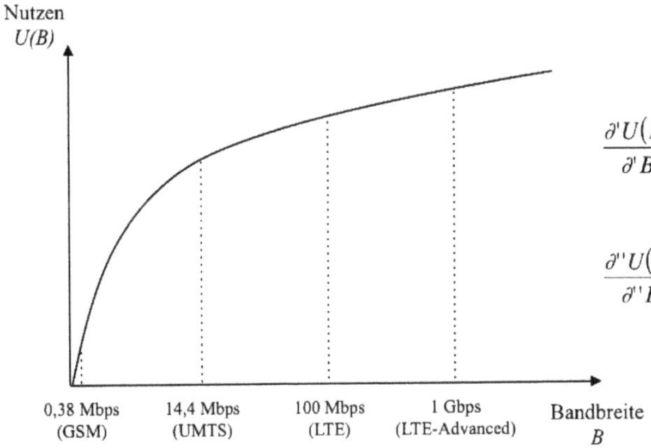

Nutzen
$U(B)$

$$\frac{\partial' U(B)}{\partial' B} > 0$$

$$\frac{\partial'' U(B)}{\partial'' B} < 0$$

0,38 Mbps 14,4 Mbps 100 Mbps 1 Gbps   Bandbreite
(GSM)   (UMTS)   (LTE)   (LTE-Advanced) B

Quelle: Eigene Darstellung

So verdeutlicht das Beispiel der Audio- und Videostreams auch diesen Gedanken, denn ab einer gewissen Übertragungsqualität ist schließlich keine zusätzliche Bandbreite mehr erforderlich, da noch höhere Audio- und Videoqualitäten vom menschlichen Ohr bzw. Auge nicht mehr wahrgenommen werden können und somit aufgrund des fehlenden Zusatznutzens für den Verbraucher nicht mehr interessant sind. Diese Annahme führt dazu, dass der durchschnittliche Internetnutzer im Rahmen der Bandbreite zunehmend indifferent gegenüber der gewählten Internetzugangsart wird (auch wenn das Festnetz einen noch höheren Datendurchsatz als das Mobilfunknetz erlauben sollte), da sich sein Nutzen ab einer gewissen Mobilfunkgeneration bzw. Bandbreite nur noch geringfügig ändert (vgl. Wepfer 2005, S. 20-21). Eine Entwicklung, welche von den Mobilfunknetzbetreibern mit ambivalenten Augen betrachtet wird. Einerseits treten sie dadurch in Konkurrenz mit den Festnetzinternetanbietern und können so um Kunden aus diesem Bereich werben. Andererseits kannibalisieren sie ihre eigenen Festnetzaktivitäten (sofern vorhanden), indem sie einen Kundenwechsel vom Fest- hin zum Mobilfunknetz induzieren und lösen damit einen Kunden- bzw. Gewinnrückgang in ihrem Festnetzgeschäft aus.

Es stellt sich somit die Frage, ob ein Parallelbetrieb eines Fest- und Mobilfunknetzes bzw. das Angebot stationärer und mobiler Internetzugänge aus einer Hand in der LTE-Welt ökonomisch (noch) Sinn machen kann. Und falls ja, welchen Voraussetzungen bspw. für E-Plus, welcher keine stationären Internetzugänge anbietet, erfüllt sein müssen, damit es sich auch für diesen lohnt ein Festnetz zu betreiben. Diesbezüglich gilt es erstens zu berücksichtigen, dass neben der LTE-Investition auch in das Festnetz nutzensteigernd investiert werden kann, insbesondere durch ein Upgrade der Zugangstechnologie von DSL auf FTTH (→ Glasfaseranschluss), und damit ein mögliches Kannibalisierungsproblem entschärft oder zumindest abgeschwächt werden könnte. Und zweitens, dass die (firmeninternen) Investitionen in die eine Internetzugangsart einen nutzenbeeinflussenden Effekt auf die andere Zugangsart ausüben können, bspw. über den Ausbau des gemeinsam genutzten Backbonenetzes.

1. Die Substitutionsproblematik aus Sicht eines Anbieters für Internetzugänge

Einer der ersten Aufsätze, die sich mit der Thematik substitutiver Güter im Zusammenhang mit nutzensteigernden Investitionen beschäftigt, stammt von D'Aspremont und Jacquemin (1988). Ihr Ansatzpunkt ist ein Markt mit zwei konkurrierenden Unternehmen, die im Rahmen ihres homogenen Produktangebots Investitionen in Forschung- und Entwicklung (kurz: F&E) tätigen, um den Nutzen ihres Produkts für die Konsumenten zu erhöhen. Dabei unterstellen die Autoren, dass die F&E-Investition des einen Unternehmens einen kostenfreien positiven Einfluss auf das (konkurrierende) Produkt des anderen Unternehmens ausübt (sog. „Spillover-Effekt") und *vice versa*. In diesem Szenario untersuchen sie, wie sich unterschiedliche Kooperationsstrategien der Unternehmen in Bezug auf ihr Forschungsvorhaben (aufgrund des Spillover-Effekts) und das spätere Produktangebot auf die Unternehmensgewinne und Gesamtwohlfahrt ausüben. Während diese Arbeit noch ein sehr abstraktes Abbild praktischer Wettbewerbsprobleme darstellt und mit der hier untersuchten Thematik nur wenig zu tun hat, werden spätere Arbeiten insbesondere von Brod und Shivakumar (1999), Foros et al. (2002), Rosenkranz (2003), Lambertini (2003), oder Lin (2004 & 2007), welche auf dem Modell von D'Aspremont und Jacquemin aufbauen oder eine ähnliche Thematik behandeln, deutlich spezifischer.

Angefangen mit Brod und Shivakumar erweitern sie das Ursprungsmodell von D'Aspremont und Jacquemin um einen Produkt-Differenzierungsparameter, der die Annahme vollständig homogener Produkte aufhebt und die gesamte Bandbreite zwischen vollständig homogen und differenziert erlaubt. In diesem Szenario untersuchen sie schließlich die gleiche Fragestellung mit zwei konkurrierenden Unternehmen wie D'Aspremont und Jacquemin. Foros et al. belassen es jedoch beim Ursprungsmodell mit zwei vollständig homogenen Gütern, wenden es aber erstmalig auf den Mobilfunkmarkt zur Untersuchung des optimalen (inländischen) Roaming-Verhaltes zwischen konkurrierenden Mobilfunknetzbetreibern an. Rosenkranz wiederum erweitert das Modell um den gleichen Produkt-Differenzierungsparameter wie in Brod und Shivakumar, hebt aber die Annahme von Spillover-Effekten auf und untersucht branchenunspezifisch erneut die Frage nach den gewinn- und wohlfahrtsoptimalen Kooperationsstrategien. Dabei berücksichtigt sie unterschiedliche Marktgrößen – ausgedrückt in sich ändernden Reservationspreisen – und Innovationsarten (Prozess- vs. Produktinnovation) – dargestellt im F&E-Einfluss auf die marginalen Kosten bzw. dem Produkt-Differenzierungsparameter – um potentiell variierende Investitionsanreize der Unternehmen zu identifizieren. Lambertini und die frühere Arbeit von Lin setzen an dieser Stelle an und fokussieren sich auf den Zusammenhang zwischen den Innovationsarten und den zugrundeliegenden Investitionsanreizen in unterschiedlichen Marktstrukturen. Spillover-Effekte bleiben auch hier unberücksichtigt. Die spätere Arbeit von Lin berücksichtigt schließlich Spillover-Effekte und liefert damit ein ähnliches Modell wie Brod und Shivakumar. Der wesentliche Unterschied ist hier jedoch der Fokus auf ein Mehrprodukt-Unternehmen (wie z. B. ein integrierter Netzbetreiber) und nicht, wie in den anderen oben aufgeführten Arbeiten, auf konkurrierende Ein-Produkt-Unternehmen und liefert damit die Grundlage für das hier angewendete Modell.

Modellaufbau:

Wie in Lin (2007) wird ein Markt mit nur einem Unternehmen (hier: integrierter Netzbetreiber) betrachtet, das zwei Produkte bzw. Internetanschlussarten (→ mobiler und stationärer Internetzugang) anbietet. Im Vergleich zum deutschen Telekommunikationsmarkt finden sich dort aber drei integrierte Netzbetreiber bzw. vier Mobilfunknetzbetreiber wieder, die im Wettbewerb zueinander stehen. Dazu wird vereinfachend angenommen, dass, falls es sich für einen Mehrprodukt-Monopolisten nicht mehr lohnt beide Produkte anzubieten, erst recht nicht für einen im Wettbewerb stehenden Netzbetreiber lohnen kann. D. h. der hier formulierte Modellfall stellt die Obergrenze für den realen Wettbewerbsfall dar und muss entsprechend interpretiert werden.

Der integrierte Netzbetreiber hat nun die Möglichkeit zu innovieren bzw. F&E-Investitionen aufzuwenden, um damit seine Produkte zu verbessern und/oder seine Produktionskosten zu senken. Dabei kann sich eine produktspezifische Innovation/Investition auf den Konsumentennutzen des jeweils anderen Produkts positiv, negativ oder neutral auswirken (→ Spillover-Effekt). Die Produkte bzw. Internetanschlussarten sind in der Ausgangslage stark differenziert und stehen somit nicht oder nur geringfügig in Konkurrenz zueinander. Mit steigender Innovations- bzw. Investitionsaktivität im Mobilfunkbereich (via LTE-Upgrade) nehmen sie aber in ihrer Homogenität und damit im gegenseitigen Wettbewerb zu. Eine Innovation/Investition im Festnetzbereich (via FTTH-Upgrade) kann hingegen den Homogenitätsgrad wieder reduzieren.

Nachfrageseite:

Ein integrierter Netzbetreiber verfügt sowohl über ein Mobilfunk- als auch kabelgebundenes Internetzugangsnetz und bietet damit zwei separate Internetanschlussarten an, für die jeweils folgende inverse Nachfragefunktion gilt:

(IV.1) $\qquad p_i = a_i - b_i(q_i + \gamma q_j) \quad \text{mit} \quad i, j = 1, 2 \text{ und } j \neq i$

Hierbei entspricht der Preis p_i dem (monatlichen) Preis bzw. Umsatz pro Kunde (= ARPU[95]) für Produkt i. $a_i > 0$ ist der Reservationspreis, also der Preis, den der Konsument maximal bereit ist für das Produkt „Internetanschluss" in Abhängigkeit von der Zugangsart zu zahlen. $q_i \geq 0$ stellt die Nachfrage nach Zugangsart i (mobiler Internetanschluss) und $q_j \geq 0$ die Nachfrage nach der anderen Zugangsart j (kabelgebundener Internetanschluss) dar. Der Parameter $\gamma \in [0,1)$ gibt den Differenzierungsgrad zwischen den beiden Internetzugangsarten an[96]. Ist $\gamma = 1$ sind beide Zugangsarten voll-

---

[95] „Average Revenue Per User".
[96] Der Fall mit $\gamma = 1$ wird ausgeschlossen, da Gleichung (IV.7) bei Annahme von Symmetrie für diesen Fall nicht definiert wäre. Daher gilt im Folgenden für $\gamma = 1 \to \gamma \approx 1$.

ständig homogen bzw. perfekte Substitute. Dieser Fall liegt vor, wenn für den Konsumenten der mobile Internetzugang gegenüber dem kabelgebundenen Zugang sowohl preislich als auch technisch vollkommen vergleichbar ist. Im Falle von $\gamma = 0$ sind beide Zugangsarten vollständig unabhängig voneinander, wenn sich also Preise, technische Merkmale und/oder angebotenen Dienstleistungen der jeweiligen Zugangsarten stark unterscheiden.

In verwandten Arbeiten wird häufig noch der Fall $\gamma = -1$ betrachtet (siehe z. B. Singh und Vives 1984, Lambertini 2003 oder Lin 2004). Hierbei stellen die betrachteten Produkte perfekte Komplementäre dar, so dass die Verwendung des einen die simultane Verwendung des anderen Produkts erfordert oder zu einem höheren Nutzen führt. Als Veranschaulichung wird häufig das Beispiel des Farbdruckers angeführt, welcher ohne die dazugehörige Farbpatrone nutzlos wäre. Im Fall der Internetzugangsarten ist jedoch keine vergleichbare Komplementarität vorhanden mit der Folge, dass jede Zugangstechnologie oder -art, egal ob UMTS, Kabel (DOCSIS-Technologie), DSL, Glasfaser oder Satellit, völlig autonom bzw. ohne Existenz der anderen Technologien genutzt werden kann. In der pre-LTE Welt, also zu Zeiten von UMTS, waren insbesondere bei den technischen Merkmalen, wie Bandbreite und Latenzeit, starke Unterschiede zwischen dem mobilen und dem kabelgebundenen Internetanschluss gegeben, so dass im hier untersuchten pre-LTE Fall von einer relativ hohen Differenzierung zwischen den beiden Internetzugangsarten ausgegangen wird, d. h. $\gamma \to 0$.

Angebotsseite:

Für beide Internetzugangsarten gilt eine lineare Kostenfunktion in der Form:

$$K_i = c_i q_i$$

Die produktspezifischen Kosten c_i entstehen beim Zugang eines Konsumenten zum Mobilfunk- oder kabelgebundenen Netz eines Betreibers, z. B. durch Marketingmaßnahmen, SIM-Zuweisung, Kontoeinrichtung, Hardwarebereitstellung oder ähnlichem. Darüber hinaus hat der integrierte Netzbetreiber Fixkosten F^{IN} für den Betrieb seiner Netze zu tragen, wie bspw. (Standort-)Miete, Strom, Wartung oder periodisierte Netzaufbau- bzw. Investitionskosten, welche die Fixkosten eines Einzelnetzbetreibers F^E um das λ-fache übersteigen[97]. Hierbei gilt: $F^{IN} = (1 + \lambda)F^E$ mit $\lambda > 0$. Schließlich fallen

---

[97] Während in Lin's Modell Fixkosten, die bei Netzbetreibern üblicherweise eine bedeutende Komponente darstellen, nicht berücksichtigt werden, müssen diese für den hier untersuchten Fall Einzug finden.

noch Kosten für Forschung und Entwicklung H_i für jedes der Produkte bzw. Technologien an, welche durch folgende quadratische Funktion abgebildet werden:

(IV.2) $$H_i(x_i) = \frac{1}{2}\theta_i x_i^2$$

wobei $\theta_i > 2$ eine Konstante darstellt[98]. Der Inputparameter x_i stellt dabei den (angestrebten) Rückfluss aus den F&E-Aktivitäten dar. Die Wahl für eine quadratische Funktion beruht auf der Annahme, dass jedes weitere Fortschrittspotential eines Produktes mit der zunehmenden Entwicklungsreife dieses Produktes abnimmt. D. h. wird bspw. ein Produkt erstmalig entwickelt, dann ist es zu Beginn des Produktlebenszyklus vergleichsweise günstig dieses weiterzuentwickeln. Hat das Produkt aber bereits viele Evolutions- bzw. Entwicklungsstufen durchlaufen, wird es zunehmend schwieriger und damit aufwendiger, wirkliche nutzensteigernde Neuerungen zu schaffen. Der F&E-Aufwand für dieses Produkt steigt somit bei jeder marginalen Neuerung überproportional an.

In Mehrprodukt-Unternehmen, wie dem hier dargestellten integrierten Netzbetreiber, wird grundsätzlich an mehreren Produkten simultan geforscht bzw. simultan in die Weiterentwicklung/Ausbau investiert. Je nach Homogenität der Produkte ist es dabei möglich, dass sich die Investitionen des einen Produkts auch auf andere Produkte auswirken, so dass sich für jedes der Produkte ein kumulativer Investitionsrückfluss wie folgt ergibt:

(IV.3) $$X_i = x_i + \beta x_j$$

Die Größen x_i bzw. x_j sind jeweils die Rückflüsse aus den F&E-Investitionen, die in Produkt i bzw. j getätigt wurden. Der Parameter $\beta \in [-1,1]$ gibt dabei den Grad der Verbundvorteile bzw. -nachteile wieder, welcher davon abhängt, ob eine Investition in das Produkt j einen positiven, keinen oder negativen Einfluss auf das Produkt i ausübt. Investiert ein integrierter Netzbetreiber bspw. in sein Backbonenetz, um höhere Bandbreiten in seinem DSL-Festnetzgeschäft zu ermöglichen, dann hat dies auch einen positiven Einfluss auf sein Mobilfunknetz, da beide Internetzugangsarten auf das gleiche

---

[98] Die Konstante erlaubt die Möglichkeit die Investitionsaufwendungen für jedes der Produkte zu individualisieren. Bspw. erlaubt ein sehr hoher θ_i-Wert die Investitionen in Produkt i zu unterdrücken, so dass lediglich Investitionen in Produkt j anfallen.

Backbonenetz zurückgreifen[99]. Ein weiteres Beispiel wäre auch eine produktbezogene Marketingkampagne, welche ein innovatives Smartphone im Bereich das mobilen Internetzugangs bewirbt und damit indirekt alle anderen Produkte des Netzbetreibers positiv beeinflusst, indem sich das Unternehmen insgesamt ein innovatives Image verleiht[100]. In diesem Fall gilt $\beta > 0$. Ist $\beta = 0$, dann hat eine Investition in Produkt j keinen Einfluss auf Produkt i. Im Fall von $\beta < 0$ werden Verbundnachteile modelliert, welche bspw. beim Ausbau der jeweiligen Netzzugangstechnik auftreten können. Wird die Übertragungstechnologie im Mobilfunk von UMTS auf LTE umgerüstet, um höhere Bandbreiten beim mobilen Internetzugang zu ermöglichen, ohne jedoch das Backbonenetz entsprechend zu erweitern, steht den DSL-Festnetzkunden, deren Daten über das gleiche Backbonenetz abgeleitet werden, insgesamt weniger Bandbreite zur Verfügung. In der Folge reduziert sich ihr Nutzen. Als weiteres Beispiel kann hier ebenso die produktbezogene Marketingkampagne genannt werden. Wird z. B. der kabelgebundene Internetzugang mit all seinen Vorteilen direkt beworben, wird angenommen, dass sich dies negativ auf die Entscheidung eines Konsumenten für einen mobilen Internetanschluss auswirkt, da dieser aufgrund seiner Budgetrestriktion grundsätzlich gehemmt ist für zwei Internetzugänge gleichzeitig zu bezahlen[101]. Die F&E-Investitionen hätten somit einen negativen Einfluss.

Basierend auf obigen Annahmen lautet die Gewinnfunktion eines integrierten Netzbetreibers, der beide Netzzugangsarten i und j anbietet, wie folgt:

(IV.4) $\max_{q_i, q_j} \pi^{IN} = (p_i - c_i + X_i)q_i + (p_j - c_j + X_j)q_j - \frac{1}{2}\theta_i x_i^2 - \frac{1}{2}\theta_j x_j^2 - (1+\lambda)F$

Hierbei gilt, dass $(\alpha_i - c_i) > 0$ ist, da andernfalls die Internetzugangsart aufgrund der zu hohen (marginalen) Anschlusskosten pro Konsument nicht angeboten würde. Darüber hinaus spiegelt dieser Term die Marktgröße wider, welche durch eine Steigerung des Reservationspreises, also des Produktnutzens für die Konsumenten, oder eine Reduzierung der produktspezifischen Kosten ausgeweitet werden kann. Der Parameter für die Investitionsrückflüsse X_i erlaubt je nach Interpretation den Nutzen von Produkt i zu

---

[99] Im Rahmen von Interviews mit Telekommunikationsexperten wurde bestätigt, dass die integrierten Netzbetreiber jeweils nur ein Backbonenetz für ihre Mobilfunk- und Festnetzaktivitäten betreiben.

[100] Als Beispiel einer solchen Werbung gilt die Vermarktung des Apple iPhone durch die Netzbetreiber, welche in den ersten Jahren der iPhone-Existenz das exklusive Vertriebsrecht besaßen.

[101] Als Beispiel gilt die DSL-Werbung des integrierten Netzbetreibers Deutsche Telekom (hier in Zusammenhang mit der Möglichkeit Fernsehen über DSL bzw. VDSL zu empfangen) oder Vodafone (z. B. Werbung zum DSL Classic Packet) in den Jahren 2010 und 2011.

steigern[102] (= Produktinnovation) oder die Kosten für Produkt i zu reduzieren (= Prozessinnovation).

Die einfache Gewinnfunktion zeigt bereits die Komplexität von Mehrprodukt-Unternehmen, ihr Produktangebot gewinnmaximal gestalten zu wollen, wenn sich die Produkte bzgl. ihres Marktes oder der F&E-Maßnahmen überschneiden bzw. kannibalisieren. Obwohl in diesem Fall nur zwei Produkte angeboten werden, muss das Unternehmen vier interdependente Entscheidungen treffen, die den Unternehmensgewinn unterschiedlich stark beeinflussen können. So müssen in einer ersten Entscheidungsrunde die optimalen Investitionen in die jeweiligen Produkte bestimmt werden. Je nachdem in welcher Höhe sie ausfallen und welchen Einfluss sie auf das jeweils andere Produkt ausüben, verändern sich die Produktmargen ($p_i - c_i + X_i$) und Investitionskosten ($\frac{1}{2}\theta x_i^2$) aller Produkte des Unternehmens. In einer zweiten Entscheidungsrunde müssen schließlich die optimalen Mengen der Produkte bestimmt werden, welche am Markt angeboten werden sollen[103]. Überschneiden sich die Produkte bzgl. ihres Marktes, dann kann die Menge des einen Produkts einen negativen (Verdrängungs-)Effekt auf das jeweils andere Produkt ausüben und *vice versa*, so dass auch hier die interdependente Beziehung berücksichtigt werden muss. In reduzierter Form stellen sich die zwei Entscheidungsrunden wie folgt dar:

1. Entscheidung: Bestimmung der (optimalen) Investitionsrückflüsse, die sich aus den F&E-Aktivitäten für Produkt i und/oder Produkt j ergeben sollen.

2. Entscheidung: Bestimmung der (optimalen) Angebotsmengen, die für jedes Produkt am Markt platziert werden sollen.

Um diese Situation formal lösen zu können, muss erneut[104] auf das spieltheoretische Konzept der Rückwärtsinduktion zurückgegriffen werden. Diesem Konzept entspre-

---

[102] Die Parameter X_i und X_j üben keinen Einfluss auf die Steigungsparameter b_i und b_j aus, sie führen lediglich zu einer Parallelverschiebung der inversen Nachfragefunktionen.

[103] Der Grund für die Wahl eines Cournot-Spiels liegt in der hier nicht angesprochenen aber notwendigen Berücksichtigung der im Mobilfunk üblicherweise begrenzten (Übertragungs-)Kapazitäten, die nur eine bestimmte maximale Nutzermenge erlauben. Durch das Optimieren der Nutzermenge (= strategische Variable im Cournot-Wettbewerb) findet so eine indirekte Berücksichtigung der verfügbaren Kapazität statt, welche im Bertrand-Preiswettbewerb ohne Kapazitätslimitierungen nicht gegeben wäre. Kapitel III (→ Bertrand-Wettbewerb) löst dieses Problem indessen durch die direkte Wahl der Kapazitäten durch die Netzbetreiber, lässt damit aber auch die Untersuchung einer anderen Problemstellung zu, die mit der hier gewählten Modellform nicht möglich wäre.

[104] Siehe dazu Kapitel II.

IV.1. Die Substitutionsproblematik aus Sicht eines Anbieters für Internetzugänge 115

chend werden die sequentiellen Entscheidungsrunden des Unternehmens einzeln betrachtet und beginnend mit der chronologisch letzten Runde rückwärts gelöst (mehr dazu in Gibbons 1992, S. 57-61 oder Samuelson 1997, S. 239-266). D. h. es werden zunächst die optimalen Angebotsmengen q_i^N und q_j^N bestimmt, bevor die optimalen Investitionsrückflüsse x_i^N und x_j^N hergeleitet werden.

Bestimmung der Nash-Gleichgewichtsmengen:

Zur Bestimmung der optimalen Gleichgewichtsmengen wird im ersten Schritt Gleichung (IV.4) nach den Angebotsmengen differenziert. Es ergibt sich die Bedingung erster Ordnung[105]:

(IV.5) $$\frac{\partial \pi^{IN}}{\partial q_i} = \alpha_i - 2b_i q_i - \gamma q_j (b_i + b_j) - c_i + X_i = 0$$

Auflösen dieser Gleichung nach q_i ergibt die Reaktionsfunktion q_i^R für Produkt i bzw. j:

(IV.6) $\quad q_i^R \equiv q_i = \dfrac{\alpha_i - \gamma q_j (b_i + b_j) - c_i + X_i}{2b_i} \quad$ bzw. $\quad q_j^R \equiv q_j = \dfrac{\alpha_j - \gamma q_i (b_i + b_j) - c_j + X_j}{2b_j}$

Einsetzen von q_j^R in q_i^R sowie Gleichung (IV.3) für X_i bzw. X_j und anschließendes Auflösen nach q_i ergibt die Nash-Gleichgewichtsmenge für Produkt i:

(IV.7) $\quad q_i^N(x_i, x_j) = \dfrac{2b_j(\alpha_i - c_i + x_i + \beta x_i) - (\gamma b_i + \gamma b_j)(\alpha_j - c_j + x_j + \beta x_j)}{A}$

mit $A = 4b_i b_j - (\gamma b_i + \gamma b_j)^2 > 0$

Diese beschreibt die gewinnmaximale Menge für Produkt i und gibt an, von welchen Faktoren sie abhängt. Zum einen wird die Menge durch die Reservationspreise α_i und α_j bestimmt, die wiederum ein Indikator des Produktnutzens für die Konsumenten und damit ihrer Zahlungsbereitschaften sind. Es ist direkt erkennbar, dass die angebotene Menge für Produkt i umso höher (geringer) ausfällt, je höher der Nutzen – und damit die Zahlungsbereitschaft – der Konsumenten für Produkt i (Produkt j) ist. Entspre-

---

[105] Es wird unterstellt, dass die Bedingungen zweiter Ordnung erfüllt sind und somit eine innere Lösung existiert.

chend intuitiv verhält sich die angebotene Menge bei Änderungen der marginalen Kosten c_i und c_j sowie der Investitionsrückflüsse x_i und x_j. Definiert man den Ausdruck $M_i = (a_i - c_i + x_i + \beta x_i)$ als Maximalmarge des Produkts i, dann übt eine höhere Maximalmarge für Produkt i (Produkt j) erwartungsgemäß einen positiven (negativen) Effekt auf die angebotene Menge von Produkt i aus und *vice versa*.

Des Weiteren hängt die Menge von den Verbundvorteilen β ab. Da der Einfluss nicht direkt bestimmbar ist, wird Gleichung (IV.7) sowohl für den allgemeinen Fall (obere Ableitung) als auch für den vereinfachten symmetrischen Fall (untere Ableitung) untersucht:

$$\frac{\partial q_i^N(x_i,x_j)}{\partial \beta} = \frac{x_j 2 b_j - \gamma x_i (b_i + b_j)}{A} = ?$$

$$\frac{\partial q_i^N(x_i,x_j)}{\partial \beta} = \frac{\partial q_j^N(x_i,x_j)}{\partial \beta} = \frac{(1-\gamma)2xb}{A} > 0, \text{ falls } x_i = x_j \text{ und } b_i = b_j$$

Hierbei zeigt sich für den allgemeinen Fall, dass beim Bestehen von Verbundvorteilen sowie positiver Investitionsrückflüsse x_i und x_j die Angebotsmenge mit positiver Wahrscheinlichkeit steigt, wenn der Grad der Differenzierung möglichst hoch ausfällt, also $\gamma \to 0$. Fällt dieser gering aus, ist auch eine Angebotsreduktion möglich, um potentielle Substitutionseffekte zu vermeiden. Für den Symmetriefall ist die Reaktion eindeutig und zeigt, dass bei zunehmenden Verbundvorteilen die Angebotsmengen beider Produkte steigen. Während im Symmetriefall nur die Richtung der Verbundvorteile eine Rolle spielt (→ es sollten nur F&E-Projekte gewählt werden, die positive Verbundvorteile versprechen), sind es im allgemeinen Fall die Höhe der angestrebten Investitionsrückflüsse und der Grad der Differenzierung. Hierbei kann je nach Wahl der Parameterwerte ein Investitionsprojekt mit positiven Verbundvorteilen entweder einen Mengenanstieg oder einen Verdrängungs- bzw. Kannibalisierungseffekt in der Angebotsmenge des jeweils anderen Produkts bewirken. D. h. ein integrierter Netzbetreiber sollte bei der Entscheidung für eine F&E-Investition in eine bestimmte Netzzugangsart berücksichtigen, dass hierdurch auch die andere Zugangsart sowohl positiv als auch negativ beeinflusst werden könnte.

Da für die pre-LTE Welt angenommen wurde, dass γ gegen Null tendiert und laut obiger Ableitung Kannibalisierungseffekte diesbezüglich nur bei negativen β-Werten auftreten können, erscheint ein mögliches Verdrängungs- bzw. Kannibalisierungsproblem im UMTS-Zeitalter weniger streng und kann unter Vermeidung entsprechender Investitionsprojekte gelindert oder sogar ganz ausgeschaltet werden. Unter diesen Annahmen sollte ein integrierter Netzbetreiber in beide Netzzugangsarten investieren, da keine Negativfolgen durch interdependente Einflüsse zu erwarten sind.

Schließlich hängt die Angebotsmenge von Produkt i noch vom Grad der Differenzierung γ ab. Wird auch hier Gleichung (IV.7) für den allgemeinen sowie den symmetrischen Fall untersucht, ergeben sich folgende Ableitungen:

$$\frac{\partial q_i^N(x_i, x_j)}{\partial \gamma} = \frac{4\gamma b_j M_i (b_i + b_j)^2 - M_j \big(b_i b_j (b_i + b_j)(3\gamma^2 + 4) + \gamma^2 (b_i^3 + b_j^3)\big)}{A^2} = ?$$

$$\frac{\partial q_i^N(x_i, x_j)}{\partial \gamma} = \frac{\partial q_j^N(x_i, x_j)}{\partial \gamma} = -\frac{M}{2b(1 + \gamma)^2} < 0, \text{ falls } b_i = b_j \text{ und } M_i = M_j$$

Während für den allgemeinen Fall (obere Ableitung) aufgrund der Komplexität der Ableitung keine Aussage mehr über die Bewegungsrichtung der Angebotsmenge bei Veränderung des Differenzierungsgrads getroffen werden kann, zeigt der Symmetriefall (untere Ableitung) eine eindeutige Richtung. So nimmt die Angebotsmenge bei steigender Homogenität der Produkte erwartungsgemäß ab, da sich die Produkte zunehmend kannibalisieren. D. h. Kunden, die sich vormals für beide Produkte entschieden haben, wählen mit steigender Homogenität nur noch eins (entweder Produkt i oder j), so dass die Kundenzahlen beider Produkte abnehmen. Für den integrierten Netzbetreiber bedeutet das, dass sich mit zunehmender Homogenität seiner Netzzugangsarten eine Zugangsart langfristig überflüssig wird und damit aufgegeben werden sollte. Entsprechend gibt es einen durch γ definierten (Zeit-)Punkt, ab dem es sich nicht mehr lohnt beide Netzzugangsarten anzubieten und die zusätzlichen Fixkosten zu tragen, da von den Konsumenten in der Summe nur noch eine Netzzugangsart nachgefragt wird.

Bestimmung der Nash-GG-Investitionsrückflüsse:

Zur Bestimmung der optimalen Investitionen auf der ersten Stufe werden nun die Nash-Gleichgewichtsmengen in die Gewinnfunktion (IV.4) eingesetzt. Diese wird anschließend nach den Investitionsrückflüssen x_i und x_j einzeln differenziert und nach diesen aufgelöst. Es ergeben sich die Reaktionsfunktionen für die optimalen Investitionsrückflüsse, x_i^R und x_j^R, für jedes der Produkte (hier vereinfacht für den Symmetriefall mit $\alpha_i = \alpha_j$, $b_i = b_j$, $c_i = c_j$ und $\theta_i = \theta_j$ dargestellt)[106]:

(IV.8) $$x_i^R \equiv x_i = \frac{\gamma x_j - 2\beta x_j + \gamma\alpha - \gamma c - \alpha + c + \beta^2 \gamma x_j + \beta\gamma\alpha - \beta\gamma c - \beta\alpha + \beta c}{1 - 2\beta\gamma + \beta^2 + 2\gamma^2 b\theta - 2b\theta}$$

bzw.

$$x_j^R \equiv x_j = \frac{\gamma x_i - 2\beta x_i + \gamma\alpha - \gamma c - \alpha + c + \beta^2 \gamma x_i + \beta\gamma\alpha - \beta\gamma c - \beta\alpha + \beta c}{1 - 2\beta\gamma + \beta^2 + 2\gamma^2 b\theta - 2b\theta}$$

Werden anschließend die Reaktionsfunktionen ineinander eingesetzt und jeweils nach x_i und x_j aufgelöst, ergeben sich die Nash-Gleichgewichtsinvestitionsrückflüsse für Produkt i und j im Symmetriefall:

(IV.9) $$x_i^N = x_j^N = \frac{(\alpha - c)}{\frac{2b\theta(1+\gamma)}{(1+\beta)} - (1+\beta)}$$

Hierbei ist direkt ersichtlich, wie sich die optimalen Investitionsrückflüsse bei Veränderung der einzelnen Variablen verhalten. Beginnend mit dem Reservationspreis α und den (marginalen) Kosten c gilt, je höher die Differenz zwischen beiden Größen ausfällt, desto höher fällt die potentielle Marge des Produkts aus und desto mehr sollte in dieses investiert werden. Darüber hinaus sollten die Investitionen auch bei Zunahme der Verbundvorteile β erhöht werden, da beide Produkte davon profitieren:

$$\frac{\partial x_i^N}{\partial \beta} = \frac{\partial x_j^N}{\partial \beta} = \frac{(\alpha - c)(2b\gamma\theta + 2b\theta + (1+\beta)^2)}{(2b\theta(1+\gamma) - (1+\beta)^2)^2} > 0$$

Wenn die Homogenität γ zwischen den Produkten zunimmt, sollten die Investitionen reduziert werden, da sich die Produkte zunehmend kannibalisieren und damit die Investitionen insgesamt an Wert verlieren:

$$\frac{\partial x_i^N}{\partial \gamma} = \frac{\partial x_j^N}{\partial \gamma} = -\frac{2b\theta(\alpha - c)(1+\beta)}{(2b\theta(1+\gamma) - (1+\beta)^2)^2} < 0$$

---

[106] Während die spätere empirische Analyse auf Basis des allgemeinen Falls beruht, wird hier lediglich der Symmetriefall betrachtet, da die Komplexität für den allgemeinen Fall zu hoch ist, so dass keine direkten Aussagen mehr möglich sind.

Wird bspw. in beide Produkte investiert aber ein Produkt wird im Zuge der Investition vollständig vom anderen Produkt kannibalisiert bzw. verdrängt, dann sind weitere Investitionen in das verdrängte Produkt offensichtlich überflüssig.

An dieser Stelle stellt sich die Frage, welches der Produkte anfälliger für eine vollständige Verdrängung ist bzw. welches der Produkte das Unternehmen grundsätzlich für Investitionen favorisieren sollte. Um hierauf eine Antwort zu finden, muss die Gewinnfunktion (IV.4) zunächst nach den Investitionsrückflüssen differenziert werden (es gilt noch immer $\theta_i = \theta_j$):

(IV.10) $$\frac{\partial \pi_i}{\partial x_i} = q_i + \beta q_j - \theta_i x_i = 0 \quad \text{bzw.} \quad x_i^* = \frac{q_i + \beta q_j}{\theta}$$

Werden nun die Investitionsrückflüsse x_i^* und x_j^* voneinander abgezogen ergibt sich:

(IV.11) $$x_i^* - x_j^* = \frac{(1-\beta)(q_i - q_j)}{\theta}$$

Setzt man schließlich für q_i und q_j jeweils ihre Nash-Gleichgewichtsmenge, Gleichung (IV.7), mit $\alpha_i = \alpha_j$, $b_i = b_j$ und $\theta_i = \theta_j$ ein und löst den Term erneut nach der Differenz der Investitionsrückflüsse auf, resultiert:

(IV.12) $$x_i^* - x_j^* = \frac{c_j - c_i}{\frac{2b\theta(1-\gamma)}{(1-\beta)} - (1-\beta)}$$

Gleichung (IV.12) besagt unter der Bedingung

$$2b\theta(1-\gamma) - (1-\beta)^2 > 0 \quad \text{bzw.} \quad \gamma < 1 - \frac{(1-\beta)^2}{2b\theta},$$

dass die optimale Investition in Produkt i höher ausfallen sollte als in Produkt j, wenn die Grenzkosten (und damit die Gewinne) von Produkt i geringer (höher) sind als die von Produkt j (zur Erinnerung: Es wurde für beide Technologien die gleiche Investitionsfunktion, Marktgröße und der gleiche Reservationspreis unterstellt). Die Bedingung ist vornehmlich dann erfüllt, wenn die Produkthomogenität γ gering und/oder der Grad der Verbundvorteile β hoch ausfallen. Da für die pre-LTE Welt angenommen wurde, dass die Produkte stark differenziert sind ($\gamma \to 0$), wird grundsätzlich von einer Erfüllung der Bedingung ausgegangen.

Diesem Ergebnis zufolge ist es für den integrierten Netzbetreiber in der pre-LTE Welt von Vorteil in diejenige Internetzugangsart zu investieren, welche die geringeren Grenzkosten und damit in diesem Fall die höhere Marge bzw. den höheren Gewinn erzielt. Die ökonomische Intuition dahinter lautet, dass Güter, welche geringe Grenzkosten aufweisen, grundsätzlich ein höheres (Markt-)Angebot induzieren als vergleichbare Güter mit hohen Grenzkosten. Da ein höheres Produktangebot *ceteris paribus* eine höhere Ausschöpfung der F&E-Investitionen bedeutet, hat der integrierte Netzbetreiber einen stärkeren Anreiz in die kostengünstigere Zugangsart zu investieren. Die Argumentation verliert jedoch an Aussagekraft sobald die Grenzkosten identisch ausfallen. Um auch für diesen Fall eine Aussage treffen zu können, muss das Modell mit den marktspezifischen Parametern kalibriert und zur Anwendung gebracht werden. Hiermit beschäftigt sich der nachfolgende empirische Teil, so dass an dieser Stelle keine Antwort geliefert werden kann.

In einem solchen Entscheidungsszenario befanden sich die deutschen Netzbetreiber vor Einführung von LTE, da sie, gezwungen durch den Wettbewerbsdruck im Mobil- als auch Festnetzmarkt, bestimmen mussten, ob sie zunächst ihre kabelgebundenen Internetzugangsnetze durch moderne Glasfaserleitungen (VDSL und/oder FTTH) ersetzen oder ihre Mobiltechnologie von UMTS auf LTE umrüsten sollten. Glaubte man diesbezüglich den Branchenexperten bzw. ein Blick auf die Marktstatistiken (insbesondere in Bezug auf die Nutzermengen und Preise) reichte aus, um zu zeigen, dass letztere Maßnahme die kostengünstigere sowie diejenige mit dem höheren Marktpotential und somit die bessere Wahl war. Eine solche Entscheidung kann jedoch leicht durch externe Einflüsse verzerrt bzw. beeinflusst werden. So griff die Bundesregierung im Rahmen ihrer Breitbandstrategie mit finanziellen Fördermaßnahmen und gezielter Regulierungspolitik aktiv in das Markt- und Investitionsgeschehen ein, um ihr Ziel eines landesweiten Breitbandausbaus zu fördern (vgl. BMWi 2009, S. 10). Ein solches Vorhaben könnte im ungünstigsten Fall aufgrund auftretender Verdrängungseffekte (sog. „crow-ding out") zum Wegfall einer Technologie führen und damit dem Technologiewettbewerb schaden.

Es stellt sich nun die Frage, ob und unter welchen Bedingungen es für die integrierten Netzbetreiber ökonomisch vorteilhaft ist, beide Internetzugangsarten am Markt anzubieten. So z. B. bietet E-Plus als einziger deutscher Mobilfunknetzbetreiber keinen Festnetzinternetzugang an, während die übrigen Netzbetreiber sowohl einen Festnetz- als auch einen mobilen Internetzugang anbieten. Folglich müssen Bedingungen im deutschen Internetzugangsmarkt herrschen, die ein solches asymmetrisches Verhalten hervorrufen, sofern alle Netzbetreiber ihrer optimalen Strategie folgen.

Um diese Fragestellung theoretisch beleuchten zu können, wird vereinfacht angenommen, dass sich die Netzbetreiber in einer vollständig symmetrischen Welt befinden, d. h. die Inputvariablen beider Internetzugangsarten fallen identisch aus ($a_i = a_j$, $b_i = b_j$, $c_i = c_j$, $\theta_i = \theta_j$ und $x_i = x_j$). Damit verändern sich Gleichungen (IV.4) und (IV.7) zu:

(IV.13) $$\pi^{IN,S} = 2(p - c + (1 + \beta)x)q - \theta x^2 - (1 + \gamma)F$$

und

(IV.14) $$q^{N,S} = \frac{(\alpha - c) + (1 + \beta)x}{2b(1 + \gamma)}$$

Einsetzen von Gleichung (IV.14) in (IV.13) sowie anschließendes Einsetzen von Gleichung (IV.9) in diesen Term ergibt den Gewinn des integrierten Netzbetreibers im symmetrischen Nash-Gleichgewicht:

(IV.15) $$\pi^{IN,N,S} = \frac{\theta(\alpha - c)^2}{2b\theta(1 + \gamma) - (1 + \beta)^2} - (1 + \lambda)F.$$

Um einen Vergleich zur Situation eines Einzelnetzbetreibers ziehen zu können, muss auch dessen optimale Investition und Gewinngleichung hergeleitet werden. Diese können äquivalent zur Herleitung der Gleichungen für den integrierten Netzbetreiber ermittelt werden und ergeben:

(IV.16) $$x^{E,N} = \frac{\alpha - c}{2b\theta - 1}$$

(IV.17) $$\pi^{E,N} = \frac{\theta(\alpha - c)^2}{4b\theta - 2} - F$$

An dieser Stelle soll kurz auf den Parameter θ eingegangen werden, denn hier wird deutlich, dass θ nicht zu klein sein darf und sich an der Marktgröße b orientieren muss. Betrachtet man dazu Gleichung (IV.17) wird deutlich, dass der Nenner nur durch die Marktgröße b und dem Parameter θ bestimmt wird. Da die Marktgröße grundsätzlich extern und damit fest vorgegeben ist, muss sich der Parameter θ entsprechend anpassen, um nicht von vornherein einen Verlust beim Einzelnetzbetreiber auszulösen, d. h. θ muss mindestens $\theta > 1/(2b)$ erfüllen. Im Fall des integrierten Netzbetreibers müsste mindestens $\theta > 0$ gelten, falls $\beta = -1$, bzw. $\theta > 2/b$, falls $\beta = 1$. Da beide Netzbetreiber miteinander verglichen werden sollen, muss mindestens die Bedingung des Einzelnetzbetreibers gelten, da diese noch oberhalb der absoluten Untergrenze mit $\theta > 0$ des integrierten Netzbetreibers liegt.

Vergleicht man schließlich den Gewinn des integrierten Netzbetreibers, Gleichung (IV.15), mit dem Gewinn des Einzelnetzbetreibers, Gleichung (IV.17), für alle zulässigen Werte von β, dann lässt sich folgende Aussage ableiten[107]:

$$\text{für } \beta \in [-1,1], \quad \pi^{IN,N,S} > \pi^{E,N}, \text{ falls } \gamma < \frac{(a-c)^2(b\theta-1) - 2b\lambda F(2b\theta-1)}{b\theta(a-c)^2 + 2b\lambda F(2b\theta-1)}$$

bzw. für $\lambda = 0$ vereinfacht sich die Bedingung zu: $\gamma < 1 - 1/b\theta$

D. h. der Gewinn des integrierten Netzbetreibers ist für alle hier betrachteten Fälle von β größer als der Gewinn des Einzelnetzbetreibers, sofern die angebotenen Internetzugangsarten eine geringe Homogenität aufweisen, also $\gamma \to 0$. Darüber hinaus sind die Anforderungen an ein geringes γ umso strenger, je größer der Fixkostenunterschied λF zwischen dem Einzelnetzbetreiber und dem integrierten Netzbetreiber ist (direkt aus obiger Bedingung ablesbar). Ist dieser zu groß, kann obige Bedingung unter der ursprünglichen Modellannahme mit $\gamma \in [0,1)$ nicht mehr erfüllt werden und der integrierte Netzbetreiber stellt sich gegenüber dem Einzelnetzbetreiber stets schlechter, d. h. der Gewinn fällt unter das Niveau des Einzelnetzbetreibers[108]. Wird in diesem Zusammenhang Gleichung (IV.15) nach β differenziert, wird deutlich, dass der Gewinn des integrierten Netzbetreibers mit zunehmenden Verbundvorteilen ansteigt:

$$\frac{\partial \pi^{IN,N,S}}{\partial \beta} = 2(1+\beta) \frac{\theta(a-c)^2}{(2b\theta(1+\gamma) - (1+\beta)^2)^2} > 0$$

Das wiederum bedeutet, dass die „Anforderungsstrenge" an ein geringes γ mit zunehmenden Verbundvorteilen abgemildert werden kann. D. h. der Grad der Homogenität γ kann für größere β-Werte bzw. Verbundvorteile höher ausfallen und der integrierte

---

[107] Bei einem Wert von $\beta = -1$ erreicht die Bedingung ihre höchste „strenge" und wird daher nur für diesen Fall dargestellt. D. h. die Bedingung ist auch für alle anderen zulässigen Werte für β erfüllt.

[108] Die Bedingung könnte nur noch erfüllt werden, wenn $\gamma < 0$ ist. Da dieser Fall aufgrund der Modellannahmen nicht zulässig ist, folgt daraus: $\pi^{IN,N,S} \leq \pi^{E,N}$.

Netzbetreiber würde sich gegenüber dem Einzelnetzbetreiber dennoch nicht schlechter stellen. Die ökonomische Intuition dahinter ist trivial. Wählt ein Mehrprodukt-Unternehmen ein Investitionsprojekt mit dem Rückfluss x_i, welches nicht nur Produkt i sondern auch Produkt j begünstigt, dann können für beide Produkte die Grenzkosten gesenkt und/oder die Verkaufspreise erhöht und entsprechend die Gewinne gesteigert werden. Folglich sollte das Unternehmen solche F&E-Projekte priorisieren, die hohe Verbundvorteile ($\beta > 0$) versprechen und diejenigen zurückstellen oder ablehnen, welche keine Verbundvorteile ($\beta = 0$) oder sogar Verbundnachteile ($\beta < 0$) mit sich bringen.

Der symmetrische Modellfall zeigt, dass es Situationen geben kann, in welchen es sich nicht lohnt zwei identische oder auch nur ähnliche Produkte anzubieten, da der hieraus entstehende Kannibalisierungseffekt zu Gewinneinbußen führen kann, die das simultane Angebot beider Produkte relativ zum Angebot von nur einem Produkt unrentabel werden lassen. Demnach legt der Grad der Homogenität der Produkte in Abhängigkeit von den Verbundvorteilen und unter Berücksichtigung der Fixkosten fest, ob ein Netzbetreiber sowohl ein Festnetz- als auch Mobilfunkinternetzugang anbieten oder sich nur auf eine Zugangsart beschränken sollte.

Geht man davon aus, dass alle deutschen Mobilfunknetzbetreiber Zugriff auf die gleichen Internetzugangstechnologien haben und damit identische Homogenitätswerte aufweisen sollten, dann kann die abweichende Angebotsstrategie von E-Plus unter den hier betrachteten symmetrischen Bedingungen theoretisch nur durch einen abweichenden β-Wert oder höhere Fixkosten begründet sein. D. h. E-Plus müsste entweder einen geringeren β-Wert als die übrigen drei Netzbetreiber aufweisen und damit grundsätzlich davon ausgehen, dass es selbst nur geringe bzw. keine Verbundvorteile oder nur Verbundnachteile generieren kann, während die drei Konkurrenten davon überzeugt sind, auch Verbundvorteile generieren zu können. Oder, E-Plus weist höhere Fixkosten als seine Konkurrenten auf, so dass auch hierdurch ein Angebot kabelgebundener Internetzugänge vergleichsweise weniger rentabel ist. Um hierauf eine endgültige Antwort zu erhalten, soll im anschließenden empirischen Teil der allgemeine Fall (gegenüber dem hier dargestellten symmetrischen Fall) für alle vier deutschen Mobilfunknetzbetreiber untersucht werden.

2. Empirische Analyse der Substitutionsproblematik in Deutschland

Wie im symmetrischen Modellfall gezeigt wurde, kann es für einen integrierten Netzbetreiber unter der Annahme zunehmender Homogenität zwischen den Netzzugangsarten vorteilhaft sein, lediglich eine Internetzugangsart anzubieten und sich von der zweiten zu trennen. Um diesen Fall für die integrierten Netzbetreiber Deutschlands mit der Deutsche Telekom, Vodafone und Telefónica/O2 unter der Prämisse eines alleinstehenden LTE-Upgrades (ohne zusätzliche Investitionen in den Festnetzzugang) einerseits sowie eines kombinierten LTE- und FTTH-Upgrades andererseits zu untersuchen, werden zunächst die für alle Netzbetreiber gleichermaßen geltenden Rahmendaten (siehe Tab IV.1) bestimmt. Diese beschreiben die Reservationspreise der Zugangstechnologien, die (angestrebten) Investitionsrückflüsse und marginalen Kosten bzw. Anschlusskosten je Kunde/Haushalt, die bei Einführung von LTE bzw. FTTH auftreten (sollen) sowie die jeweiligen Marktgrößen.

Tab. IV.1: Rahmendaten für den deutschen Mobilfunk-Festnetz-Substitutionsfall

Variable	Symbol	Wert
Festnetz		
- Reservationspreis[a]	a_F	34,60 € pro Monat
- (Angestrebter) Investitionsrückfluss[b]	$x_{F,DSL}$	0 € pro Monat
	$x_{F,FTTH}$	10,38 € pro Monat
- (marginale) Anschlusskosten[c]	$c_{F,DSL}$	15,08 € pro Monat
	$c_{F,FTTH}$	15,00 € pro Monat
- Steigung	b_F	$a_F / q_{F,Max}$
- Marktgröße[d]	$q_{F,Max}$	32,27 Mio.
Mobilfunk		
- Reservationspreis[e]	a_M	21,00 € pro Monat
- (Angestrebter) Investitionsrückfluss[f]	$x_{M,LTE}$	4,20 € pro Monat
- (marginale) Anschlusskosten[g]	$c_{M,LTE}$	5,00 € pro Monat
- Steigung	$b_{M,LTE}$	$a_M / q_{M,Max}$
- Marktgröße[h]	$q_{LTE,Max}$	79,17 Mio.

a) Der Reservationspreis wurde anhand der durchschnittlichen Umsätze pro Breitband-Haushalt in Deutschland im Zeitraum von 2005 bis 2010 statistisch ermittelt (siehe Anhang C.1). Der Einfluss von FTTH-Internetzugängen kann aufgrund der sehr geringen Verbreitung während dieses Zeitraums vernachlässigt werden (vgl. FTTH Council Europe 2010, S.1).

b) Im DSL-Szenario (kein FTTH-Ausbau) sollen keine Festnetz-Investitionen parallel zum LTE-Upgrade stattfinden, damit eine unverzerrte Aussage über das Substitutionspotential abgeleitet werden kann. Der Rückfluss ist in diesem Fall 0. Im Szenario mit FTTH-Ausbau wird in Anlehnung an die Veröffentlichung der West LB (2011, S. 40) ein Rückfluss angesetzt, der den Marktpreis bzw. ARPU bei rund 30 € einpendeln lässt.

c) Die marginalen Kosten bzw. die Anschlusskosten pro Haushalt setzen sich im DSL-Szenario (kein FTTH-Ausbau) aus der TAL-Gebühr von 10,08 € sowie 5 € für die Akquise eines Neukunden (auch Subscriber Acquisition Costs, kurz: SAC, genannt) bzw. das Halten eines Bestandskunden (auch Subscriber Retention Costs, kurz: SRC, genannt) zusammen. Im FTTH-Szenario setzt sich der Wert aus den monatlichen Betriebskosten (OPEX) von 10 € und den Akquise- bzw. Haltekosten eines (Neu-)Kunden von 5 € zusammen (vgl. West LB 2011, S. 40).

d) Der hier abgebildete Markt entspricht dem deutschen Markt für DSL-Breitbandinternetanschlüsse (das sind ca. 88 % des gesamten deutschen Breitbandmarktes in 2010 (vgl. Bundesnetzagentur (2010), S. 75). Andere Technologien, wie insbesondere der Hauptkonkurrent das TV-Coax-Kabel (DOCSIS 3.0-Technologie), werden ausgeschlossen, da die Mobilfunknetzbetreiber nur im DSL-Markt agieren. Der Ansatz der verringerten Marktgröße im Modell kann dabei auch

IV.2. Empirische Analyse der Substitutionsproblematik in Deutschland 125

als Berücksichtigung des Wettbewerbs durch die anderen Technologien verstanden werden, welche aufgrund der erhöhten Komplexität nicht zusätzlich betrachtet werden (siehe Anhang C.2).

e) Der Reservationspreis wurde anhand der durchschnittlichen Umsätze pro UMTS-Kunde (ARPU) aller deutschen Mobilfunknetzbetreiber im Zeitraum von 2003 bis 2009 statistisch ermittelt (siehe Anhang B.2).

f) Im Rahmen eines LTE-Upgrades wird angenommen, dass der Reservationspreis um ca. 20 % zunimmt, da einerseits die Übertragungsgeschwindigkeit zunimmt und andererseits die Kunden/Haushalte im Substitutionsfall bereit sind für ein höheres Kontingent an freien Übertragungsvolumen zu bezahlen.

g) Die (marginalen) Kosten bzw. die Anschlusskosten pro Kunde/Haushalt entsprechen einem Betrag von 120 € für die Akquise eines Neukunden (SAC) bzw. das Halten eines Bestandskunden (SRC) bezogen auf einen 2-Jahresvertrag.

h) Für den Gesamtmarkt im LTE-Zeitalter wird eine Bevölkerungsabdeckung von 100 % unterstellt, da die Auktionsgewinner der 800-MHz-Frequenzen aus der Digitalen Dividende verpflichtet sind die „weißen Flecken" mit LTE zu versorgen (siehe Anhang B.3).

Quelle: Statistisches Bundesamt 2010a, eigene Berechnungen

In Anlehnung an Gleichung (IV.12) aus dem vorherigen Abschnitt und den damit verbundenen Erläuterungen zur Frage nach der bevorzugten Internetzugangstechnologie für Investitionen zeigt Tab. IV.1, dass der Mobilfunkmarkt mit einer mehr als doppelt so großen Kundenmenge wie der Festnetzmarkt und nur einer geringfügig kleineren Maximalmarge, $a_M - c_M$, grundsätzlich das größere Gewinnpotential aufweist[109]. Liegt der Marktanteil eines integrierten Netzbetreibers im hier betrachteten Festnetzmarkt (deutlich) unterhalb seines Marktanteils im Mobilfunkmarkt, dann sollte sich der Netzbetreiber für gewinnsteigernde bzw. -erhaltende Investitionen (ohne Berücksichtigung von staatlichen Subventionen) zunächst auf die mobile Zugangstechnologie konzentrieren.

2.1 Das Substitutionsproblem ohne FTTH-Ausbau

Sind die für alle Marktteilnehmer gleichermaßen geltenden Rahmenbedingungen festgelegt, kann das Substitutionsproblem der integrierten Netzbetreiber im LTE-Upgradefall (ohne Berücksichtigung eines FTTH-Ausbaus) modelliert und untersucht werden. Dazu werden die Daten der integrierten Netzbetreiber einzeln herangezogen und das Modell für jeden individuell kalibriert.

Telefónica/O2:

Beginnend mit dem kleinsten deutschen Mobilfunknetzbetreiber, Telefónica/O2, werden zunächst der Festnetz- und Mobilfunkmarkt über die Marktanteile des Unterneh-

---

[109] Mobilfunkmarkt: 79,17 Mio. · (21 − 5) = 1.266,72 Mio. €, DSL-Festnetzmarkt: 32,27 Mio. · (34,60 − 15,08) = 629,91 Mio. €.

mens in ihrer Größe angepasst, um die unterschiedlichen Kundenmengen bzw. -reichweiten des Betreibers berücksichtigen zu können (siehe Tab. IV.2, Fußnote a und d).

Tab. IV.2: Mobilfunk-Festnetz-Substitution – Der Fall „Telefónica/O2"

Variable	Symbol	Wert
Festnetz		
- Marktanteil „DSL-Markt"[a]	-	11,0 %
- Konstante[b]	$\theta_{F,DSL}$	1.000.000.000.000.000
- Fixkosten[c]	λF^E	4,17 Mio. € pro Monat
Mobilfunk		
- Marktanteil „Mobilfunkmarkt"[d]	-	15,7 %
- Konstante $(\beta = \gamma = 0)$[e]	θ_M	1.420.000
- Fixkosten[f]	F^E	21,75 Mio. € pro Monat

a) Der Marktanteil von O2 im deutschen DSL-Markt (Ende 2010) wird mit der Marktgröße $q_{F,Max}$ multipliziert, um die unterschiedlichen Marktanteile des Unternehmens in den jeweiligen Märkten zu berücksichtigen.
b) Der Konstante wird ein sehr hoher Wert zugewiesen, um die Investitionen in den Festnetzmarkt auf 0 zu normieren. Dies ist insofern als realistisch zu betrachten, als dass der Netzbetreiber nicht auf unendlich viele finanzielle Ressourcen zurückgreifen kann und sich somit für ausgewählte Investitionen entscheiden muss.
c) Die monatlichen Fixkosten entsprechen einem jährlichen Gegenwert von 50 Mio. € und stellen die Untergrenze für den Betrieb eines zusätzlichen kabelgebundenen Internetzugangsnetzes neben dem Mobilfunknetz mit einer Mindestanzahl an Kunden in Höhe einer Viertelmillion dar. Dazu wird der Wert λ entsprechend gewählt und nimmt in diesem Fall 19,2 % an.
d) Der Marktanteil von O2 im deutschen Mobilfunkmarkt (Ende 2010) wird mit der Marktgröße $q_{M,Max}$ multipliziert, um die unterschiedlichen Marktanteile des Unternehmens in den jeweiligen Märkten zu berücksichtigen.
e) Die Konstante ist im Ausgangsfall unter $\beta = \gamma = 0$ so gewählt (der Festnetzeinfluss bleibt hierbei unberücksichtigt), dass der Netzbetreiber den angestrebten Rückfluss von 4,20 € im Nash-Gleichgewicht erreicht. Werden mit Hilfe diesen Wertes die Investitionskosten berechnet (ca. 1,25 Mrd. €), ergeben sich für einen Zeitraum von 15 Jahren (= Nutzungsdauer der LTE-Lizenzen) Ausgaben, die in der diskontierten Summe (Diskontsatz: 8,5 %) in etwa den tatsächlichen Auktionsausgaben für die LTE-Lizenzen (ca. 1,4 Mrd. €) entsprechen.
f) Die Fixkosten ergeben sich aus der Anzahl der Sendestationen für ein deutschlandweites 800/900-MHz-Netz multipliziert mit den durchschnittlichen Kosten pro LTE-Sendestation (vgl. Gerpott 2008, S. 69 ff. sowie Tab. III.2 dieser Arbeit). Im Rahmen des Modells bzw. der Optimierung spielen die Fixkosten jedoch keine Rolle solange die Umsätze höher ausfallen und sich daraus ein positiver Gewinn ergibt.

Quelle: Bundesnetzagentur, Gerpott 2008, VATM 2010, eigene Berechnungen

Der Festnetzmarkt reduziert sich damit von vormals 32,27 Mio. auf jetzt 3,55 Mio. potentielle Kunden und der Mobilfunkmarkt von 79,17 Mio. auf 12,43 potentielle Kunden[110]. Letzterer Wert liegt unterhalb der tatsächlichen Anzahl an Kunden bzw.

---

[110] Der Marktanteil des Netzbetreibers im Mobilfunkmarkt bezieht sich auf den Gesamtmarkt für die Sprach- und Datennutzung im Mobilfunknetz. Da keine separaten Zahlen für mobile Internetanschlüsse nach Netzbetreiber verfügbar sind, wird der Marktanteil des Netzbetreibers am Gesamtmarkt als Schätzwert zugrunde gelegt.

IV.2. Empirische Analyse der Substitutionsproblematik in Deutschland

Verträgen von Telefónica/O2, obwohl Geschäftskunden, die sowohl privat als auch beruflich einen mobilen Internetzugang nutzen können, bereits erfasst sind. Grund hierfür ist, dass viele Mobilfunknutzer für den Sprachgebrauch oftmals mehrere SIM-Karten und damit Verträge besitzen, um je nach Zielperson und -netz zum günstigsten Tarif (in dem jeweiligen Heimnetz) telefonieren zu können. Beim Datenzugang wird jedoch auf kein fremdes Mobilfunknetz zugegriffen, so dass eine netzabhängige Sparmöglichkeit nicht existiert und die quasi-parallele Nutzung mehrerer SIM-Karten unsinnig wäre. Somit entspricht die Anzahl potentieller Kunden für mobile Internetzugänge der tatsächlichen Anzahl an Privat- und Geschäftspersonen und liegt damit unterhalb der Anzahl an Verträgen für den Sprachgebrauch.

Als nächstes erfolgt die Zuweisung der Fixkosten. Diese sind beim Festnetz an die minimal notwendigen Kosten zum Betrieb eines zusätzlichen kabelgebundenen Internetzugangsnetzes (neben dem Mobilfunknetz) und beim Mobilfunknetz an die Kosten für ein deutschlandweites LTE-Netz angelegt (siehe Tab. IV.2, Fußnote c und f). Während die tatsächliche Höhe der Fixkosten für das Mobilfunknetz zur Erreichung des gewinnoptimalen Nash-Gleichgewichts sowohl im Substitutionsfall als auch im Nicht-Substitutionsfall irrelevant ist und damit beliebig hoch ausfallen kann, spielen die Fixkosten für das Festnetz im Substitutionsfall mit $\gamma > 0$ eine entscheidende Rolle. Ersteres liegt sowohl in der Art der Kosten, als *sunk costs* sind sie sofort versunken bzw. abzugsfähig und spielen bei der Gewinnoptimierung keine Rolle mehr, als auch im Gewinnpotential der mobilen im Vergleich zur stationären Zugangstechnologie begründet. Da das Gewinnpotential der mobilen Zugangstechnologie bei weitem über dem der stationären Technologie liegt (aufgrund der unterschiedlich großen Märkte), gibt der integrierte Netzbetreiber im äußersten Substitutionsfall niemals seine Mobilfunkaktivitäten aber immer seine Festnetzaktivitäten auf. D. h. der integrierte Netzbetreiber vergleicht seine (Gewinn-)Situation im Substitutionsfall immer mit der eines reinen Mobilfunknetzbetreibers, für den per Annahme die gleichen Mobilfunk-Fixkosten gelten. Werden die Einkünfte des Einzelnetzbetreibers und des integrierten Netzbetreibers im Substitutionsfall gegenübergestellt, können die Fixkosten für die Mobilfunknetze aufgrund der identischen Höhe sofort abgezogen werden und sind damit im Entscheidungsprozess um die Aufgabe des Festnetzes irrelevant. Letztlich sind also nur die Umsätze (= Preis x Menge) nicht aber die (identischen) Mobilfunk-Fixkosten ausschlaggebend.

Für die Fixkosten des Festnetzes gilt im Fall $\gamma = 0$, dass auch sie *sunk costs* darstellen und für die Gewinnoptimierung keine Rolle spielen[111]. Im Fall $\gamma > 0$ beginnt der integrierte Netzbetreiber aber seinen Gewinn mit dem eines reinen Mobilfunknetzbetreibers, der selber keine Festnetzfixkosten tragen muss, zu vergleichen. Da der integrierte Netzbetreiber nur solange ein Festnetz parallel zu seinem Mobilfunknetz betreiben wird, wie seine Gewinne (nach Abzug der Fixkosten) höher ausfallen als beim reinen Mobilfunknetzbetreiber, stellen die Festnetzfixkosten für ihn eine entscheidungsrelevante Größe dar.

Wird das Modell mit den allgemeingültigen Rahmenbedingungen von oben und den hier erläuterten unternehmensspezifischen Daten kalibriert, können die Konstanten $\theta_{F,DSL}$ und θ_M und damit die Investitionsbereitschaft des Netzbetreibers in Anlehnung an den angestrebten Investitionsrückfluss bei einem LTE-Upgrade (retrograd) ermittelt werden (siehe Tab. IV.2, Fußnote b und e). Hierbei fällt auf, dass beim gewählten Wert für $x_{M,LTE}$ eine (Nash-optimale) Investitionsbereitschaft entsteht, ca. 1,25 Mrd. €, welche ungefähr den tatsächlichen Ausgaben von Telefónica/O2 für die erworbenen LTE-Lizenzen entspricht, ca. 1,4 Mrd. €[112]. Dazu folgende Überlegung: Erstens, der Netzbetreiber verhält sich in dem hier dargestellten Modell wie ein Monopolist und erzielt damit wahrscheinlich höhere Gewinne als im realen Oligopolfall (vorherrschende Marktform im deutschen Mobilfunkmarkt) bzw. Polypolfall (vorherrschende Marktform im deutschen Festnetzmarkt). Und zweitens, dass bei einem LTE-Upgrade entweder keine oder sogar leichte Verbundnachteile für das Festnetzgeschäft auftreten, dann hat Telefónica/O2 für seine LTE-Lizenzen vermutlich mehr bezahlt als gewinnoptimal gewesen wäre. In Bezug auf den ersten Punkt macht Gleichung (IV.9) deutlich, dass der Netzbetreiber umso mehr in ein Produkt investiert je höher das Gewinnpotential (→ a steigt und/ oder c fällt und/oder b fällt) für dieses ausfällt und *vice versa*. Fällt das tatsächliche Gewinnpotential im realen Wettbewerbsfall also geringer aus, muss auch die optimale Investition in das Produkt geringer ausfallen. Für den zweiten Punkt wird angenommen, dass im Rahmen eines LTE-Upgrades grundsätzlich keine Verbundvorteile auftreten (es gilt: $\beta \leq 0$), welche in Anlehnung an Gleichung (IV.9) gegenüber dem Basisfall mit $\beta = \gamma = 0$ zu gleichbleibenden oder rückläufigen Investi-

---

[111] Da $\gamma = 0$ tritt in diesem Fall kein Substitutionsproblem auf. D. h. der integrierte Netzbetreiber kann beide Netze wie ein eigenständiges Unternehmen betreiben und muss sich nicht mit dem Fall eines reinen Mobilfunknetzbetreibers vergleichen.

[112] Die Kosten für den Aufbau und Betrieb des LTE-Netzes stecken in periodisierter Form in den Fixkosten und müssen an dieser Stelle nicht mehr berücksichtigt werden.

IV.2. Empirische Analyse der Substitutionsproblematik in Deutschland   129

tionen führen würden[113]. D. h. sind Verbundvorteile ausgeschlossen, muss die Nash-optimale Investition von Telefónica/O2 in ihre LTE-Lizenzen kleiner oder gleich dem hier dargestellten Fall sein und damit geringer ausfallen als der tatsächlich gezahlte Betrag[114].

Nach Festlegung aller notwendigen Inputgrößen kann das Modell schließlich zur Anwendung gebracht werden. Wird als erstes der Gewinnverlauf von Telefónica/O2 im Substitutionsfall und unter Beachtung der Verbundvorteile für $\beta = 0$, 1 und -1 im Vergleich zum Einzelnetzbetrieb grafisch dargestellt, ergibt sich Abb. IV.4.

Abb. IV.4: Gewinnverlauf von Telefónica/O2 in Abhängigkeit von der Homogenität

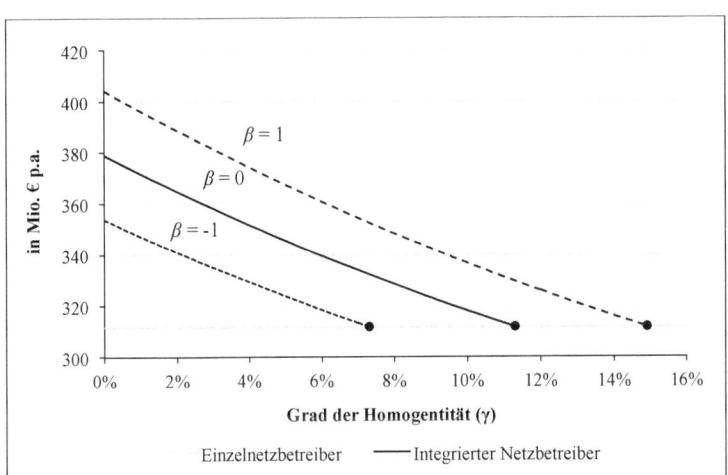

Quelle: Eigene Darstellung

Wenn beim LTE-Upgrade keine Substitutionseffekte auftreten ($\gamma = 0$), lohnt es sich für Telefónica/O2 – unabhängig vom Ausmaß der Verbundvorteile – theoretisch immer, neben seinem Mobilfunknetz ebenso ein kabelgebundenes Internetzugangsnetz zu betreiben, da die Gewinne höher ausfallen als beim Einzelnetzbetrieb[115]. Im Fall 100 %iger Verbundnachteile ($\beta = -1$) fällt die Gewinndifferenz zum Einzelnetzbetrieb mit

---

[113] Der optimale Investitionsbetrag würde sich im Fall $\beta = -1$ auf 1,1 Mrd. € und im Fall $\beta = 1$ auf 1,5 Mrd. € belaufen, sofern Substitutionseffekte negiert werden.
[114] Die Art der Investitionsfunktion spielt dafür keine Rolle, da letztlich nur die absoluten Werte in Kombination mit den übrigen Werten des Modells relevant sind.
[115] Dies setzt voraus, dass die versorgte Kundenmenge ausreichend groß ist und die Fixkosten unterhalb der Umsätze liegen. Beide Voraussetzungen sind im Rahmen der hier gegebenen Werte erfüllt.

42,0 Mio. € p.a. bzw. 11,9 % eher gering aus, so dass im realen Wettbewerbsfall aufgrund geringerer vermuteter (Festnetz-)Gewinne die Gefahr besteht, unterhalb des Gewinns des Einzelnetzbetreibers zu fallen und sich damit zu verschlechtern. Da diese Problematik für alle hier betrachteten Fälle zutrifft, können die erworbenen Ergebnisse immer nur eine Obergrenze darstellen.

Nimmt der Grad der Homogenität bzw. die Substitution zu ($\gamma > 0$), verringern sich die Gewinne des integrierten Netzbetreibers, da sich die Kunden zunehmend nur noch für eine Internetzugangsvariante entscheiden und sich damit die Gesamtmenge der „zahlenden Einheiten" (auch als Revenue Generating Units, kurz: RGUs, bezeichnet) reduziert (siehe Abb. IV.5).

Abb. IV.5: RGU-Verlauf von Telefónica/O2 in Abhängigkeit von der Homogenität

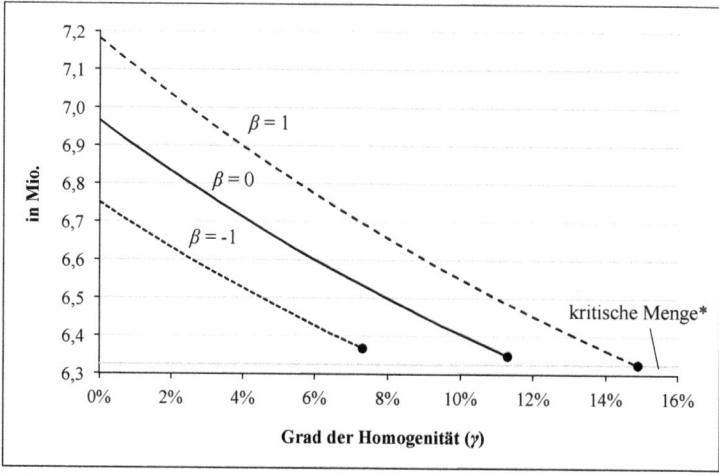

* Die kritische Menge variiert für unterschiedliche Verbundvorteile, da bei positiven Verbundvorteilen der Nutzen und damit der Preis des Festnetzprodukts zunehmen, während diese bei Verbundnachteilen abnehmen und damit unterschiedliche Kundenmengen notwendig sind, um den Gewinn des Einzelnetzbetreibers zu übertreffen.

Quelle: Eigene Darstellung

Zählten im Fall $\gamma = 0$ viele Kunden als doppelte Gewinneinheiten (1 Kunde oder Haushalt = 2 RGUs bzw. Einheiten), da sie sowohl einen kabelgebundenen als auch mobilen Internetzugang besaßen, sind sie im Fall $\gamma > 0$ zunehmend nur noch einfache Gewinneinheiten (1 Kunde oder Haushalt = 1 RGU). Dieser Substitutionsprozess nimmt mit steigender Homogenität solange zu, bis es sich für den integrierten Netzbetreiber nicht mehr lohnt, das kabelgebundene Zugangsnetz zu betreiben, da die hierauf entfallende Kundenbasis so weit geschrumpft ist, dass die Gewinne unterhalb des Gewinns des Einzelnetzbetreibers fallen. In diesem Fall sollte der integrierte Netzbetreiber sein Festnetz aufgeben und nur noch auf Basis seines Mobilfunknetzes anbieten (Grenzfall dargestellt anhand der schwarzen Punkte in den Abbildungen).

Schaut man sich auf den folgenden Abbildungen den Substitutionsprozess im Detail an, kann festgestellt werden, dass der Netzbetreiber zum Erhalt seines Gewinnoptimums[116] versucht den Substitutionsprozess über eine Preisreduktion im Festnetzbereich abzuschwächen (siehe Abb. IV.6). Gleichzeitig belässt er den Mobilfunkpreis weitestgehend unverändert bzw. hebt ihn leicht an, da es für den Netzbetreiber attraktiver ist diesen aufgrund des deutlich größeren Mobilfunkmarkts und des damit verbundenen Gewinnpotentials nicht für eine Abschwächung des Substitutionsprozesses zu reduzieren. Als Folge wandern mit steigender (Grenz-)Homogenität zwischen den Internetzugangstechnologien relativ weniger Nutzer aus dem Festnetzbereich ab und die tatsächliche Substitutionsquote sinkt unter das Niveau des Homogenitätsgrads (siehe Abb. IV.7).

Abb. IV.6: Preis/ARPU-Verlauf[117] von Telefónica/O2 in Abhängigkeit von der Homogenität

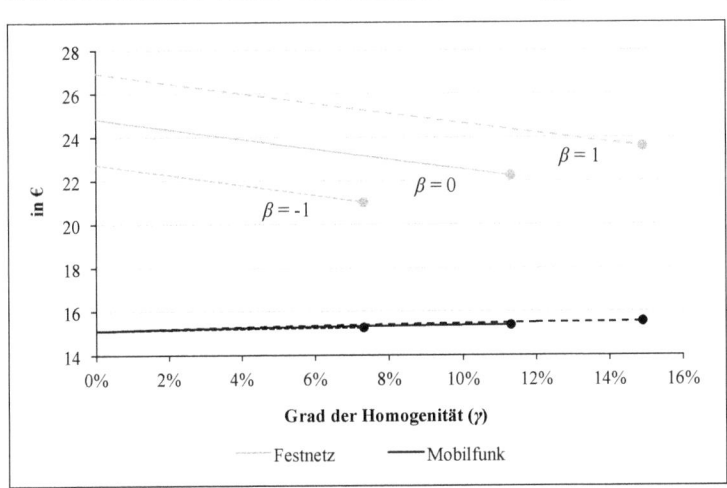

Quelle: Eigene Darstellung

---

[116] Gleichbedeutend mit dem Nash-Gleichgewicht.
[117] Unabhängig von den Verbundvorteilen ist der Nutzenanstieg der Mobilfunkinvestition im Mobilfunkpreis bereits berücksichtigt, während die durch die Mobilfunkinvestition induzierte Nutzenänderung für die Festnetzkunden erst im Fall $\beta \neq 0$ berücksichtigt wird. Dies führt dazu, dass sich das Niveau des Festnetzpreises für alle Fälle mit $\beta \neq 0$ verändert, während es beim Mobilfunkpreis konstant bleibt.

Wie in der Praxis beobachtet werden kann, gibt es neben der Preisanpassung noch weitere Möglichkeiten den Substitutionsprozess abzuschwächen. So versuchen die Netzbetreiber insbesondere die beiden Anschlussarten künstlich zu differenzieren. Dazu werden bspw. die Nutzung des mobilen Internetanschlusses mit einem stationären Endgerät (auch Laptops) vertraglich ausgeschlossen (→ rechtliche Maßnahmen) oder preislich differenzierte Mobilfunkverträge in Abhängigkeit vom frei verfügbaren Datenvolumen angeboten (→ Preisdifferenzierung). So gibt es günstige Verträge, die ein sehr geringes Übertragungsvolumen erlauben, welches für den mobilen Gebrauch durchaus ausreichend ist, wie z. B. für den eMail-Abruf, dem Zugriff auf soziale Netzwerke oder Recherche ortsabhängiger Informationen, hingegen im stationären Anwendungsbereich, wie z. B. für Online-Gaming, Musik- und Videostreaming oder Cloud-Dienste[118], zu gering ist, um den kabelgebundenen Internetzugang zu ersetzen. Letzterer wird darüber hinaus auch zunehmend mit TV-Angeboten und/oder günstigen Mobilfunkangeboten für den Sprachgebrauch gekoppelt, um den Festnetz- gegenüber dem Mobilfunkzugang zu differenzieren.

Abb. IV.7: Substitutionsquote von Telefónica/O2 in Abhängigkeit von der Homogenität

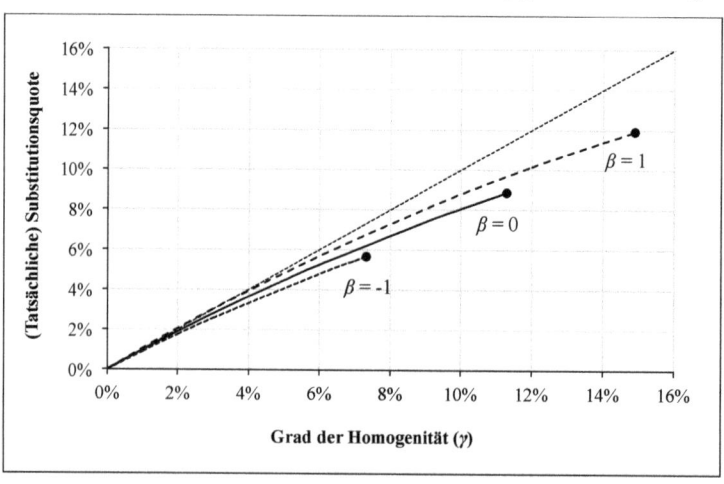

Quelle: Eigene Darstellung

Für eine Erklärung der unterschiedlichen (Festnetz-)Preisniveaus aus Abb. IV.6 muss an dieser Stelle der Verlauf der Nash-optimalen Investitionsausgaben in Abhängigkeit

---

[118] Hierunter kann das Abspeichern und Aufrufen sämtlicher privater Daten, wie z. B. Fotos, Musik, Software, Filme, etc., auf bzw. von einem Server verstanden werden, der von einem Unternehmen, wie bspw. Apple oder der Deutschen Telekom, betrieben wird.

des Homogenitätsgrads dargestellt werden (siehe Abb. IV.8). Hierbei wird deutlich, dass mit zunehmenden Verbundvorteilen das optimale Investitionsniveau angehoben werden sollte, da insgesamt eine größere Outputmenge von den Investitionen profitiert (für $\beta > 0$ nehmen in Gleichung IV.4 aus vorherigem Abschnitt sowohl X_i als auch X_j einen positiven Wert an, so dass die profitierende Menge steigt). D. h. es können Skaleneffekte realisiert werden. Gleichzeitig erhöht sich mit den Verbundvorteilen der Einfluss der Mobilfunkinvestitionen auf den Nutzen der Festnetzkunden mit der Folge, dass der Netzbetreiber in diesem Zusammenhang die Preise anheben (wenn $\beta > 0$) oder nach unten korrigieren sollte (wenn $\beta < 0$).

Abb. IV.8: Investitionsausgaben von Telefónica/O2 in Abhängigkeit von der Homogenität

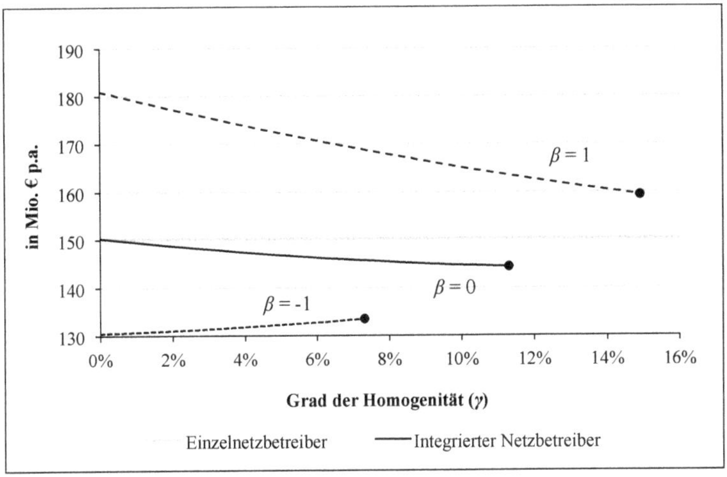

Quelle: Eigene Darstellung

Mit Blick auf den Homogenitätsgrad gilt, dass bei einem Anstieg in der Regel die optimalen Investitionsausgaben reduziert werden sollten (siehe Ableitung von Gleichung IV.9 nach γ), da sich die profitierende Outputmenge verkleinert (siehe Abb. IV.5)[119]. Nur bei einem sehr geringen β-Wert (hier gegeben für $\beta < -0,6$) sollten die Investitionen in das gewinnstärkere Produkt (= Mobilfunkanschluss) im Zuge einer steigenden Homogenität erhöht werden, da in diesem Fall der Negativ-Effekt der Investitionen (gegeben bei $\beta < 0$) auf das gewinnschwächere Produkt (= Festnetzanschluss) über den

---

[119] Die Investitionsausgaben sollten sich auch im Fall $\beta = 0$ (→ keine Verbundvorteile vorhanden) reduzieren, da der Substitutionseffekt in beiden Produktmärkten stattfindet. Ein Teil der ehemaligen Festnetz- und Mobilfunkkunden entscheidet sich für den Festnetzanschluss und der andere (deutliche größere) Teil für den Mobilfunkanschluss.

Preisrückgang den Substitutionsprozess abschwächt. D. h. der durch eine Investition direkt ausgelöste negative Preiseffekt (hervorgerufen durch $\beta < 0$) auf das gewinnschwächere Festnetzprodukt sowie die zusätzlichen Kosten der höheren Investition werden durch den indirekt ausgelösten positiven Mengeneffekt (→ weniger Substitution) sowie dem (leicht) positiven Preiseffekt auf das gewinnstärkere Mobilfunkprodukt überkompensiert. Für die Marktpreise der beiden Internetzugangsarten bedeuten die sich ändernden Investitionsausgaben in Abhängigkeit von der Homogenität (nicht Verbundvorteile!) hingegen keinen Einfluss, da die Investitionsrückflüsse konstant bei 4,20 € liegen. Folglich ist jede Preisänderung rein strategisch motiviert und nicht durch die Veränderung der Investitionsausgaben aufgrund einer zunehmenden Substitution hervorgerufen.

Für den LTE-Fall mit $\beta \leq 0$ bedeuten obige Ergebnisse, dass sowohl die Investitionen in die LTE-Technologie (da nur geringe Abweichungen auftreten) als auch die Preise im Mobilfunk nahezu unabhängig von einem möglichen Substitutionsprozess gesetzt werden sollten. Lediglich die Preise des gewinnschwächeren Festnetzzugangs sollten in Abhängigkeit vom Homogenitätsgrads nach unten korrigiert werden, um den Substitutionsprozess abzuschwächen. Für den Festnetzpreis gilt zudem, dass dieser umso niedriger gesetzt werden sollte, je stärker die Verbundnachteile ausfallen (der Mobilfunkpreis sollte auch in diesem Fall weitestgehend unverändert belassen werden). Beim Blick auf den RGU-Verlauf in Abb. IV.5 wird deutlich, dass der Netzbetreiber mit zunehmender Homogenität trotz sinkender Festnetzpreise den Mengenrückgang nicht aufhalten kann und schließlich sein Festnetzprodukt aufgeben sollte, wenn die für ihn kritische Menge (graue Kurve) erreicht bzw. unterschritten wird.

Wird gegenüber der totalen Substitutionsquote aus Abb. IV.7 nur die Festnetz-Substitutionsquote dargestellt (siehe Abb. IV.9), lässt sich ablesen, wieviel Prozent der Festnetznutzer bzw. Haushalte ihren kabelgebundenen Internetzugang aufgeben müssten, damit sich der Netzbetreiber von seinem Festnetz trennen sollte. Diese Information ist insofern wichtig, da rund 40 % aller deutschen Haushalte Einpersonenhaushalte sind, für welche grundsätzlich eine höhere Substitutionsbereitschaft unterstellt wird als für Mehrpersonenhaushalte[120]. Wird entsprechend angenommen, dass die Kundenportfo-

---

[120] Da der mobile Internetzugang im Vergleich zum kabelgebundenen Internetzugang über die SIM-Karte personenbezogen ist, so dass in der Regel keine zusätzlichen Personen diesen nutzen können, werden Mehrpersonenhaushalte vermutlich eine höhere Affinität zu kabelgebundenen als mobilen Internetzugängen haben, um allen ihren Haushaltsmitgliedern den Internetzugang ohne zusätzliche Kosten ermöglichen zu können. Einpersonenhaushalte haben dagegen nicht die Möglichkeit die Kosten auf mehrere Personen zu verteilen, so dass sie sich bei hoher Homogenität

lios der deutschen Netzbetreiber einer ähnlichen Haushaltsaufteilung unterliegen wie der gesamtdeutsche Markt, dann ist die Aufgabe des Festnetzes umso wahrscheinlicher, falls zur Erreichung der kritischen Menge aus Abb. IV.5 eine Festnetz-Substitutionsquote von 40 % oder weniger anfällt. Wird z. B. der Verlauf für $\beta = 0$ betrachtet, dann ergibt sich im Grenzfall zur Aufgabe des Festnetzes eine Festnetz-Substitutionsquote von ca. 38 %. D. h. wenn sich im LTE-Zeitalter die abonnierten Festnetzanschlüsse von Telefónica/O2 um rund 38 % reduzieren, dann sollte Telefónica/O2 sein Festnetzprodukt aufgeben. Je nach Investitionsprojekt und den damit einhergehenden Verbundvorteilen hat der Netzbetreiber jedoch die Möglichkeit, den kritischen Substitutionswert zu beeinflussen. So erlauben ihm Investitionsprojekte mit hohen Verbundvorteilen die Festnetz-Substitution für einen gegebenen Homogenitätsgrad zu reduzieren und *vice versa* (siehe Abb. IV.9).

Abb. IV.9: Festnetz-Substitutionsquote von Telefónica/O2 in Abhängigkeit von der Homogenität

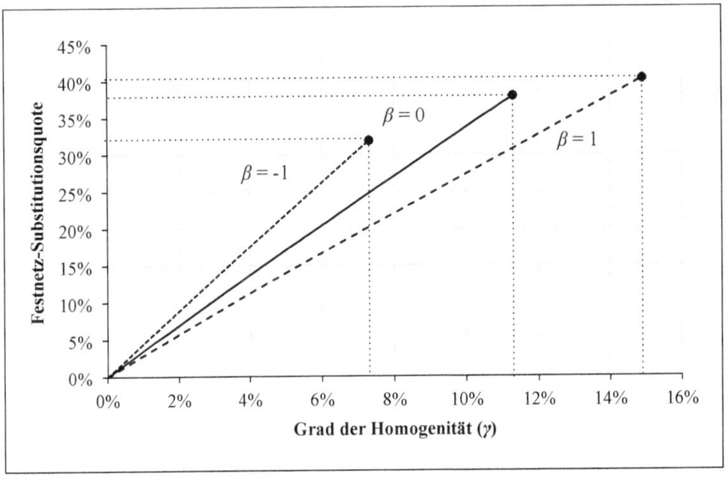

Quelle: Eigene Darstellung

Zum Abschluss des Telefónica/O2-Falls soll noch gezeigt werden, wie sich der Grenzfall für $\beta = 0$ aus Abb. IV.4 bei Veränderung des Festnetzfixkosten und des DSL-Marktanteils verhält. Werden die Festnetzfixkosten verdoppelt (von 50 Mio. € auf 100 Mio. € p.a.), ergibt sich der linke untere Verlauf in Abb. IV.10. Der Grenzfall wird bereits bei einem Homogenitätsgrad von 2,5 % (hier nicht dargestellt) bzw. einer Fest-

---

zwischen den Zugängen vermutlich nur für eine Zugangsart entschieden werden um Kosten zu sparen.

netz-Substitutionsquote von 8,5 % erreicht. Ein gewinnsteigernder Betrieb eines zusätzlichen Festnetzes ist in diesem Fall kaum möglich und sollte daher vermieden werden. Wird dagegen der DSL-Marktanteil gegenüber dem Basisfall um 10 % erhöht, ergibt sich ein Anstieg der kritischen Grenze um knapp 2 Prozentpunkte auf 13 % für den Homogenitätsgrad und auf 41 % für die Festnetz-Substitutionsquote (Verlauf oben rechts in Abb. IV.10). D. h., möchte Telefónica/O2 auch im LTE-Zeitalter sein kabelgebundenes Internetzugangsnetz erfolgreich betreiben, sollte entweder der DSL-Marktanteil ausgebaut werden, um die kritische Grenze zur Aufgabe des Festnetzes zu erhöhen oder eine künstliche Differenzierung zwischen den beiden Internetanschlussarten herbeigeführt bzw. verstärkt werden. Letzteres könnte sich aber als Herausforderung erweisen, falls konkurrierende Netzbetreiber wie E-Plus, die selbst keinen Substitutionsproblemen unterliegen, oder Vodafone, die den DSL-Markt trotz bestehender Substitutionseffekte mit LTE-Angeboten angreifen, versuchen, die künstlichen bzw. technischen Differenzierungsmerkmale zwischen den unterschiedlichen Anschlussarten der Wettbewerber zu überwinden, um ihre Marktanteile weiter auszubauen.

Abb. IV.10: Der Gewinnverlauf von Telefónica/O2 in der Sensitivitätsanalyse

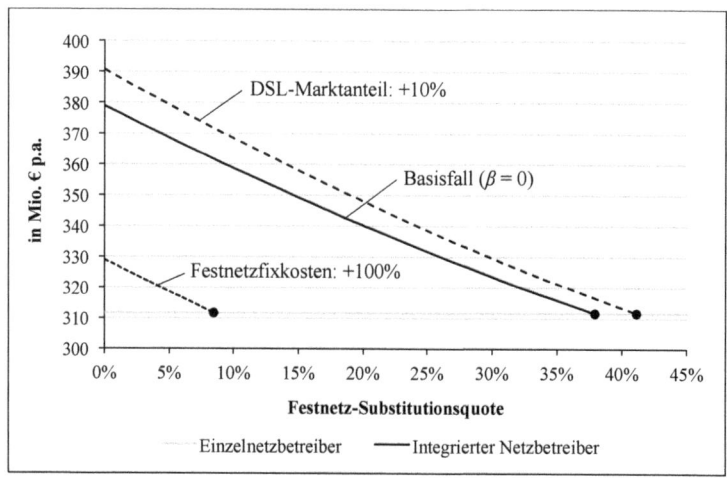

Quelle: Eigene Darstellung

Vodafone:

Schaut man sich zunächst die Inputvariablen von Vodafone an (siehe Tab. IV.3) und vergleicht diese mit denen von Telefónica/O2 (Tab. IV.2) wird deutlich, dass Vodafone einen rund 4 % höheren Anteil im DSL-Markt und einen mehr als doppelt so hohen

Anteil im Mobilfunkmarkt besitzt. Wird auch hier die Konstante θ_M für einen Investitionsrückfluss von 4,20 € bestimmt, ergibt sich für Vodafone – im Einklang mit der Differenz der Marktanteile – ein mehr als doppelt so hoher Wert gegenüber Telefónica/O2.

Tab. IV.3: Mobilfunk-Festnetz-Substitution – Der Fall „Vodafone"

Variable	Symbol	Wert
Festnetz		
- Marktanteil „DSL-Markt"[a]	-	15,2 %
- Konstante[b]	θ_F	1.000.000.000.000.000
- Fixkosten[b]	λF^E	4,17 Mio. € pro Monat
Mobilfunk		
- Marktanteil „Mobilfunkmarkt"[c]	-	33,7 %
- Konstante ($\beta = \gamma = 0$)[d]	θ_M	3.055.000
- Fixkosten[b]	F^E	21,75 Mio. € pro Monat

a) Der Marktanteil von Vodafone im deutschen DSL-Markt (Ende 2010) wird mit der Marktgröße $q_{F,Max}$ multipliziert, um die unterschiedlichen Marktanteile des Unternehmens in den jeweiligen Märkten zu berücksichtigen.
b) entsprich der Vorgehensweise wie im Fall „Telefónica/O2"
c) Der Marktanteil von Vodafone im deutschen Mobilfunkmarkt (Ende 2010) wird mit der Marktgröße $q_{M,Max}$ multipliziert, um die unterschiedlichen Marktanteile des Unternehmens in den jeweiligen Märkten zu berücksichtigen.
d) Die Konstante ist im Ausgangsfall mit $\beta = \gamma = 0$ so gewählt (der Festnetzeinfluss bleibt hierbei unberücksichtigt), dass der Netzbetreiber den angestrebten Rückfluss von 4,20 € im Nash-Gleichgewicht erreicht. Werden mit Hilfe diesen Wertes die Investitionskosten berechnet, ergeben sich für einen Zeitraum von 15 Jahren (= Nutzungsdauer der LTE-Lizenzen) Ausgaben, die in der diskontierten Summe (Diskontsatz: 8,5 %) rund 2,7 Mrd. € entsprechen.

Quelle: Bundesnetzagentur, Gerpott 2008, VATM 2010, eigene Berechnungen

Bezüglich der Festnetzfixkosten, welche per Annahme identisch zu Telefónica/O2 ausfallen, gilt, dass ihre tatsächliche Höhe irrelevant für das Nash-Gleichgewicht ist und somit jeden anderen Wert annehmen könnten, ohne die optimalen Investitionen zu beeinflussen. Für die marginalen Kosten c wiederum, die per Annahme ebenso identisch zu Telefónica/O2 ausfallen, gilt, dass sie im Falle einer Abweichung durchaus einen Einfluss auf die Investitionsbereitschaft hätten (siehe Gleichung IV.9 aus vorhergehendem Abschnitt). Je geringer (höher) sie ausfallen, desto größer (niedriger) fällt die Gewinnmarge und damit der Investitionsanreiz in das jeweilige Produkt aus. Da sich die Netzbetreiber im Wettbewerb mit nahezu identischen Produkten befinden, wird angenommen, dass die marginalen Kosten ähnliche Niveaus annehmen und so der Einfluss abweichender Werte gering ausfällt. D. h. letztlich hängen die optimalen Investitionen fast ausschließlich vom Marktanteil des jeweiligen Netzbetreibers (über den Marktparameter b aus Gleichung IV.9) ab.

Wird zur Veranschaulichung der Auswirkung unterschiedlicher Marktanteile auf die Investitionsbereitschaft die LTE-Frequenzauktion herangezogen, zeigt sich, dass Vodafone in seinem Gewinnoptimum bis zu 2,7 Mrd. € – und damit ca. 1,4 Mrd. € mehr als Telefónica/O2 – hätte ausgeben können, um Frequenzen zu ersteigern[121]. Wären die beiden großen deutschen Mobilfunknetzbetreiber, Deutsche Telekom und Vodafone, im Rahmen der Auktion an ihr Limit gegangen und hätten keine Beschränkungen in der zu erwerbenden Frequenzmenge bestanden (jeder der beiden durfte lediglich 2 x 10 MHz der zu erwerbenden 800-MHz-Frequenzen ersteigern), hätten sie ihren kleineren Mitbietern, E-Plus und Telefónica/O2, entweder den Zugang zur LTE-Technologie bzw. weiteren Frequenzen versperren oder sie zumindest finanziell schwächen und sich so einen Wettbewerbsvorteil verschaffen können.

Nach Kalibrierung des Modells mit den Vodafone-spezifischen Daten ergeben sich in Anlehnung an den Telefónica/O2-Fall Abb. IV.11 - Abb. IV.16 für den Gewinnverlauf, die Mengen und Preise, die optimale Investitionsbereitschaft und den Verlauf der Festnetz-Substitutionsquote.

Abb. IV.11: Gewinnverlauf von Vodafone in Abhängigkeit von der Homogenität

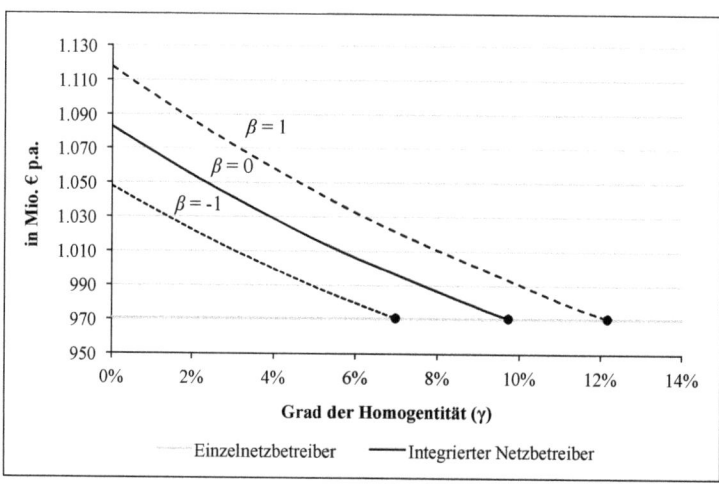

Quelle: Eigene Darstellung

---

[121] Eine Anhebung der Anschlusskosten um +50 % (von 5 € auf 7,50 €) würde die optimalen Investitionen auf ca. 2,35 Mrd. € reduzieren. Damit liegen sie noch immer deutlich oberhalb der Investitionen von Telefónica/O2.

Abb. IV.12: RGU-Verlauf von Vodafone in Abhängigkeit von der Homogenität

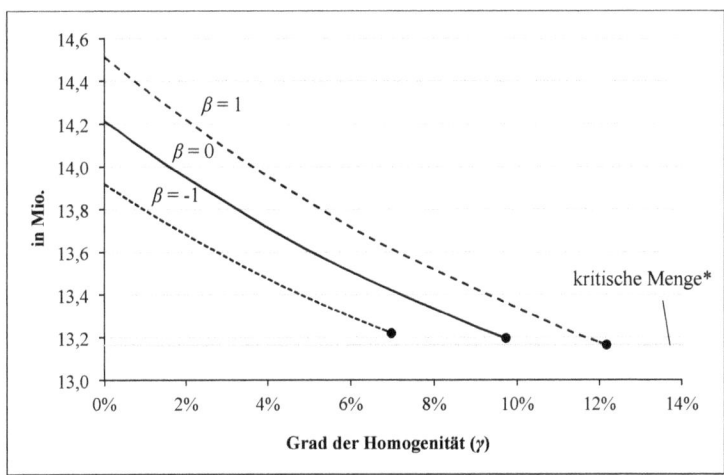

* Die kritische Menge variiert für unterschiedliche Verbundvorteile, da bei positiven Verbundvorteilen der Nutzen und damit der Preis des Festnetzprodukts zunehmen, während diese bei Verbundnachteilen abnehmen und damit unterschiedliche Kundenmengen notwendig sind, um den Gewinn des Einzelnetzbetreibers zu übertreffen.

Quelle: Eigene Darstellung

Abb. IV.13: Preis/ARPU-Verlauf von Vodafone in Abhängigkeit von der Homogenität

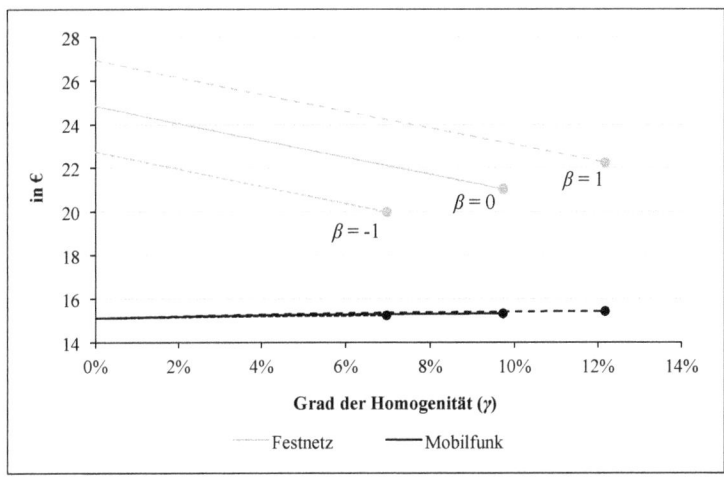

Quelle: Eigene Darstellung

Abb. IV.14: Substitutionsquote von Vodafone in Abhängigkeit von der Homogenität

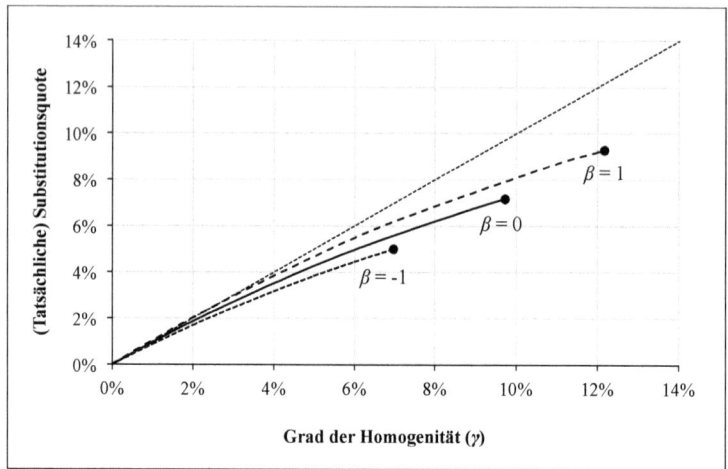

Quelle: Eigene Darstellung

Abb. IV.15: Investitionsausgaben von Vodafone in Abhängigkeit von der Homogenität

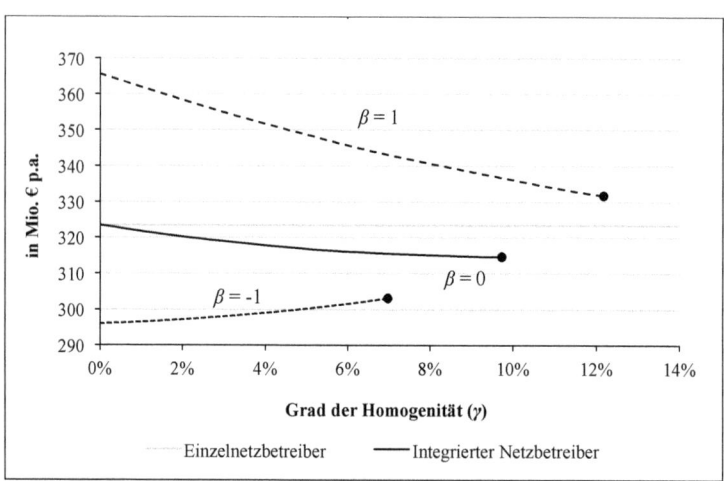

Quelle: Eigene Darstellung

Abb. IV.16: Festnetz-Substitutionsquote von Vodafone in Abhängigkeit von der Homogenität

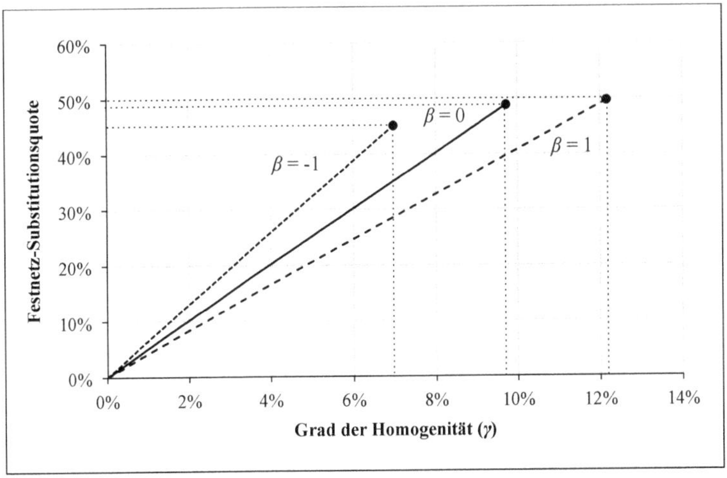

Quelle: Eigene Darstellung

Hierbei fallen im Vergleich zu Telefónica/O2 neben den insgesamt höheren Gewinnen, Nash-optimalen Investitionen und RGUs (hauptsächlich bedingt durch die höheren Marktanteile im Mobilfunk- und Festnetzmarkt) insbesondere der stärkere Festnetzpreisrückgang im Substitutionsfall sowie die höhere kritische Festnetz-Substitutionsquote von rund 49 % auf. Beide Abweichungen werden im wesentlichen durch die Relation der Festnetzkundenmenge zu den Festnetzfixkosten verursacht, die im Vodafone-Fall höher liegt als im Telefónica/O2-Fall, da beide Netzbetreiber zwar identische Fixkosten jedoch unterschiedlich hohe Kundenmengen aufweisen. Fällt diese Relation umso höher aus (→ auf unveränderte Fixkosten kommen mehr Kunden), desto größer muss der Festnetzkundenabgang sein, um in den Bereich eines unrentablen Betriebs eines zusätzlichen Festnetzes zu gelangen. Da die absolute Menge an Festnetzkunden bei Vodafone oberhalb der Menge von Telefónica/O2 liegt – bei gleichen Fixkosten –, muss ebenfalls die kritische Festnetz-Substitutionsquote höher liegen. Infolgedessen braucht es „länger" bis der kritische Substitutionsfall zur Aufgabe des Festnetzes eintritt mit der Folge, dass auch die Festnetzpreise unter das Niveau der Telefónica/O2-Preise sinken können. In diesem Fall kommt hinzu, dass der Anteil des Festnetzgeschäfts am Gesamtgewinn von Vodafone geringer ist als bei Telefónica/O2 und somit im Substitutionsfall geringere Festnetzpreise in Kauf genommen werden können, da sie vergleichsweise weniger relevant sind.

Abb. IV.17: Der Gewinnverlauf von Vodafone in der Sensitivitätsanalyse

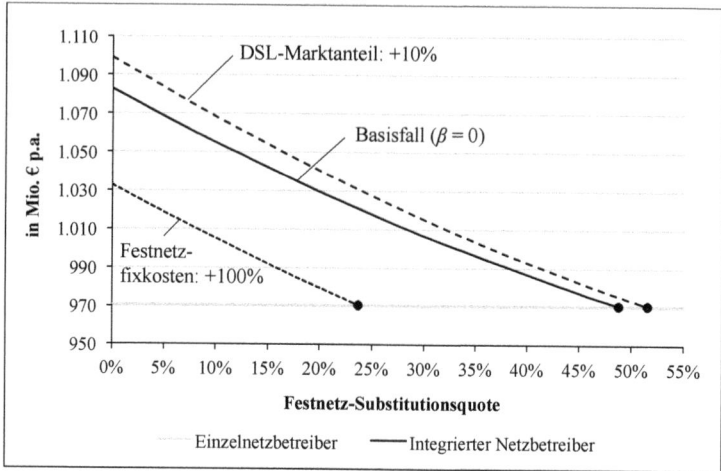

Quelle: Eigene Darstellung

Werden anschließend im Rahmen einer Sensitivitätsanalyse die Fixkosten verdoppelt (siehe Verlauf unten links in Abb. IV.17), reduziert sich der Homogenitätsgrad von vormals 9,7 % auf jetzt 4,7 % (hier nicht dargestellt) bzw. die Festnetz-Substitutionsquote von vormals 49 % auf 24 %. Als Folge wird die kritische Grenze von 40 % deutlich unterschritten. Soll diese wieder überschritten werden, müsste Vodafone seinen DSL-Marktanteil um rund 50 % steigern. Vor dem Hintergrund der zunehmenden Konkurrenz der TV-Kabelnetzbetreiber (DOCSIS 3.0-Technologie) sowie der bestehenden DSL-Konkurrenz, scheint ein solcher Anstieg nur unter großen (finanziellen) Anstrengungen möglich. Deshalb sollte der Netzbetreiber Vodafone im LTE-Zeitalter unter Berücksichtigung der tatsächlichen Festnetzfixkosten eine Aufgabe seines DSL-Zugangsnetzes in Erwägung ziehen.

Deutsche Telekom:

Die Deutsche Telekom, als Ex-Monopolist des deutschen Festnetzmarktes, stellt gegenüber seinen Wettbewerbern einen besonderen Fall dar, da der Anteil der Festnetzkunden im DSL-Markt mit über 50 % deutlich oberhalb seiner Wettbewerber liegt und damit die Festnetzsparte einen wesentlichen Beitrag zum Gesamtgewinn des Unternehmens leistet. Folglich könnte ein LTE-Upgrade mit hohen Substitutionseffekten eine latente Gefahr für die Telekom darstellen, ehemals hohe Gewinne zu verlieren.

IV.2. Empirische Analyse der Substitutionsproblematik in Deutschland

Tab. IV.4: Mobilfunk-Festnetz-Substitution – Der Fall „Deutsche Telekom"

Variable	Symbol	Wert
Festnetz		
- Marktanteil „DSL-Markt"[a]	-	52,0 %
- Konstante[b]	θ_F	1.000.000.000.000.000
- (marginale) Kosten[c]	c_F	11,67 €
- Fixkosten[b]	λF^E	4,17 Mio. € pro Monat
Mobilfunk		
- Marktanteil „Mobilfunkmarkt"[d]	-	31,9 %
- Konstante ($\beta = \gamma = 0$)[e]	θ_M	2.890.000
- Fixkosten[b]	F^E	21,75 Mio. € pro Monat

a) Der Marktanteil der Deutschen Telekom im deutschen DSL-Markt (Ende 2010) wird mit der Marktgröße $q_{F,Max}$ multipliziert, um die unterschiedlichen Marktanteile des Unternehmens in den jeweiligen Märkten zu berücksichtigen.
b) entspricht der Vorgehensweise wie im Fall „Telefónica/O2"
c) Im Gegensatz zu den Wettbewerbern wird für die Deutsche Telekom eine TAL-Gebühr von 6,67 € unterstellt, welche dem Durchschnitt der zehn günstigsten Länder in Europa entspricht (vgl. VATM 2010a, S. 4). So soll eine realistischere Kalibrierung für die Telekom erreicht werden. Dieser Annahme liegt die Vermutung zugrunde, dass die TAL-Gebühr in Deutschland zu hoch angesetzt ist (vgl. Dialog Consult 2011, S. 28).
d) Der Marktanteil der Deutschen Telekom im deutschen Mobilfunkmarkt (Ende 2010) wird mit der Marktgröße $q_{M,Max}$ multipliziert, um die unterschiedlichen Marktanteile des Unternehmens in den jeweiligen Märkten zu berücksichtigen.
e) Die Konstante ist im Ausgangsfall mit $\beta = \gamma = 0$ so gewählt (der Festnetzeinfluss bleibt hierbei unberücksichtigt), dass der Netzbetreiber den angestrebten Rückfluss von 4,20 € im Nash-Gleichgewicht erreicht. Werden mit Hilfe dieses Wertes die Investitionskosten berechnet, ergeben sich für einen Zeitraum von 15 Jahren (= Nutzungsdauer der LTE-Lizenzen) Ausgaben, die in der diskontierten Summe (Diskontsatz: 8,5 %) rund 2,5 Mrd. € entsprechen.

Quelle: Bundesnetzagentur, Gerpott 2008, VATM 2010, eigene Berechnungen

Wie zuvor werden zunächst die Rahmendaten Telekom-spezifisch angepasst (in diesem Fall neben der Marktgröße auch die marginalen Kosten für einen Festnetzanschluss) sowie die Konstante θ_M bzw. die Investitionsausgaben für einen Investitionsrückfluss von 4,20 € bestimmt (siehe Tab. IV.4). Da sich der Marktanteil der Deutschen Telekom im Mobilfunkmarkt nur geringfügig von dem des Hauptkonkurrenten Vodafone unterscheidet, ergeben sich für die Konstante θ_M und die damit zusammenhängende Investitionsbereitschaft ähnlich hohe Werte. Demnach ist die Telekom im Rahmen der LTE-Frequenzauktion mit tatsächlichen Ausgaben von rund 1,3 Mrd. € – ebenso wie Vodafone – nicht an ihr Limit gegangen. Eine mögliche Erklärung für diese Zurückhaltung liegt vermutlich in der von der Bundesnetzagentur veranlassten Beschränkung der Bietrechte der D-Netzbetreiber (Deutsche Telekom und Vodafone), auf maximal 2 x 10 MHz der strategisch wichtigen 800-MHz-Frequenzen[122]. Da den

---

[122] Insgesamt standen 60-MHz im 800-MHZ-Frequenzbereich zur Verfügung.

kleineren Wettbewerbern diese Einschränkung vor Auktionsbeginn bekannt war, mussten sie keine finanzielle Übermacht bei der Ersteigerung der verbleibenden 20 MHz aus dem 800-MHz-Frequenzpaket fürchten, so dass ihr individuelles Limit ausschlaggebend für den Höchstpreis der gesamten Auktion war. Ohne die Bietrechtsbeschränkung wäre es großer Wahrscheinlichkeit nach zu einem „Bietwettrennen" mit deutlich höheren Preisen (wie schon während der UMTS-Frequenzauktion beobachtbar war) und/oder einer deutlich asymmetrischeren Frequenzverteilung gekommen. Für die Staatskasse wäre so ein Ergebnis zumindest kurzfristig erfreulicher gewesen, jedoch hätte es, wie Kapitel III impliziert, langfristig gravierende Negativfolgen für den Mobilfunkwettbewerb hervorrufen können.

Wird das Modell schließlich mit allen Werten kalibriert, folgen die bereits bekannten Abb. IV.18 - Abb. IV.23 für den Gewinnverlauf, die Mengen und Preise, die optimalen Investitionen und den Verlauf der Festnetz-Substitutionsquote.

Abb. IV.18: Gewinnverlauf der DTAG in Abhängigkeit von der Homogenität

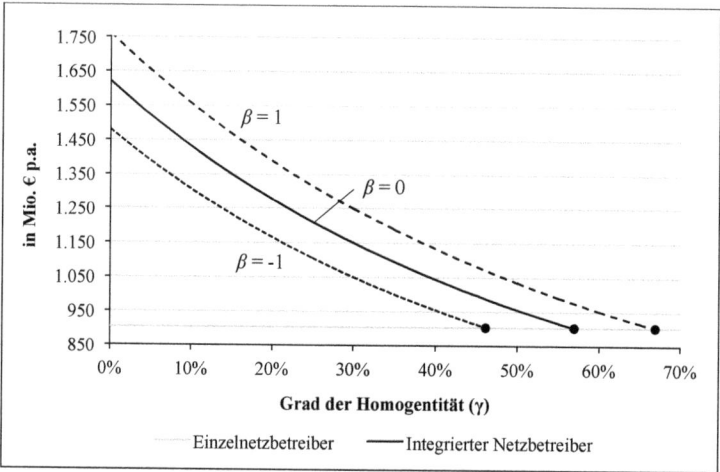

Quelle: Eigene Darstellung

Mit Blick auf Abb. IV.18 wird deutlich, dass im Fall hoher Substitutionseffekte und einer anschließenden Aufgabe des Festnetzes (diese stellt auch für die Telekom mit ihrem hohen Festnetzanteil modelltheoretisch die beste Option dar) tatsächlich die Gefahr sehr hoher Gewinneinbußen mit bis zu 44 % (falls $\beta \leq 0$) besteht. Dazu müssten jedoch weit über 40 % (= unterstellter Anteil der Einpersonenhaushalte an der Gesamtkundenzahl) der von der Telekom mit einem Festnetzanschluss versorgten Haushalte,

IV.2. Empirische Analyse der Substitutionsproblematik in Deutschland   145

diesen für einen Mobilfunkanschluss kündigen (siehe Abb. IV.23). Dieser Fall ist jedoch wenig wahrscheinlich, da auch viele Mehrpersonenhaushalte ihren Festnetzanschluss aufgeben müssten. Folglich wird für die Telekom angenommen, dass sie im LTE-Zeitalter zwar höhere Gewinneinbußen aufgrund von Substitutionseffekten hinnehmen, aber ihr kabelgebundenes Internetzugangsnetz dennoch nicht aufgeben muss.

Abb. IV.19: RGU-Verlauf der DTAG in Abhängigkeit von der Homogenität

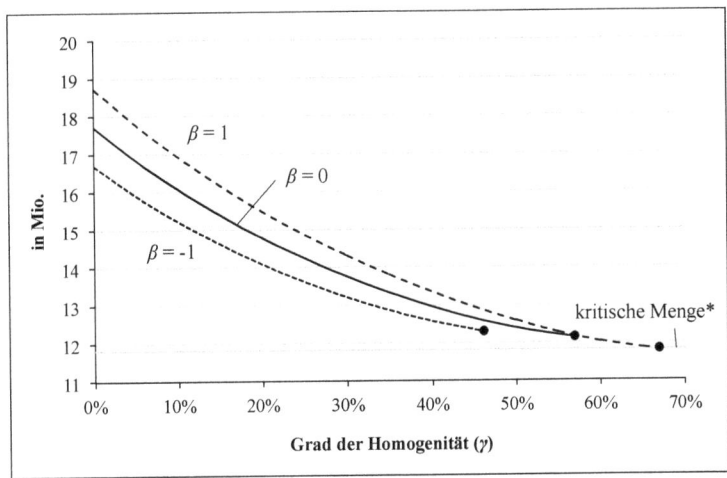

* Die kritische Menge variiert für unterschiedliche Verbundvorteile, da bei positiven Verbundvorteilen der Nutzen und damit der Preis des Festnetzprodukts zunehmen, während diese bei Verbundnachteilen abnehmen und damit unterschiedliche Kundenmengen notwendig sind, um den Gewinn des Einzelnetzbetreibers zu übertreffen.

Quelle: Eigene Darstellung

Des Weiteren zeigt der Preisverlauf des Festnetzprodukts im Substitutionsfall, dass ab einem Homogenitätsgrad von rund 35 % (für $\beta = 1$) der Telekom-Festnetzpreis unterhalb des kritischen Preisniveaus der Konkurrenz fällt (siehe Abb. IV.20) und damit einen möglichen Preiskampf gewinnt und Kunden von der Konkurrenz hinzugewinnen kann. Folglich kann der Substitutionseffekt der Telekom, die sowohl im Mobilfunk- als auch im Festnetzmarkt sehr hohe Kundenanteile besitzt und damit eine marktbeherrschende Stellung einnimmt, über den internen Preiskampf, welcher sich über die Preise und Mengen auf den Gesamtmarkt ausweiten muss, eine marktbeeinflussende Wirkung ausüben. Hierdurch zeigt sich einerseits, dass die hohen Marktanteile des Ex-Monopolisten nach wie vor zum Vorteil für die Telekom sind. Sie gewinnt stets den Preiskampf mit der Konkurrenz und kann über die gewonnenen Kunden der Wettbewerber zusätzlich den eigenen Substitutionsverlauf mildern. Andererseits aber verstärken die hohen Marktanteile im Rahmen des eigenen Substitutionseffekts einen Preiskampf im gesamten Markt (der geringe Preis in Kombination mit der hohen Produkthomogenität setzen sowohl die Festnetz- als auch Mobilfunkpreise der Konkurrenz unter Druck), der aus Konsumentensicht erfreulicherweise für niedrige oder zumindest fallende Preise sorgt.

Abb. IV.20: Preis/ARPU-Verlauf der DTAG in Abhängigkeit von der Homogenität

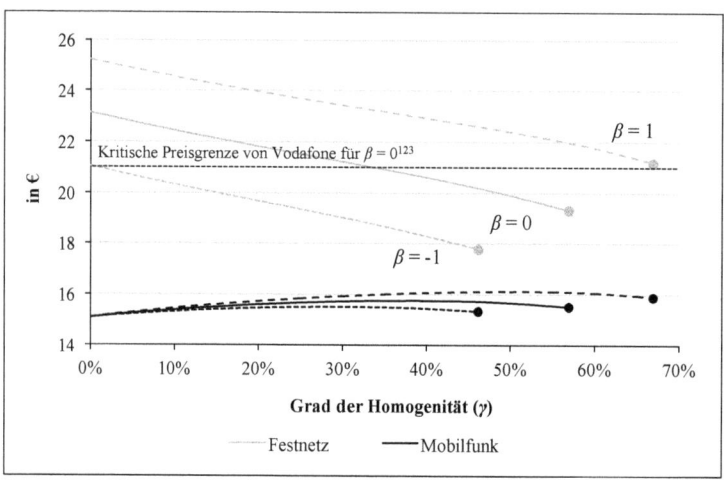

Quelle: Eigene Darstellung

Zwei weitere Besonderheiten des Telekom-Falls liegen einerseits in der fallenden kritischen Festnetz-Substitutionsquote in Abhängigkeit der Verbundvorteile (siehe Abb. IV.23) und andererseits im prägnanten RGU-Verlauf getrennt nach den beiden Produktgruppen (bisher nicht dargestellt). Mit Bezug zur kritischen Festnetz-Substitutionsquote gilt für die Telekom, dass sie im Fall $\beta = -1$ (Verbundnachteile) einen Wert von ca. 82 % und im Fall $\beta = 1$ (Verbundvorteile) von ca. 71 % aufweist und damit einen umgekehrten Verlauf zu den Fällen der Wettbewerber aufzeigt. Grund hierfür ist der positive Preis/ARPU-Effekt, den die Verbundvorteile in Kombination mit einem hohen Homogenitätsgrad mit sich bringen. Dieser steigert den Wert des einzelnen Kunden soweit, dass im Rahmen hoher Verbundvorteile und Homogenität ein geringerer Kundenverlust notwendig ist, um einen höheren Gewinn (als im Fall hoher Verbund-

---

[123] Die kritische Preisgrenze von Telefónica/O2 liegt mit 22,23 € über der kritischen Grenze von Vodafone und wird daher nicht separat dargestellt.

nachteile bei gleicher Kundenzahl generiert wird) zu verlieren und *vice versa*. In den Fällen von Telefónica/O2 und Vodafone fällt dieser Effekt aufgrund der relativ geringeren Festnetzkundenmenge und des dadurch induzierten geringeren kritischen Homogenitätsgrads so gering aus, dass dort der Mengeneffekt der abgehenden Festnetzkunden gewichtiger ist.

Abb. IV.21: Substitutionsquote der DTAG in Abhängigkeit von der Homogenität

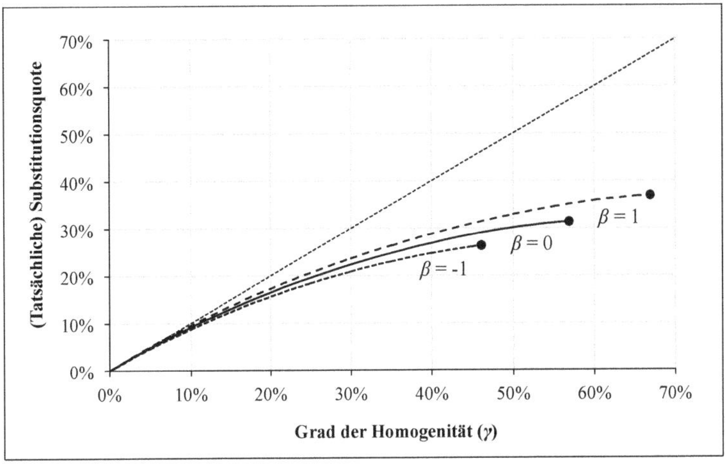

Quelle: Eigene Darstellung

Abb. IV.22: Investitionsausgaben der DTAG in Abhängigkeit von der Homogenität

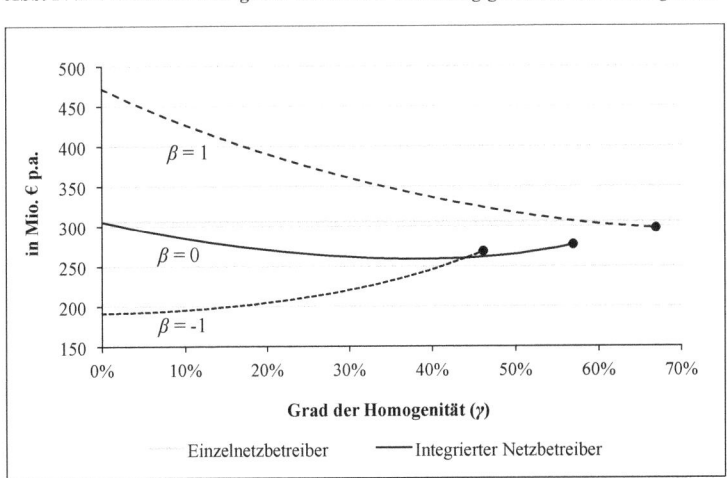

Quelle: Eigene Darstellung

Abb. IV.23: Festnetz-Substitutionsquote der DTAG in Abhängigkeit von der Homogenität

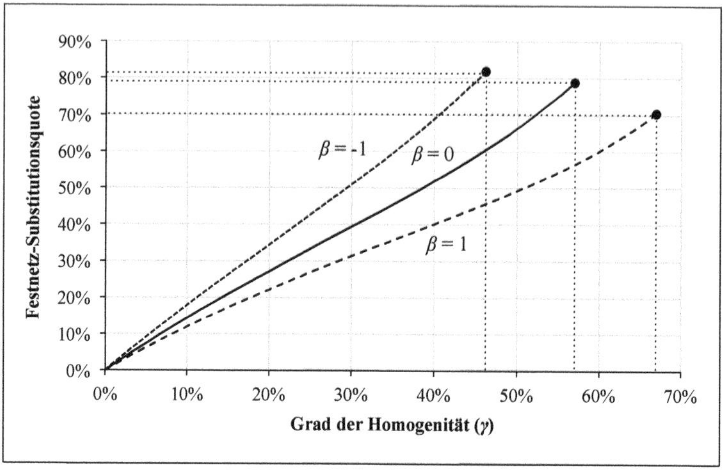

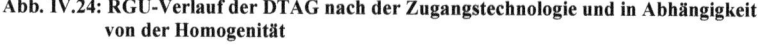

Quelle: Eigene Darstellung

Abb. IV.24: RGU-Verlauf der DTAG nach der Zugangstechnologie und in Abhängigkeit von der Homogenität

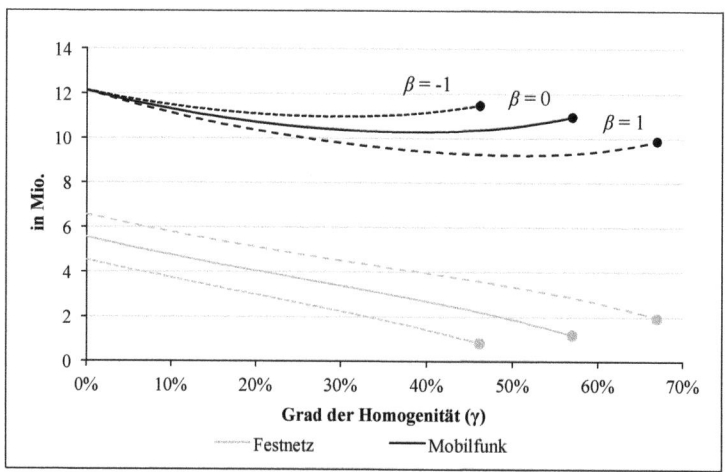

Quelle: Eigene Darstellung

Für den RGU-Verlauf getrennt nach Festnetz und Mobilfunk macht Abb. IV.24 deutlich, dass die Ableitung von Gleichung IV.7 nach dem Homogenitätsgrad auch für den allgemeinen Fall und unter der Voraussetzung kleiner γ-Werte ein negatives Vorzeichen annimmt. Bei höheren γ-Werten kann es jedoch zu einer Umkehr des Vorzeichens für das Produkt mit dem höheren Gewinnanteil (= mobiler Internetzugang) kommen, da das Produkt mit dem geringeren Gewinnanteil (= Festnetzinternetzugang) soweit vom Markt verdrängt wurde, dass Kunden nur noch abwandern aber nicht hinzukommen. Im Ergebnis verliert das „schwächere" Produkt all seine Kunden, während das „stärkere" Produkt diese hinzugewinnt. Für den integrierten Netzbetreiber bedeutet dies, dass sich bei zunehmender Homogenität seiner Netzzugangsarten aber bei (bereits leichten) Asymmetrien zwischen den gewinnrelevanten Produktparametern, Marktgröße und Produktmarge, sich schließlich eine Zugangsart durchsetzen wird, während die andere vollständig vom Markt verschwindet.

Unterzieht man anschließend den Telekom-Basisfall ($\beta = 0$) einer Sensitivitätsanalyse (siehe Abb. IV.25) und modelliert im Einklang mit der tatsächlichen Marktentwicklung eine Reduktion des DSL-Marktanteils (vgl. VATM 2010, S. 14), dann reduziert sich bei einem hypothetischen Marktanteilsrückgang von 50 % der kritische Homogenitätsgrad um ca. 29 pp. auf 28 % und die Festnetz-Substitutionsquote um ca. 10 pp. auf 69 %. Würden ausgehend von diesem Fall zudem die Fixkosten um 100 % erhöht, ergäbe sich ein kritischer Homogenitätsgrad von 21 % sowie eine Festnetz-Substitutionsquote von 53 %. Folglich wäre auch in diesem extremen Fall die Aufgabe des Festnetzes für die Deutsche Telekom sehr unwahrscheinlich, so dass sie auch in der LTE-Welt, trotz zunehmender Substitutionseffekte, einen mobilen und parallel dazu kabelgebundenen Internetanschluss anbieten sollte.

Abb. IV.25: Der Gewinnverlauf der DTAG in der Sensitivitätsanalyse

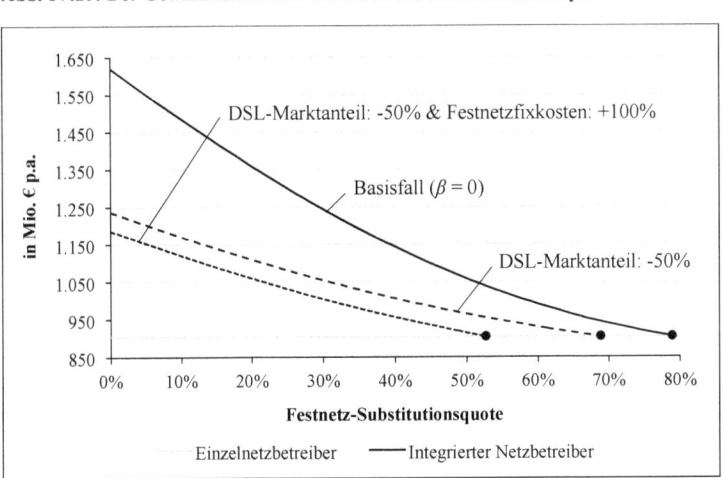

Quelle: Eigene Darstellung

E-Plus:

E-Plus als einziger deutscher Netzbetreiber, der keinen kabelgebundenen Internetzugang anbietet (siehe Tab. IV.5), hat mit LTE die Möglichkeit, in Konkurrenz sowohl mit den integrierten Netzbetreibern als auch den reinen Festnetzbetreibern zu treten, ohne Kannibalisierungseffekte fürchten zu müssen. Während die integrierten Netzbetreiber sich mit ihrem Festnetzangebot möglicherweise selber im Weg stehen, hat E-Plus freie Wahl in Bezug auf seine angebotenen Mengen, Preise und Investitionen.

Tab. IV.5: Mobilfunk-Festnetz-Substitution – Der Fall „E-Plus"

Variable	Symbol	Wert
Festnetz		
- Marktanteil „DSL-Markt"[a]	-	0 %
- Konstante[b]	θ_F	1.000.000.000.000.000
- Fixkosten[b]	λF^E	4,17 Mio. € pro Monat
Mobilfunk		
- Marktanteil „Mobilfunkmarkt"[c]	-	18,8 %
- Konstante ($\beta = \gamma = 0$)[d]	θ_M	1.701.000
- Fixkosten[b]	F^E	21,75 Mio. € pro Monat

a) Da E-Plus keinen kabelgebundenen Internetzugang anbietet, beläuft sich der Marktanteil auf 0 %.
b) entspricht der Vorgehensweise wie im Fall „Telefónica/O2".
c) Der Marktanteil von E-Plus im deutschen Mobilfunkmarkt (Ende 2010) wird mit der Marktgröße $q_{M,Max}$ multipliziert, um den Marktanteil des Unternehmens im Mobilfunkmarkt zu berücksichtigen.
d) Die Konstante ist im Ausgangsfall mit $\beta = \gamma = 0$ so gewählt (der Festnetzeinfluss bleibt hierbei unberücksichtigt), dass der Netzbetreiber den angestrebten Rückfluss von 4,20 € im Nash-Gleichgewicht erreicht. Werden mit Hilfe diesen Wertes die Investitionskosten berechnet, ergeben sich für einen Zeitraum von 15 Jahren (= Nutzungsdauer der LTE-Lizenzen) Ausgaben, die in der diskontierten Summe (Diskontsatz: 8,5 %) rund 1,5 Mrd. € entsprechen.

Quelle: Bundesnetzagentur, Gerpott 2008, VATM 2010, eigene Berechnungen

Angenommen E-Plus würde sich im LTE-Zeitalter neben seinen Mobilfunkaktivitäten für ein zusätzliches Festnetzangebot entscheiden, dann müsste das Unternehmen bei einem zunächst unterstellten Homogenitätsgrad von 0 einen DSL-Marktanteil von mindestens 4,7 % (im Fall $\beta = 0$) erreichen, um dieses profitabel betreiben zu können (siehe Abb. IV.26)[124]. Um darüber hinaus auch im drohenden Substitutionsfall profitabel zu sein, sollte der Marktanteil jedoch mindestens 12 % betragen (die Festnetz-Substitutionsquote übersteigt in diesem Fall 40 %). Andernfalls wäre der Substitutionseffekt zu hoch und damit das Festnetzangebot von vornherein unwirtschaftlich. Blickt man dazu auf den einerseits nahezu gesättigten deutschen DSL-Markt (→ Kun-

---

[124] Die Zahlen basieren auf den Inputwerten aus Tab. IV.5.

denzuwachs nur noch per Übernahme eines Konkurrenten oder per teurer Abwerbung aus dessen Kundenbasis möglich) und andererseits auf die LTE-Strategie von Vodafone, im Rahmen von LTE auch die eigenen DSL-Festnetzkunden zu umwerben und damit den Substitutionseffekt bewusst zu fördern, dann erscheint ein gewinnbringender Parallelbetrieb eines stationären und mobilen Internetzugangsnetzes des kleineren Konkurrenten E-Plus wenig erfolgsversprechend (vgl. Bundesnetzagentur 2010, S. 75-79 und Vodafone 2011).

Abb. IV.26: **Mindestmarktanteile von E-Plus zum Betrieb eines Festnetzes in Abhängigkeit von der Festnetz-Substitution**

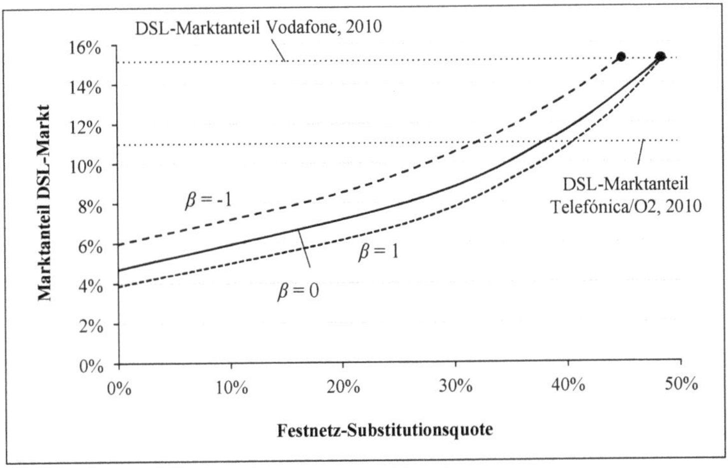

Quelle: VATM 2010, eigene Darstellung

Folglich kann für E-Plus vermutet werden, dass sich die Einführung eines DSL-Festnetzangebots weder jetzt noch in absehbarer Zukunft lohnen sollte. Dementsprechend genießt E-Plus einen temporären Wettbewerbsvorteil, da gewinnmindernde und potentiell vermarktungshemmende Substitutionseffekte bei der Produktvermarktung, wie sie bei der Konkurrenz auftreten, keine Rolle spielen. Somit kann das Unternehmen nahezu ungehindert die Festnetzinternetnutzer in Deutschland gezielt umwerben und sich einen milliardenschweren Markt[125] eröffnen. Je früher dabei die von der Konkurrenz künstlich geschaffenen Differenzierungsmerkmale zwischen mobilen und stationären Internetzugängen *ceteris paribus* überwunden werden, desto höher und langwieriger sollte das zusätzliche Gewinnpotential ausfallen. Nehmen sich dagegen

---

[125] Dieser Markt war zwar auch schon im UMTS-Zeitalter angreifbar, doch erst mit der LTE-Technologie besteht ein auf technologischer Ebene konkurrenzfähiger mobiler Internetzugang.

alle Netzbetreiber einer solchen LTE-fördernden Strategie an, während E-Plus zunächst noch auf den technologisch inferioren UMTS-Erweiterungsstandard HDSP+ setzt, könnte sich der Wettbewerbsvorteil, je nach Zeitverzögerung[126], in Luft auflösen (vgl. E-Plus 2011a).

2.2 Das Substitutionsproblem im FTTH-Ausbaufall

Wie im vorhergehende Abschnitt aufgezeigt, lohnt es sich für einige der integrierten Netzbetreiber in der LTE-Welt nur noch bedingt, neben ihrem Mobilfunkanschluss einen auf der DSL-Technologie basierenden Festnetzanschluss anzubieten. Voraussetzung ist, dass neben dem LTE-Upgrade keine nutzensteigernden oder kostenreduzierenden Investitionen in die Festnetztechnologie stattfinden. Wird diese Annahme im Folgenden aufgehoben und stattdessen angenommen, dass die Netzbetreiber die Möglichkeit haben, parallel zur LTE-Technologie in die nutzensteigernde kabelgebundene FTTH-Technologie zu investieren, könnten sich die bisherigen Ergebnisse relativieren.

Wird für diesen Fall erneut das obige Modell herangezogen, können zunächst – unabhängig vom Netzbetreiber – die Nash-optimalen Investitionsausgaben $H_{F,FTTH}$ (auch als Capital Expenditures, kurz: CAPEX, bezeichnet) zur Ausstattung eines Haushalts mit der FTTH-Technologie mit dem dazu optimalen Reservationspreis bestimmt werden. Für diese Berechnung wird vereinfacht angenommen, dass die Netzbetreiber ihr gesamtes DSL-Versorgungsgebiet mit FTTH-Anschlüssen ausstatten. Von den verlegten FTTH-Anschlüssen werden rund 70 % nachgefragt[127] und es entstehen Anschlusskosten (bei einem bereits vorhandenen FTTH-Anschluss) von c_F = 15 € pro Monat und Haushalt (siehe Tab. IV.1). Darüber hinaus werden die FTTH-Investitionen 30 Jahre lang abgeschrieben, ein Diskontsatz von 8,5 % unterstellt und zeitgleich von den Netzbetreibern ein LTE-Netz mit den dazugehörigen Investitionsausgaben $H_{M,LTE}$ errichtet,

---

[126] Siehe dazu Kapitel II dieser Arbeit.

[127] In der Regel hat ein deutscher Haushalt mehrere Möglichkeiten Zugang zum Internet zu bekommen. So kann es vorkommen, dass ein Haushalt, welcher bspw. von der Telekom mit FTTH ausgestattet wurde und zunächst FTTH-Kunde war, sich nach einiger Zeit für eine andere Internetzugangstechnologie entscheidet. Dieser Haushalt wurde zwar für viel Geld mit der FTTH-Technologie ausgestattet, ist aber durch den Wechsel zur anderen Technologie kein umsatzbringender Kunde mehr und muss bei der Anschlussauslastung der FTTH-Anschlüsse abgezogen werden. D. h. ein Netzbetreiber hat 100 % seiner Versorgungsregionen mit FTTH-Anschlüssen ausgestattet, aber nur 70 % der Haushalte nutzen diesen tatsächlich bzw. haben diesen gebucht. Der Wert von 70 % stellt dabei eine sehr hohe Obergrenze dar und soll hierdurch die Investitionsproblematik der FTTH-Technologie verdeutlichen. Tatsächliche Auslastungswerte liegen in der Regel zwischen 20 % und 60 % (vgl. ADL 2011, S. 36 ff.) und würden das hier ohnehin deutliche Ergebnis noch prägnanter ausfallen lassen. Die absolute Kundenzahl bei einer 70 %igen Anschlussauslastung soll dabei der DSL-Nutzerzahl der jeweiligen integrierten Netzbetreiber aus dem vorhergehenden Abschnitt entsprechen (siehe Tab. IV.2. - Tab. IV.4).

welches den Reservationspreis der Mobilfunknutzer – wie im vorherigem Abschnitt angenommen (siehe Tab IV.1) – um 20 % steigert (vgl. VATM 2008, S. 11 ff., ADL 2011, S. 36 ff., Kabel Deutschland 2011, S. 30, West LB 2011, S. 40). Einsetzen dieser Werte und Annahmen in das Modell (die übrigen Werte können sich sowohl an den Telefónica/O2, Vodafone oder Telekom-Werten orientieren) und anschließende Bestimmung des Barwerts der Investitionsausgaben für das FTTH-Upgrade ergibt den CAPEX-Aufwand, den ein integrierter Netzbetreiber in Anlehnung an den durchsetzbaren Reservationspreisanstieg beim Festnetzprodukt bereit ist aufzuwenden. Grafisch und für unterschiedliche Auslastungswerte des FTTH-Anschlussbelegung dargestellt, ergibt sich unabhängig vom Netzbetreiber Abb. IV.27 für den CAPEX-Aufwand pro Haushalt.

Abb. IV.27: Der Reservationspreis-CAPEX-Zusammenhang

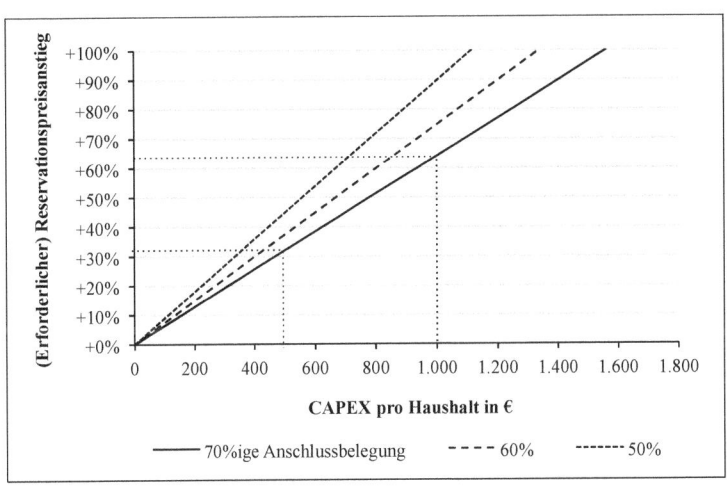

Quelle: Eigene Darstellung

Die Abbildung zeigt, dass die integrierten Netzbetreiber bei einer unterstellten Anschlussbelegung von 70 % im Nash-Gleichgewicht einen Reservationspreisanstieg von rund 64 % benötigen, damit sie bereit sind, die notwendigen 1.000 €[128] für ein FTTH-Upgrade eines DSL-Haushalts aufzuwenden. In den anschließend untersuchten Szena-

---

[128] Der Wert von 1.000 € wird häufig in Studien zum FTTH-Ausbau genannt und wird damit auch hier als Grundlage angesetzt (siehe bspw. Solon 2011, S. 21, West LB 2011, S. 40 oder VATM 2008, S. 12).

rien bei einem unterstellten maximal möglichen Reservationspreisanstieg von 30 %[129] ergibt sich dabei nur ein optimaler Investitionswert von rund 469 € pro Haushalt. D. h., kann der Netzbetreiber bei seinen Kunden einen Anstieg des Reservationspreises um 30 % durchsetzen, wäre es für ihn optimal 469 € – und damit zu wenig – für ein FTTH-Upgrade auszugeben. Jeder Wert abweichend davon wäre in diesem Fall suboptimal und gewinnmindernd, da dieser nicht mehr im Nash-Gleichgewicht wäre.

Wird anschließend für die drei integrierten Netzbetreiber Deutschlands der FTTH-Ausbaufall in Kombination mit einem LTE-Upgrade modelliert (die Inputwerte dazu liefern Tab. IV.1 - Tab. IV.4 sowie obiger Text), ergeben sich die Gewinnverläufe in Abb. IV.28 - Abb. IV.30 für Telefónica/O2, Vodafone und die Deutsche Telekom. Hierbei werden jeweils die folgenden fünf Fälle in Abhängigkeit von der Festnetz-Substitutionsquote[130] dargestellt:

Fall	Beschreibung	Nash-Gleichgewicht
Integrierter Netzbetreiber		
Basisfall	identisch zum Basisfall aus vorherigen Abschnitt 2.1	√
Realer Fall	Basisfall angepasst um die tatsächlich gezahlten LTE-Frequenzausgaben H_M	-
FTTH-Ausbaufall	Nash-optimales Preis-Mengen-Gerüst unter Verwendung der unterstellten Investitionsrückflüsse x_{LTE} = 4,20 € und x_{FTTH} = 10,38 €[131]; Anpassung des Gewinns um die tatsächlichen (aber modelltheoretisch suboptimalen) Investitionsausgaben H_M und H_F	-
FTTH-Subventionsfall	FTTH-Ausbaufall angepasst um CAPEX von 800 € (vormals 1.000 €)	-
Einzelnetzbetreiber		
Realer Fall	Basisfall angepasst um die tatsächlich gezahlten LTE-Frequenzausgaben H_M	-

---

[129] Ein Reservationspreisanstieg von 30 % führt im Modell im Basisfall mit $\beta = \gamma = 0$ zu einem FTTH-Marktpreis von rund 30 € pro Monat und Kunde. Dieser ist angelehnt an den FTTH-Investitionsannahmen der West LB (2011).

[130] Es wird auf die Festnetz-Substitutionsquote und nicht den Homogenitätsgrad abgestellt, da der „Basisfall" und der „FTTH-Ausbaufall" bei gleichen Homogenitätsgraden zu unterschiedlichen Festnetz-Substitutionsquoten führen und damit ein Vergleich obsolet wäre.

[131] Diese führen im Basisfall mit $\beta = \gamma = 0$ zu einem Reservationspreisanstieg der jeweiligen Internetzugangsart um 20 % bzw. 30 % auf 25,20 € für den LTE-Zugang bzw. auf 44,98 € für den FTTH-Zugang.

IV.2. Empirische Analyse der Substitutionsproblematik in Deutschland   155

Beginnend mit Telefónica/O2 zeigt der Gewinnverlauf im „FTTH-Ausbaufall", dass sich ein Upgrade der bestehenden DSL-Kundenbasis auf FTTH niemals lohnt. Die Gewinne verlaufen sowohl im Substitutionsfall (Festnetz-Substitutionsquote > 0) als auch im Nicht-Substitutionsfall (Festnetz-Substitutionsquote = 0) und damit unabhängig vom Homogenitätsgrad stets unterhalb der um die tatsächlichen LTE-Frequenzausgaben[132] angepassten Gewinne des Einzelnetzbetreibers. Dessen Gewinne fallen im hier dargestellten „realen Fall" (graue Kurve) gegenüber dem LTE-Modellfall aus vorherigem Abschnitt (hier nicht dargestellt) zudem geringer aus.

Abb. IV.28: Der Gewinn-Verlauf von Telefónica/O2 im FTTH-Ausbaufall

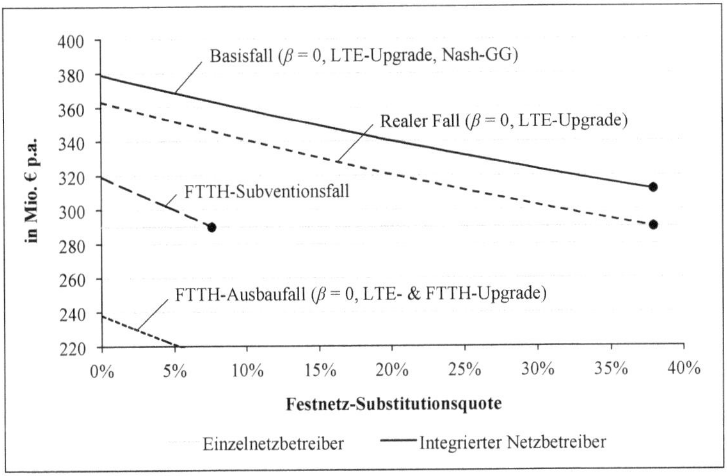

[Diagramm: Gewinn in Mio. € p.a. (220–400) vs. Festnetz-Substitutionsquote (0%–40%). Kurven: Basisfall ($\beta = 0$, LTE-Upgrade, Nash-GG); Realer Fall ($\beta = 0$, LTE-Upgrade); FTTH-Subventionsfall; FTTH-Ausbaufall ($\beta = 0$, LTE- & FTTH-Upgrade). Legende: Einzelnetzbetreiber, Integrierter Netzbetreiber.]

Quelle: Eigene Darstellung

Ein ähnliches Bild ergibt sich für Vodafone und die Deutsche Telekom. Während hier der „reale Fall" aufgrund der tatsächlich gezahlten geringeren LTE-Frequenzausgaben höhere Gewinne aufweist als der „Basisfall"[133], liegen die des integrierten Netzbetreibers, unabhängig von der Festnetz-Substitutionsquote und damit vom Homogenitätsgrad, stets unterhalb der Gewinne des Einzelnetzbetreibers.

---

[132] Während das Modell für $\beta = \gamma = 0$ im Nash-Gleichgewicht eine optimale Investitionsbereitschaft von rund 1,25 Mrd. € ausgibt, lag der tatsächlich gezahlte Betrag bei rund 1,4 Mrd. €.

[133] Während das Modell für $\beta = \gamma = 0$ im Nash-Gleichgewicht eine optimale Investitionsbereitschaft von rund 2,7 Mrd. € bzw. 2,5 Mrd. € für Vodafone bzw. die Deutsche Telekom ausgibt, lag der tatsächlich gezahlte Betrag bei rund 1,4 Mrd. € bzw. 1,3 Mrd. €.

Abb. IV.29: Der Gewinn-Verlauf von Vodafone im FTTH-Ausbaufall

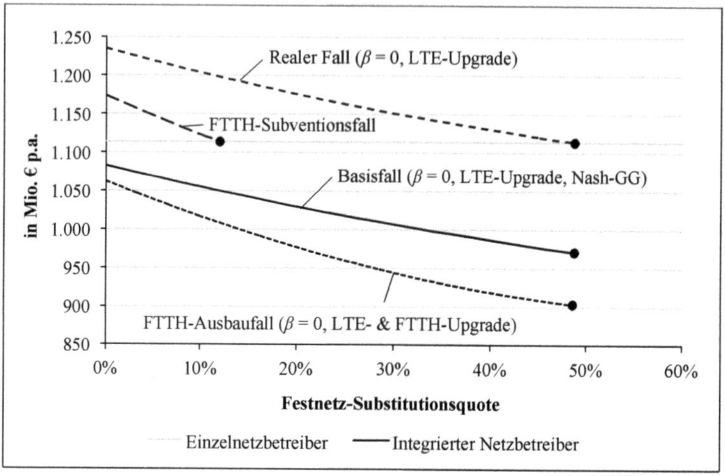

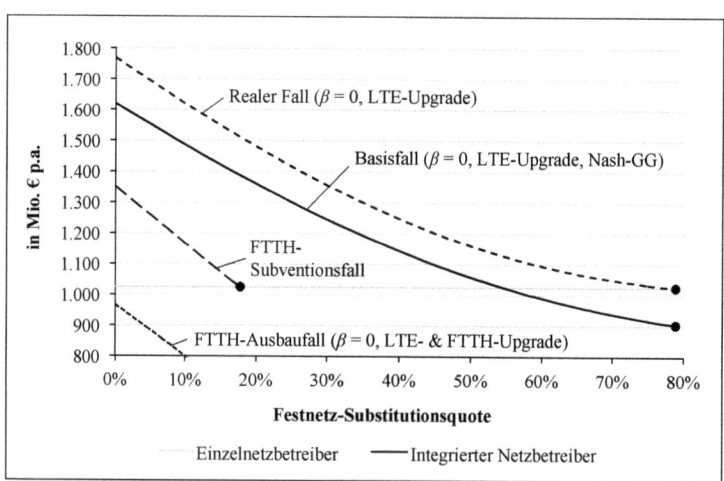

Quelle: Eigene Darstellung

Abb. IV.30: Der Gewinn-Verlauf der Deutschen Telekom im FTTH-Ausbaufall

Quelle: Eigene Darstellung

Folglich sollten auch Vodafone und die Deutsche Telekom, sofern keine staatlichen Subventionen vorliegen oder sonstige (finanzielle) Kooperationen möglich sind, von FTTH-Investitionen absehen und sich primär auf ihre Mobilfunkaktivitäten und/oder

IV.2. Empirische Analyse der Substitutionsproblematik in Deutschland 157

auf weniger kostenintensive Festnetz-Upgrades (wie bspw. FTTC/VDSL[134] als Mischform zwischen DSL und FTTH) konzentrieren. Diese Ergebnisse werden auch von anderen Studien, welche sich in der Regel auf ein alleinstehendes Festnetz-Upgrade ohne Beachtung des interdependenten Mobilfunkeinfluss konzentrieren (d. h. es wird der Fall mit $\gamma = 0$ untersucht), unterstützt (siehe z. B. ADL und Exane BNP 2011, S. 3 ff., Solon 2011, S. 20 ff. oder WestLB 2011, S. 40 ff.).

Werden nun Subventionen, z. B. im Rahmen der deutschlandweiten Breitbandinitiative[135], oder finanzielle Kooperationen unter den Netzbetreibern berücksichtigt, so dass die CAPEX-Aufwendungen eines Netzbetreibers für den Anschluss eines Haushalts auf 800 € sinken, dann verschiebt sich der „FTTH-Ausbaufall" in allen drei Schaubildern nach oben (siehe „FTTH-Subventionsfall"). Obwohl es jetzt für alle integrierten Netzbetreiber ein theoretisch lukratives FTTH-Ausbauszenario gibt, würde sich ein Upgrade am ehesten für die Deutsche Telekom lohnen. Grund hierfür ist die kritische Festnetz-Substitutionsquote im neuen FTTH-Fall, welche bei Telefónica/O2 und Vodafone mit 7,6 % bzw. 12 % sehr gering ausfällt und damit die Gefahr gewinnmindernder Substitutionseffekte bzw. eines unrentablen FTTH-Internetzugangs parallel zum LTE-Zugang sehr wahrscheinlich macht. Die Telekom zeigt hingegen mit rund 18 % den höchsten Wert einer kritischen Festnetz-Substitutionsquote und somit die geringste Wahrscheinlichkeit eines unrentablen FTTH/LTE-Parallelbetriebs. Mit Blick auf andere Studien, die zwischen dem Ex-Monopolist (sog. „Incumbent") als noch immer marktbeherrschenden Netzbetreiber und neuen (kleineren) Wettbewerbern (sog. „Altnets") unterscheiden, kann dieses Ergebnis als sehr realitätsnah eingestuft werden (siehe z. B. ADL und Exane BNP 2011, S. 40 ff.). Damit sich im Folgenden ein FTTH-Upgrade für die Telekom unter den hier angenommen Bedingungen lohnt, muss ihr bisheriger DSL-Kundenstamm jedoch um mindestens 30 % geschrumpft sein (gemessen anhand des „realen Falls" aus Abb. IV.30), da andernfalls das DSL-Geschäft (gegenüber FTTH) parallel zum LTE-Betrieb die höheren Gewinne verspricht.

Folgt man der Überlegung, dass der LTE-Nachfolger „LTE-Advanced" mit noch höheren Datenraten als beim LTE-Standard bereits entwickelt und vermutlich in einigen Jahren auch in Deutschland adoptiert wird, dann dürfte das (zukünftige) FTTH-Gewinnpotential der Telekom dennoch sehr gering ausfallen. Entsprechend sollte sich die Telekom, ebenso wie ihre Wettbewerber, auf ihre Mobilfunkaktivitäten und/oder weniger kostenintensive Festnetz-Upgrades konzentrieren und nur in besonders lukrati-

---

[134] FTTC - Fibre to the curb; VDSL - Very High Speed Digital Subscriber Line
[135] www.breitbandinitiative.de

ven oder sicheren Fällen (z. B. FTTH-Anbindungen für Geschäftsbund/oder Großkunden, staatlich geförderte Projekte, etc.) FTTH-Investitionen tätigen.

Zusammenfassend konnte festgestellt werden, dass mit der Einführung von LTE durch die Mobilfunknetzbetreiber Deutschlands der mobile Internetzugang erstmals DSL-Festnetzniveau erreicht. Hierdurch wird einerseits eine Nutzensteigerung für die Konsumenten erzielt, andererseits ein spürbares Kannibalisierungsproblem für die integrierten Netzbetreiber ausgelöst. Dieses kann neben unvermeidbaren Gewinneinbußen bei einigen Betreibern auch zu einer vollständigen Aufgabe ihres Festnetzproduktes führen, da viele ehemalige Konsumenten beider Produkte nur noch den mobilen Internetzugang nutzen und damit ein kostendeckender Betrieb des Festnetzes parallel zum Mobilfunknetz nicht mehr möglich bzw. im Vergleich zum Einzelnetzbetrieb unvorteilhaft ist. Zwar nutzen die Netzbetreiber mit Erfolg die Möglichkeit über Preissenkungen des „gewinnschwächeren" Festnetzprodukts den Kannibalisierungsprozess abzuschwächen, ein vollständiger Stopp oder eine Umkehr sind dennoch nicht möglich. Würden sie als weitere Maßnahme ein Festnetz-FTTH-Upgrade ausführen, um wieder eine stärkere Differenzierung zwischen dem Festnetz- und dem Mobilfunkzugang zu erreichen, würden sie sich ohne finanzielle Hilfe mit hoher Wahrscheinlichkeit noch schlechter stellen, da die Kosten eines FTTH-Upgrades für den Einzelnen bzw. ohne externe Unterstützung kaum zu tragen sind. Würden hingegen Kooperationen geschlossen, Subventionen gezahlt oder ähnliche Maßnahmen zur Kostenreduzierung bzw. -teilung durchgeführt, könnte sich ein FTTH-Upgrade zumindest für den Ex-Monopolisten Deutsche Telekom aufgrund der hohen Marktanteile im Fest- und Mobilfunkbereich lohnen. Die übrigen Betreiber sollten sich auf ihre bestehenden Netze konzentrieren bzw. nur ihre mobilen Aktivitäten fördern, da diese im Vergleich zu ihren Festnetzaktivitäten (aufgrund der stark unterschiedlichen Marktanteile) die deutlich höheren Gewinne versprechen.

V. Fazit

Fundamentale Mobilfunkinnovationen, wie die UMTS- oder LTE-Technologie, sind aufgrund ihrer technischen Errungenschaften in der Regel mit einem erheblichen ökonomischen Einfluss auf den zugrundeliegenden Markt verbunden. So muss grundsätzlich davon ausgegangen werden, dass sich die früheren Preis-, Kosten-, Mengen- und die für die Netzindustrien wichtigen Kapazitätsstrukturen wesentlich verändern werden und sich hierdurch nachhaltige Auswirkungen auf den Mobilfunkwettbewerb ergeben können. Unter diesem Hintergrund wurde in dieser Arbeit die Einführung von LTE als eine fundamentale Mobilfunkinnovation im deutschen Mobilfunkmarkt aufgegriffen und ihr Einfluss auf die Marktparameter sowie die sich hieraus ergebenden Folgen für den zukünftigen Mobilfunkwettbewerb in Deutschland grundlegend untersucht.

Zeitlicher als auch sachlicher Ausgangspunkt dieser Untersuchung war der deutsche Markt für mobile Datenzugänge in der UMTS-Ära, welcher in den Jahren 2007/2008 seinen Aufschwung begann. Die Marktstruktur bildete dabei ein enges Oligopol mit den vier bekannten Mobilfunknetzbetreibern Deutsche Telekom, Vodafone, E-Plus und Telefónica/O2, die im hier untersuchten Zeitabschnitt erhebliche Asymmetrien in ihren Marktanteilen und ihrer Wettbewerbsfähigkeit aufwiesen. Neben dem Angebot mobiler Datenanschlüsse boten die Netzbetreiber, mit Ausnahme von E-Plus, auch stationäre Datenanschlüsse auf Basis von DSL an, die zunächst in schwacher Konkurrenz zum Mobilfunkangebot standen. Mit der Versteigerung der LTE-Frequenzen aus dem Jahr 2010 erhielten die Netzbetreiber die Möglichkeit ihr bestehendes UMTS-Netz auf die LTE-Technologie aufzurüsten und damit ihren Kunden erweiterte nutzensteigernde Datenanschlüsse bzw. Dienstleistungen anzubieten, jedoch mit dem nachteiligen Nebeneffekt einer zunehmenden Kannibalisierung ihrer stationären Datenanschlüsse.

Ausgehend von diesem Szenario befasste sich die erste Analyse mit der Frage nach der ökonomischen Vorteilhaftigkeit und der strategisch besten Option eines LTE-Upgrades für die Netzbetreiber. Es konnte gezeigt werden, dass wenn sich die Durchführung eines Upgrades nur für einen einzelnen Mobilfunknetzbetreiber lohnt – und dieser es auch umsetzt – die übrigen Betreiber gezwungen sind ebenso ein solches Upgrade durchzuführen. Andernfalls würden sie ihre Wettbewerbsfähigkeit und ehemals hohen Gewinne einbüßen sowie langfristig und mit hoher Wahrscheinlichkeit aus dem Markt ausscheiden. Da sich ein Upgrade, wie die darauffolgenden Untersuchungen zeigten, insbesondere für Vodafone, E-Plus und Telefónica/O2 lohnt, ist im Zuge dessen auch die Deutsche Telekom als ehemaliger Monopolist des deutschen Telekommunikationsmarktes gezwungen diesen zu folgen. Somit kommt es im Ergebnis zu einem LTE-Upgrade aller Netzbetreiber.

Anschließend wurde das Problem der optimalen Upgradestrategie untersucht. Danach kann es eine strategisch beste Option sein, das eigene Upgrade gegenüber dem Upgradezeitpunkt der Wettbewerber temporär zu verzögern, um Kosten bei der Einführung zu sparen. Dieser Strategie lag die Annahme zugrunde, dass die Wettbewerber durch ihr sofortiges Upgrade Kostensenkungen induzieren, welche durch eine eigene Verzögerung gewinnsteigernd ausgenutzt werden kann. Zwar fallen die Gewinne des Zweiten trotz Kosteneinsparung geringer aus als die des Ersten aber höher als bei einem Parallelupgrade. Da diese Strategie nur unter der Prämisse, dass ein Anderer zuerst ein Upgrade durchführt, vorteilhaft ist, musste überdies gezeigt werden, welcher Netzbetreiber als Erster ein Upgrade glaubhaft durchführen wird, um ableiten zu können welcher verzögern sollte. Dieses Problem wurde mit Hilfe der First-Mover-Analyse von Schmalensee (1982) untersucht. Hierbei hat sich ergeben, dass solche Unternehmen einen Wettbewerbsvorteil bzw. langfristig höheren Marktanteil mit höheren Zahlungsbereitschaften ihrer Kunden aufweisen, die, wie die Deutsche Telekom und Vodafone mit Beginn der digitalen Mobiltelefonie in Deutschland, zuerst einen Markt betreten. Die später folgenden Unternehmen, wie in diesem Fall E-Plus und Telefónica/O2, haben damit einen kleineren Marktanteil und die geringeren Zahlungsbereitschaften in ihren Kundenportfolios. In Bezug auf das Upgradeproblem zeigte sich hierdurch, dass ein höherer Marktanteil (im Vergleich zu einem kleineren Marktanteil) im Fall einer Upgradeverzögerung mit entsprechend höheren Opportunitätskosten verbunden ist, so dass die Telekom und Vodafone bei einer potentiellen Verzögerung mehr zu verlieren hätten als die kleineren Netzbetreiber, und folglich eine Wartestrategie nur bei sehr hohen Kosteneinsparungen vorteilhaft wäre. Da die Kosteneinsparungen für beide Unternehmen in der hier abgeleiteten zweistelligen Prozenthöhe als äußerst unrealistisch angesehen werden, folgt daraus, dass sowohl die Deutsche Telekom als auch Vodafone ihr Upgrade sofort durchführen sollten. Eine Verzögerung könnte sich somit nur für E-Plus und Telefónica/O2 lohnen. Für diese beiden liegt die notwendige Kosteneinsparung im einstelligen Prozentbereich und damit eine für sie potentiell gewinnoptimale Verzögerungsstrategie im Bereich des Möglichen.

Für den deutschen Mobilfunkwettbewerb hat diese Untersuchung gezeigt, dass sich die bestehenden Marktanteilsasymmetrien unter den Mobilfunknetzbetreibern für die kleineren Betreiber auch im Rahmen zukünftiger Netzupgrades negativ auswirken (→ sie müssen trotz einer potentiell gewinnoptimalen Verzögerungsstrategie Gewinneinbußen gegenüber den Erstanbietern hinnehmen) und infolgedessen weiterhin mit Wettbewerbsverzerrungen im deutschen Mobilfunkmarkt zu rechnen ist.

Die zweite Fragestellung dieser Arbeit befasste sich mit den Auswirkungen der LTE-Technologie auf die wettbewerbsrelevanten Parameter, wie Preise, Mengen, Kapazitäten und Gewinne der Mobilfunknetzbetreiber. Hier ergab das erste Szenario unter der Annahme symmetrischer Netzbetreiber, dass die Einführung von LTE im Vergleich zur UMTS-Welt mit deutlichen Gewinnzuwächsen für die Unternehmen verbunden ist, da die Netzbetriebskosten mit LTE sinken und die Zahlungsbereitschaften der Kunden aufgrund des höheren Nutzens aus der Technologie steigen. Gleichzeitig ist mit einem Preisrückgang und einem Kapazitätsanstieg für die Konsumenten zu rechnen mit der Folge, dass sich sowohl auf der Konsumenten- als auch auf der Produzentenseite die Renten erhöhen und entsprechend eine gesamtwirtschaftliche Effizienz- und Wohlfahrtssteigerung auftritt.

Im Rahmen dieser Untersuchung wurde auch der Frage nach dem Nutzen regulatorisch vorgegebener Mindestnetzabdeckungsquoten einerseits und dem Problem zunehmender Datenaufkommen in den deutschen Mobilfunknetzen andererseits nachgegangen. So zeigte sich für den Fall der Mindestnetzabdeckungsquoten, dass sie stark asymmetrische Gleichgewichte, wie sie auch in einer vollständig symmetrischen Welt auftreten können, verhindern und grundsätzlich für nahezu identische Netzabdeckungen unter den Netzbetreibern sorgen können. Diese sind letztlich für einen ausgeglichen Wettbewerb unter den Netzbetreibern unabdingbar. Im Fall des zunehmenden Datenaufkommens bzw. Netzüberlastungsproblems, welches die Netzbetreiber vor allem den Content-Anbietern, wie Google, Facebook oder Apple, anlasten und damit einen finanziellen Ausgleich von diesen fordern, konnte im Rahmen des Modells eine klare Bestätigung für eine solche Forderung nachgewiesen werden. So führt eine Netzüberlast im hier untersuchten Szenario, trotz steigender Konsumentenpreise, zu rückläufigen Gewinnen bei den Netzbetreibern, da einerseits die Nutzermenge sinkt und andererseits die Kapazitäten auf eigene Kosten (teuer) ausgebaut werden müssen. Ein finanzieller Ausgleich wäre jedoch auch für die Content-Anbieter vorteilhaft, da die für sie ebenso wichtige Nutzermenge und damit Nachfrage konstant bliebe.

Im zweiten Szenario asymmetrischer Mobilfunknetzbetreiber wurde schließlich das Ergebnis der LTE-Frequenzauktion auf die Frequenzausstattungen der Netzbetreiber berücksichtigt. Da seitdem sowohl mengenmäßige als auch frequenzabhängige Unterschiede (mit Fokus auf die Datenübertragung) vorliegen, die es im UMTS-Zeitalter nicht gab, war diese Untersuchung von entscheidender Bedeutung für eine Prognose der zukünftigen Wettbewerbsbedingungen im deutschen Mobilfunkmarkt. Während die Deutsche Telekom, Vodafone und Telefónica/O2 mit der LTE-Frequenzauktion ähnliche Ausstattungen erreichen konnten, blieb E-Plus wegen der nur begrenzt verfügbaren und damit für das Unternehmen nicht „ergatterbaren" 800-MHz-Frequenzen weit zurück. Wie die Analyse ergab, ein für das Unternehmen wettbewerbsrelevanter Nachteil, den es trotz der eingesparten eine Milliarde € gegenüber den drei Wettbewerbern nicht mehr aufholen kann, da im gewinnoptimalen Nash-Gleichgewicht die bereitgestellten Kapazitäten, die Nutzerzahl und die Gewinne stets geringer ausfallen als bei den Wettbewerbern. Langfristig könnte sich der frequenzbedingte (Kosten-)Nachteil sogar noch verstärken, da die Durchschnittskosten von E-Plus mit jedem Kunden, den das Unternehmen verliert, zunehmend ansteigen. Der hierdurch ausgelöste circulus vitiosus könnte schließlich mit dem Ausscheiden von E-Plus aus dem deutschen Mobilfunkmarkt enden. Das wiederum hätte in einem Oligopol mit dann nur noch drei Netzbetreibern gravierende Folgen für die Wettbewerbsintensität, die wirtschaftliche Effizienz und die Gesamtwohlfahrt des deutschen Mobilfunkmarktes. Insbesondere die Kunden hätten unter der verringerten Wettbewerbsintensität mit wahrscheinlich höheren Preisen und einem geringeren Netzausbau und -qualität zu leiden.

Die dritte und letzte Fragestellung dieser Arbeit befasste sich mit dem Mobilfunk-Festnetz-Substitutionsproblem der integrierten Mobilfunknetzbetreiber, also solche, die neben einem mobilen auch einen kabelgebundenen Datenzugang unter einem Dach anbieten. Hintergrund dieser Analyse waren die bereits im UMTS-Zeitalter (schwach) auftretenden Kannibalisierungseffekte, die im Rahmen eines LTE-Upgrades mit seinen nutzensteigernden Eigenschaften für die Konsumenten weiter zunehmen und damit das Angebot beider Zugangsarten von einem Anbieter in Frage stellen würden. Hierzu wurde im ersten Szenario unterstellt, dass lediglich ein LTE-Upgrade ohne weitere (nutzensteigernde) Investitionen in die kabelgebundene Zugangstechnologie (bspw. durch ein FTTH-Upgrade) durchgeführt wird. Im Ergebnis zeigte sich, dass es für Telefónica/O2 und möglicherweise auch für Vodafone, nicht aber für die Deutsche Telekom, im LTE-Zeitalter vorteilhaft sein könnte ihr Festnetzprodukt einzustellen und nur noch mobilfunkgestützte Datenzugänge anzubieten, da sich der Parallelbetrieb zweier sich kannibalisierender Internetzugangstechnologien nicht mehr rechnet.

Darüber hinaus konnten die zugrundliegenden Preis- und Abwehrmechanismen zur Minderung eines Kannibalisierungsproblems identifiziert werden, die insbesondere für die Deutsche Telekom mit ihrem sehr hohen DSL-Kundenanteil an der Gesamtkundenzahl zum Einsatz kommen (sollten). Diese bestehen im wesentlich darin den Festnetzpreis deutlich zu senken, während der Mobilfunkpreis weitestgehend konstant gehalten werden sollte, da der Mobilfunkmarkt im Vergleich zum Festnetzmarkt durch einen geringeren Wettbewerb und einer wesentlichen höheren Kundenzahl geprägt ist und damit das vergleichsweise höhere Gewinnpotential aufweist.

Mit Blick auf E-Plus wurde gezeigt, dass das Unternehmen auch im LTE-Zeitalter keine stationären Datenzugänge anbieten sollte, da die Rentabilitätsschwelle aufgrund des notwendigen Marktanteils im Festnetzmarkt von mindestens 12 % (der Substitutionseffekt ist hierbei schon berücksichtigt) wie eine Marktzutrittsbarriere wirkt, die nur unter sehr hohen finanziellen Anstrengungen zu überwinden ist. Mit Bezug zur ersten Fragestellung dieser Arbeit wird an dieser Stelle deutlich, dass E-Plus im Vergleich zu seinen Wettbewerbern im Rahmen eines LTE-Upgrades keine schädlichen Substitutionseffekte zu erwarten hat und aufgrund der potentiellen Gewinnzunahme in der LTE-Welt immer ein LTE-Upgrade anstreben sollte und damit ebenso seine Konkurrenten „zwingt" ein Upgrade durchzuführen. Werden in diesem Zusammenhang die potentiellen LTE-Gewinne aus Kapitel III den potentiellen (Kannibalisierungs-)Verlusten eines LTE-Upgrades aus Kapitel IV gegenübergestellt, wird deutlich, dass es auch für Vodafone und Telefónica/O2 vorteilhaft ist ein Upgrade durchzuführen. Lediglich für die Deutsche Telekom sind die zu erwartenden Verluste höher als die Gewinne, sofern künstlich erzeugte (Produkt-)Differenzierungsmerkmale den Kannibalisierungsprozess nicht stoppen können, so dass das LTE-Upgrade insgesamt zu Gewinneinbußen führen wird.

Im zweiten Szenario eines parallelen LTE- und FTTH-Upgrades gilt bei vollständiger Eigenfinanzierung des FTTH-Upgrades mit durchschnittlichen Upgradekosten von 1.000 € je Haushalt bzw. Anschluss, dass sich die integrierten Netzbetreiber gegenüber dem ersten Szenario ohne ein FTTH-Upgrade – unabhängig vom Festnetz-Substitutionsproblem – finanziell stets schlechter stellen. D. h. sie sollten niemals ein FTTH-Upgrade durchführen. Nicht ohne Grund wird seit Jahren von den Netzbetreibern eine (finanzielle) Beteiligung des Staates für einen solchen Ausbau gefordert, da andernfalls der von der Bundesregierung geforderte deutschlandweite Breitbandausbau nicht zu schaffen ist. Würden an dieser Stelle Subventionen gezahlt mit dem Effekt sinkender Upgradekosten auf bspw. 800 € je Haushalt, könnte sich ein Upgrade zumindest für die Deutsche Telekom lohnen. Da sie über eine ausreichend große Kundenmenge verfügt, wäre die Wahrscheinlichkeit einer Aufgabe des Festnetzes (und damit der finanzielle Misserfolg eines FTTH-Upgrades), die bei den übrigen Netzbetreibern aufgrund ihrer geringen DSL-Kundenmengen sehr hoch ist, vergleichsweise gering.

Auf Basis der Ergebnisse dieser Arbeit kann die Umsetzung fundamentaler Innovationen in Bezug auf die Übertragungstechnologie im deutschen Mobilfunk, wie bspw. ein Upgrade von UMTS auf LTE, aus Sicht der Mobilfunknetzbetreiber grundsätzlich befürwortet werden. Voraussetzung sind lediglich die Beachtung der optimalen Upgradestrategie und die oligopolistische Reaktionsverbundenheit bei der Wahl der optimalen Kapazitäten und Preise. Ergeben sich im Zuge des Upgrades Asymmetrien unter den Netzbetreibern, insbesondere durch eine unausgeglichene Frequenzverteilung, dann kann dies gravierende Negativ-Folgen für den zukünftigen Wettbewerb und die Gesamtwohlfahrt haben, obwohl die Innovation prinzipiell dazu beiträgt Prozesskosten zu senken und/oder den Konsumentennutzen zu steigern. Aus staatlicher Sicht sollten jene Upgradeprozesse deshalb überwacht und gegebenenfalls durch geeignete Maßnahmen korrigiert werden.

Anhang

Anhang A.1: Der Upgradefall der Deutschen Telekom und Vodafone

Upgradeverzögerung – Der Basisfall am Beispiel der Deutschen Telekom

Variable	Symbol	Wert
Investitionskosten	H	737,5 Mio. €
- Investition pro LTE-Standort/Basisstation[a]		30.000 €
- Anzahl LTE-Standorte/Basisstationen[b]		12.000
- Variable Kosten pro Neukunde		60,00 € p.a.
- Zusätzliche (variable) Kosten pro LTE-Kunde[c]		12,00 € p.a.
- ∅-liche Anzahl LTE-Kunden[d]		15,19 Mio.
Endzeitpunkt	E	∞
Diskontsatz/Kapitalkostensatz[e]	ρ	8,5 % p.a.
Kosteneinsparungsfaktor	η	12,9 % p.a.
ΔGewinn[d]	$\pi_{LTE} - \pi_{UMTS(LTE)}$	147,7 Mio. € p.a.
Optimale Upgradeverzögerung	t_{opt}	6 Monate

a) Der Wert wurde auf Basis von Experteninterviews bestimmt.
b) Der Wert ergibt sich aus der Anzahl der UMTS-Basisstationen der Deutschen Telekom nach den ersten 5 Jahren der UMTS-Einführung plus geschätzten 1.000 weiteren Stationen für den Ausbau der ländlichen Regionen (vgl. Focus 2011).
c) Es wird angenommen, dass bei der LTE-Einführung neben den bisherigen variablen Kosten pro Kunde zusätzliche Kosten entstehen, da bspw. die Hardware teurer ausfällt und/oder der Kunde über LTE informiert werden muss. Diese Kosten werden auf alle bestehenden Kunden und Neukunden aufgeschlagen.
d) Der Wert wurde anhand der Ergebnisse aus Kapitel III in Kombination mit dem Marktanteil der Deutschen Telekom aus dem Jahr 2010 bestimmt.
e) Der Diskontsatz wurde in Anlehnung an Gerpott (2008, S. 66) bestimmt.

Quelle: Altman Vilandrie & Company 2009, BITKOM, Bundesnetzagentur, Experteninterviews, Gerpott 2008, Deutsche Telekom, VATM, eigene Berechnungen

Upgradeverzögerung in Abhängigkeit von der Kosteneinsparung am Beispiel der DTAG

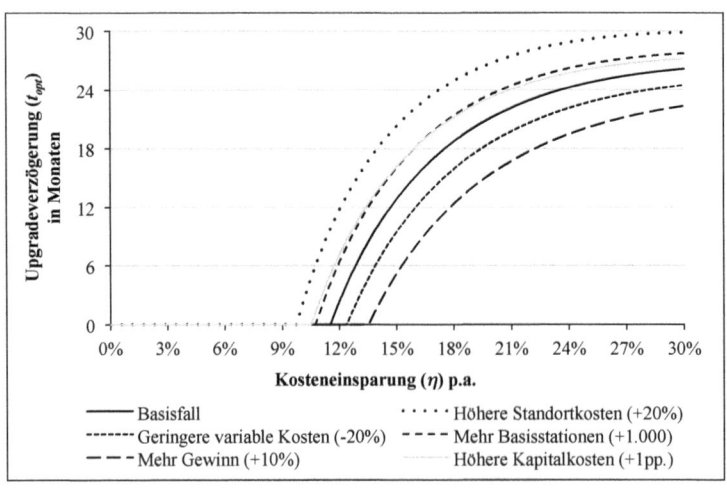

Quelle: Eigene Darstellung

Upgradeverzögerung – Der Basisfall am Beispiel von Vodafone

Variable	Symbol	Wert
Investitionskosten	H	819,1 Mio. €
- Investition pro LTE-Standort/Basisstation[a]		30.000 €
- Anzahl LTE-Standorte/Basisstationen[b]		14.000
- Variable Kosten pro Neukunde		60,00 € p.a.
- Zusätzliche (variable) Kosten pro LTE-Kunde[c]		12,00 € p.a.
- ⌀-liche Anzahl LTE-Kunden[d]		16,06 Mio.
Endzeitpunkt	E	∞
Diskontsatz/Kapitalkostensatz[e]	ρ	8,5 % p.a.
Kosteneinsparungsfaktor	η	11,7 % p.a.
ΔGewinn[d]	$\pi_{LTE} - \pi_{UMTS(LTE)}$	156,1 Mio. € p.a.
Optimale Upgradeverzögerung	t_{opt}	6 Monate

a) Der Wert wurde auf Basis von Experteninterviews bestimmt.
b) Der Wert ergibt sich aus der Anzahl der UMTS-Basisstationen von Vodafone nach den ersten 5 Jahren der UMTS-Einführung plus geschätzten 1.000 weiteren Stationen für den Ausbau der ländlichen Regionen (vgl. Focus 2011).
c) Es wird angenommen, dass bei der LTE-Einführung neben den bisherigen variablen Kosten pro Kunde zusätzliche Kosten entstehen, da bspw. die Hardware teurer ausfällt und/oder der Kunde über LTE informiert werden muss. Diese Kosten werden auf alle bestehenden Kunden und Neukunden aufgeschlagen.
d) Der Wert wurde anhand der Ergebnisse aus Kapitel III in Kombination mit dem Marktanteil von Vodafone im Jahr 2010 bestimmt.
e) Der Diskontsatz wurde in Anlehnung an Gerpott (2008, S. 66) bestimmt.

Quelle: Altman Vilandrie & Company 2009, BITKOM, Bundesnetzagentur, Experteninterviews, Gerpott 2008, Vodafone, VATM, eigene Berechnungen

Upgradeverzögerung in Abhängigkeit von der Kosteneinsparung am Beispiel von Vodafone

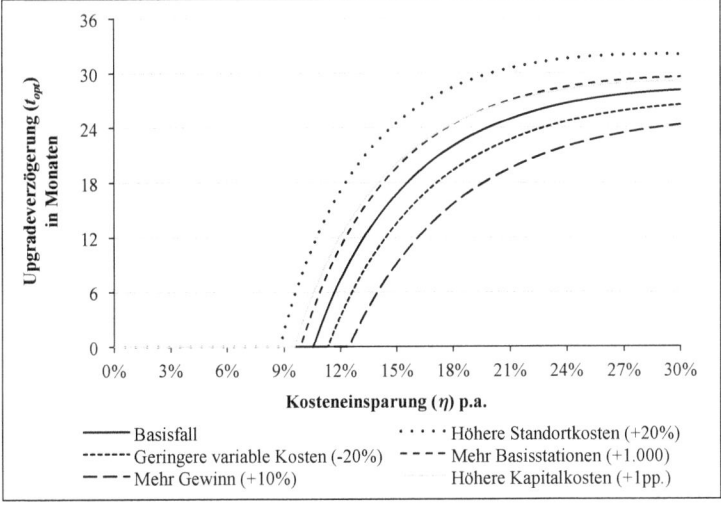

Quelle: Eigene Darstellung

Anhang A.2: Der Einfluss fixer Endzeitpunkte auf die Upgradeproblematik am Beispiel des 6-monatigen Verzögerungsfalls von Telefónica/O2

Wird der Telefónica/O2-Fall aus Tab. II.1 herangezogen und der Endzeitpunkt H zwischen 0 und 100 variiert, ergibt sich folgende Abbildung:

Kosteneinsparungsfaktor in Abhängigkeit vom Endzeitpunkt am Beispiel von Telefónica/O2

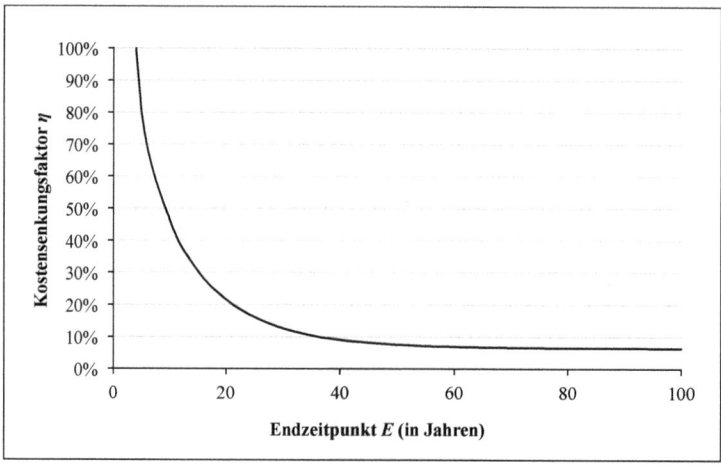

Quelle: Eigene Darstellung

Schon ab einer Laufzeit von rund 40 Jahren oder mehr verändert sich der Kostensenkungsfaktor η nur noch minimal. Geringere Laufzeiten, die im Mobilfunkmarkt aufgrund der hohen Marktaustrittsbarriere (→ der teure Netzaufbau stellt grundsätzlich sunk costs dar) als sehr unwahrscheinlich angesehen werden, führen jedoch schnell zu einem sehr hohen Anstieg des Kostensenkungsfaktors, so dass in einem solchen Fall eine Upgradeverzögerung zunehmend unrentabler wird bzw. ein sofortiges (Parallel-)Upgrade die gewinnoptimalere Strategie darstellt.

Anhang B.1: Die Ableitung der Menge nach den inversen Kapazitäten

Die Ableitung von Gleichung (III.6) nach den inversen Kapazitäten R_i und R_j ergibt in vollständiger Form:

$$\frac{\partial q_i^R(R_i,R_j)}{\partial R_i} = -\frac{\alpha\tau_i(8\tau_j^4 R_j^4 \tau_i^2 R_i^2 + 16\tau_j^4 R_j^4 \tau_i R_i b + 28\tau_j^3 R_j^3 \tau_i^2 R_i^2 b + 48\tau_j^3 R_j^3 b^2 \tau_i R_i + \ldots}{[A(4A + 3b^2)]^2}$$

$$\frac{36\tau_j^2 R_j^2 b^2 \tau_i^2 R_i^2 + 48\tau_j^2 R_j^2 b^3 \tau_i R_i + 20\tau_j R_j b^3 \tau_i^2 R_i^2 + 16\tau_j R_j b^4 \tau_i R_i + \ldots}{\ldots}$$

$$\frac{8\tau_j^4 R_j^4 b^2 + 20\tau_j^3 R_j^3 b^3 + 15\tau_j^2 R_j^2 b^4 + 4b^4 \tau_i^2 R_i^2 + 3\tau_j R_j b^5)}{\ldots} < 0$$

und

$$\frac{\partial q_i^R(R_i,R_j)}{\partial R_j} = \frac{\alpha\tau_j b(6\tau_j^2 R_j^2 b\tau_i^2 R_i^2 + 12\tau_j R_j b^2 \tau_i^2 R_i^2 + 4\tau_j R_j b^3 \tau_i R_i - 2\tau_j^2 R_j^2 b^3 + \ldots}{[A(4A + 3b^2)]^2}$$

$$\frac{6b^3 \tau_i^2 R_i^2 + 3b^4 \tau_i R_i + 4\tau_j^2 R_j^2 \tau_i^3 R_i^3 + 8\tau_j R_j b\tau_i^3 R_i^3 + 4b^2 \tau_i^3 R_i^3)}{\ldots} > 0^{136}$$

Anhang B.2: Bestimmung des deutschen UMTS-Reservationspreises

Jahr	2004	2005	2006	2007	2008	2009	2010
UMTS-Umsätze Deutschland (in Mrd. €)	0,3	0,5	0,8	1,6	2,3	2,8	3,4
Regelmäßige UMTS-Nutzer in Deutschland (in Mio.)	0,3	0,5	0,8	1,6	2,3	2,8	3,4
UMTS-ARPU[a] (in € pro Monat)	n.a.[b]	19,1	19,0	18,9	16,8	14,3	14,1

a) ARPU = Average Revenue Per User (durchschnittlicher Umsatz pro Nutzer); Die Berechnung des ARPU erfolgt auf die durchschnittliche Kundenbasis der regelmäßigen UMTS-Nutzer eines jeden Jahres.
b) Da erst Mitte 2004 die ersten UMTS-Tarife vermarktet wurden und somit keine 12-Monatswerte vorliegen, wird auf die Einbeziehung der 2004er Werte zur Reservationspreisbestimmung verzichtet.

Quelle: Bundesnetzagentur, eigene Berechnungen

---

[136] Das Vorzeichen der Ableitung kann nicht zweifelsfrei bestimmt werden. Der Term kann jedoch nur dann ein negatives Vorzeichen erreichen, falls die Kapazität $K_j = 1/R_j$ von Netzbetreiber j gegen Null tendiert, ein Fall, der aufgrund seines wenig wahrscheinlichen Auftretens ausgeschlossen wird. In dem hier untersuchten Fall, unter der Annahme positiver Gewinne für beide Mobilfunknetzbetreiber, muss das Vorzeichen hingegen eindeutig positiv ausfallen.

Zur Bestimmung des UMTS-Reservationspreises werden die UMTS-Nutzerzahlen mit den jährlichen UMTS-ARPUs in einem Diagramm geplottet. Anschließend wird durch die resultierenden Datenpunkte eine lineare Regressionsgerade gezogen, die möglichst nahe an jedem Datenpunkt liegt und die horizontale Achse bei der hier verwendeten Marktgröße von 64,33 Mio. Nutzern (siehe Anhang B.3) schneidet. Der Schnittpunkt der Regressionsgeraden mit der vertikalen Achse bestimmt schließlich den gesuchten Reservationspreis.

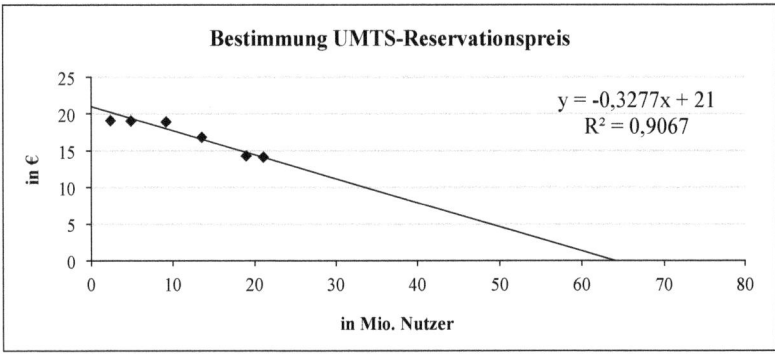

Quelle: Eigene Darstellung

Das Bestimmtheitsmaß R^2 liefert hierbei eine Aussage über den Erklärungsgehalt der Trendlinie in Bezug auf die Datenpunkte. Liegt das Bestimmtheitsmaß nahe 0 besteht kein linearer Zusammenhang zwischen den Datenpunkten und der so determinierte Reservationspreis wäre mit hoher Wahrscheinlichkeit ungültig und damit unbrauchbar. Liegt das Bestimmtheitsmaß jedoch nahe 1 besteht ein starker linearer Zusammenhang zwischen den Datenpunkten, so dass von einer guten Qualität der linearen Regression ausgegangen werden kann. Hier liegt das Bestimmtheitsmaß bei rund 91 % und damit sehr nah bei 1, folglich spiegelt die Regressionsgerade letzteren Fall wider. Für den hier untersuchten Fall wird entsprechend angenommen, dass die Regressionsanalyse eine brauchbare Schätzung für den Reservationspreis liefert. Dieser wird somit auf durchschnittlich 21 € für mobile Datendienste festgelegt[137].

---

[137] Ein ähnlicher Reservationspreis ergibt sich, wenn anstatt der regelmäßigen UMTS-Nutzer die Anzahl der UMTS-Anschlüsse herangezogen wird.

Anhang B.3: Bestimmung der UMTS-Marktgröße

Einwohner in Deutschland	82,00 Mio.
Kinder unter 6 Jahren	-4,15 Mio.
Senioren über 80 Jahre	-3,68 Mio.
Anzahl Privatpersonen für UMTS-Datendienste	**74,17 Mio.**
Abzug Bevölkerung nicht versorgter UMTS-Regionen (20 % der Gesamtbevölkerung)	-14,83
Anzahl Geschäftskunden im UMTS-Markt	+5 Mio.
Gesamtmarkt für UMTS-Datendienste	**64,33 Mio.**

Quelle: Statistisches Bundesamt, Vodafone 2008, eigene Berechnungen

Anhang C.1: Bestimmung des deutschen Reservationspreises für stationäre Breitbandinternetzugänge

Jahr	2003	2004	2005	2006	2007	2008	2009
Breitbandanschlüsse (in Mio. Haushalte)	4,5	6,8	10,6	15,1	19,7	22,8	25,1
Breitband-ARPU[a] (in € pro Monat)	30,00	28,00	22,83	17,75	16,67	13,83	11,17

a) ARPU = Average Revenue Per User (Durchschnittlicher Umsatz pro Nutzer)

Quelle: Goldmedia 2011, Solon 2005a, VATM 2010, eigene Berechnungen

Zur Bestimmung des Reservationspreises für stationäre Breitbandinternetzugänge wird die Anzahl der Breitbandanschlüsse mit den jährlichen Breitband-ARPUs in einem Diagramm geplottet. Anschließend wird durch die resultierenden Datenpunkte eine lineare Regressionsgerade gezogen, die möglichst nahe an jedem Datenpunkt liegt und die horizontale Achse bei der hier verwendeten Marktgröße von 36,17 Mio. Haushalte (siehe Anhang C.2) schneidet. Der Schnittpunkt der Regressionsgeraden mit der vertikalen Achse bestimmt schließlich den gesuchten Reservationspreis.

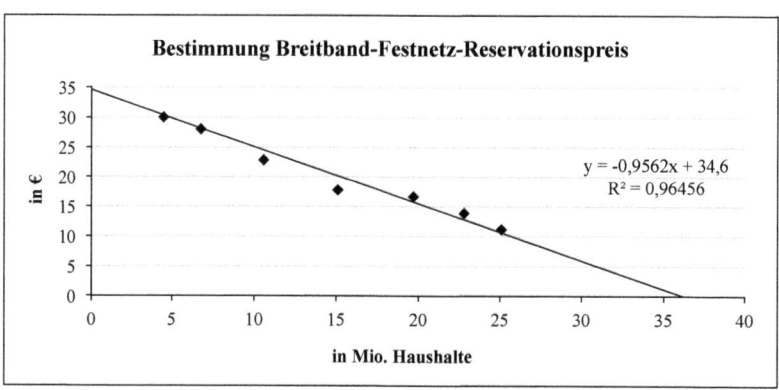

Quelle: Eigene Darstellung

Das Bestimmtheitsmaß R^2 liefert hierbei eine Aussage über den Erklärungsgehalt der Trendlinie in Bezug auf die Datenpunkte. Liegt das Bestimmtheitsmaß nahe 0 besteht kein linearer Zusammenhang zwischen den Datenpunkten und der so determinierte Reservationspreis wäre mit hoher Wahrscheinlichkeit ungültig und damit unbrauchbar. Liegt das Bestimmtheitsmaß jedoch nahe 1 besteht ein starker linearer Zusammenhang zwischen den Datenpunkten, so dass von einer guten Qualität der linearen Regression ausgegangen werden kann. Hier liegt das Bestimmtheitsmaß bei rund 96 % und damit sehr nah bei 1, folglich spiegelt die Regressionsgerade letzteren Fall wider. Für den hier untersuchten Fall wird entsprechend angenommen, dass die Regressionsanalyse eine brauchbare Schätzung für den Reserverationspreis liefert. Dieser wird somit auf durchschnittlich 34,60 € für stationäre Breitbandinternetzugänge festgelegt.

Anhang C.2: Bestimmung der Marktgröße für stationäre Breitbandinternetzugänge

Haushalte in Deutschland	41,19 Mio.
Abzug Haushalte nicht versorgter Regionen (∅-lich 10 % der Haushalte)[a]	-4,02
Gesamtmarkt für stationäre Breitbandinternetzugänge	**36,17 Mio.**
Abzug DOCSIS-Haushalte[b]	-3,90
Gesamtmarkt für stationäre DSL-Internetzugänge	**32,27**

a) Die absolute Versorgung der Haushalte in Deutschland mit breitbandfähigen Festnetzinternetanschlüssen (ab 1 Mbps) hat über die letzten Jahre kontinuierlich zugenommen und erreichte Ende 2010 einen Anteil von 93,1 %. Da dieser Wert in der Vergangenheit niedriger lag, wird auf den Gesamtmarkt ein Abschlag von rund 10 % vorgenommen, um eine realistischere Marktgröße zu erhalten.

b) Hierunter sind diejenigen Haushalten zu verstehen, die ihren Internetzugang über einen Kabelnetzbetreiber, wie z. B. Unity Media, Kabel Deutschland, oder Kabel BW, beziehen. Diese Anpassung des Gesamtmarktes ist dem Umstand geschuldet, dass die Kabelnetzbetreiber zunehmend in den Breitbandinternetmarkt eindringen und den DSL-Anbietern Kunden abnehmen und voraussichtlich auch in Zukunft weiter abnehmen werden. Ein Rückwärtstrend wird nicht erwartet. Da die Mobilfunknetzbetreiber nur im DSL-Markt agieren, soll sich ihr potentieller Markt auch nur auf diesen beziehen.

Quelle: Statistisches Bundesamt, BMWi, VATM 2010, eigene Berechnungen

Literaturverzeichnis

3GPP (2009): „Enabling Societal and Personal Communications for a Changing World", www.ltemobile.de, LTE White Papers, Präsentationen.

ABI research (2009): „Three Tactics for Winning the LTE Game", www.alcatel-lucent.com, Resource Center, White Papers, 6. Dezember 2010.

Acemoglu, D. und Ozdaglar, A. (2005): „Competition and efficiency in congested markets", in: NBER working paper series, Nr. 11201, S. 1-43.

ADL und Exane BNP (2011): „Super fast broadband: catch up if you can", www.adl.com.

Altman Vilandrie & Company (2009): „The LTE Business Case", www.atis.org/LTE, 28. September 2010.

Anderson, S. P. und Engers, M. (1994): „Strategic investment and timing of entry", in: International Economic Review, Vol. 35, S. 833-853.

areamobile (2004): „E-Plus Netzabdeckung: Empfang auf dem Land", www.areamobile.de/ratgeber/tarife/handy/empfang-auf-dem-land-netzabdeckung-von-e-plus, 30. Mai 2011.

areamobile (2009): „Trauerspiel Wimax: Deutscher Anbieter soll Lizenz zurückgegeben haben", www.areamobile.de/news/10505-trauerspiel-wimax-deutscher-anbieter-soll-lizenz-zurueckgegeben-haben, 16. September 2009.

Baake, P. und Mitusch, K. (2007): „Competition with Congestible Networks", in: Journal of Economics, Vol. 91, S. 151-176.

Bank of America/Merrill Lynch (2010): „European Telecoms Matrix Q2 2010", Bank of America Merrill Lynch Research.

Basso, L. J. und Zhang, A. (2007): „Congestible facility rivalry in vertical structures", in: Journal of Urban Economics Vol. 61, S. 218-237.

Bauer, J. M. (2003): „Impact of license fees on the prices of mobile voice service", in: Telecommunications Policy, Vol. 27, S. 417-434.

BITKOM (2009): „BITKOM – bis zu 22,7 Mio. UMTS Nutzer in Deutschland bis Ende 2009", www.bitkom.org/de/presse/62013_60608.aspx, 16. September 2010.

Börnsen, A. (2009): „Bericht zur Untersuchung der Digitalen Dividende", www.bundesnetzagetnur.de, 20. Juni 2010.

Braid, R. M. (1986): „Duopoly pricing of congested facilities", in: Columbia Deparment of Economics, Working paper Nr. 332.

Brod, A. und Shivakumar, R. (1999): „Advantageous semi-collusion", in: The Journal of Industrial Economics, Vol. 47, S. 221-230.

Brosig, J., Hehenkammp, B. und Gebhardt, G. (2009): „Experimentelle Wirtschaftsforschung", in: Universität zu Köln, Lehrstuhl Prof. Ockenfels, Sommersemester 2010, Kap. 3.2, S. 30 ff.

Buchanan, J. (1965): „An economic theory of clubs", in: Economica, Vol. 32, S. 1-14.

Bundesministerium für Wirtschaft und Technologie (2009): „Breitbandstrategie der Bundesregierung", www.zukunft-breitband.de, Breitbandstrategie.

Bundesnetzagentur (2000a): „Jahresbericht 2000", www.bundesnetzagentur.de, Berichte, Publikation.

Bundesnetzagentur (2000b): „Regeln zur Lizenzvergabe", www.bundesnetzagentur.de, Telekommunikation, Regulierung Telekommunikation, Frequenzordnung, Öffentlicher Mobilfunk, UMTS.

Bundesnetzagentur (2005): „Tätigkeitsbericht 2004/2005", www.bundesnetzagentur.de, Berichte, Publikation.

Bundesnetzagentur (2007): „Verbindungen in inländische Festnetze an festen Standorten und Verbindungen in inländische Mobilfunknetze an festen Standorten", www.bundesnetzagentur.de, Konsultationsentwurf.

Bundesnetzagentur (2007b): „Tätigkeitsbericht 2006/2007", www.bundesnetzagentur.de, Berichte, Publikation.

Bundesnetzagentur (2008a): „Jahresbericht 2007", www.bundesnetzagentur.de, Berichte, Publikation.

Bundesnetzagentur (2008b): „Diskussionspapier der Bundesnetzagentur für Elektrizität, Gas, Telekommunikation, Post und Eisenbahnen zur Vorbereitung eines Konzepts zur Flexibilisierung der Frequenznutzungsrechte in den Bereichen 900 MHz und 1800 MHz", www.bundesnetzagentur.de, Telekommunikation/ Regulierung Telekommunikation/ Frequenzordnung/ Öffentlicher Mobilfunk/ Flexibilisierung GSM-Mobilfunk.

Bundesnetzagentur (2009a): „Jahresbericht 2008", www.bundesnetzagentur.de, Berichte, Publikation.

Bundesnetzagentur (2009b): „Entscheidung der Präsidentenkammer der Bundesnetzagentur für Elektrizität, Gas, Telekommunikation, Post und Eisenbahnen vom 12. Oktober 2009 zur Flexibilisierung der Frequenznutzungsrechte für drahtlose Netzzugänge zum Angebot von Telekommunikationsdiensten in den Bereichen 450 MHz, 900 MHz, 1800 MHz, 2 GHz und 3,5 GHz", www.bundesnetzagentur.de, Beschlusskammern, BK1.

Bundesnetzagentur (2009c): „Tätigkeitsbericht 2008/2009", www.bundesnetzagentur.de, Berichte, Publikation.

Bundesnetzagentur (2010): „Jahresbericht 2010", www.bundesnetzagentur.de, Berichte, Publikation.

Burr, W. (1995): „Netzwettbewerb in der Telekommunikation: Chancen und Risiken aus Sicht der ökonomischen Theorie", in: Dt. Univ.-Verl., Gabler Edition Wissenschaft: Markt- und Unternehmensentwicklung.

Capital (2000): „Telekom-Aktien: Von neuen Frequenzen profitieren", in: Capital Investor 13/2010, www.capital.de, Finanzen, Archiv, Investor vom 1. April 2010.

Chatterjee, R. und Sugita, Y. (1990): „New product introduction under demand uncertainty in competitive industries", in: Managerial and Decision Economics, Vol. 11, S. 1-12.

Connect (2009): „Der große Netztest 2009", www.p3-group.com/communications/fileadmin/user_upload/downloads/news/CONNECT_netztest_2009.pdf, 27. Juli 2010.

Connect (2010): „Der große Netztest in Deutschland 2010", www.telefonica.de/ext/portal/online/16698/index, 7. Oktober 2011.

D'Aspremont, C. und Jacquemin, A. (1988): „Cooperative and noncooperative R&D in duopoly with spillovers", in: The American Economic Review, Vol. 78, S. 1133-1137.

De Borger, B. und Van Dender, K. (2006): „Prices, capacities and service levels in a congestible Bertrand duopoly", in: Journal of Urban Economics, Vol. 60, S. 264-283.

De Palma, A. und Leruth, L. (1989): „Congestion and Game in Capacity: A Duopoly Analysis in the Presence of Network Externalities", in: Annales d'Économie et de Statistique, No. 15/16, S. 389-407.

Detlefsen, J. und Siart, U. (2006): „Grundlagen der Hochfrequenztechnik", in: Oldenbourg Wissenschaftsverlage GmbH, München, 2. Auflage.

Deutsche Telekom (2010): „Grünes Licht für 4G: Netztechnik startklar in Brandenburg", www.telekom.de, Pressemitteilungen, 30. August 2010.

Deutsche Telekom (2010b): „Netznutzen, Was Deutsche von ihrem Mobilfunknetz wollen, wissen und erwarten.", Studie, www.studie-life.de.

Deutschland Online (2004): „Deutschland Online 2", www.studie-deutschland-online.de.

Deutschland Online (2006): „Deutschland Online 3", www.studie-deutschland-online.de.

Dialog Consult (2011): „Ermittlung monatlicher tatsächlicher investiver Kosten und daraus resultierender Überlassungsentgelte für Teilnehmeranschlussleitungen der Telekom Deutschland", www.brekoverband.de, Publikationen, Studien & Gutachten.

DIW Berlin (2000): „Die UMTS-Lizenzvergabe in Deutschland – Auktionsverfahren unbefriedigend", www.diw.de, Publikationen & Veranstaltungen, Wochenbericht, Wochenbericht 30/2000.

E-Plus (2004): „Erste Ultra High Sites von E-Plus sind am Netz", www.eplus-gruppe.de/Presse/Presseinformationen/Pressemitteilung/Pressemitteilung.asp?pm_id=781, 30. Mai 2011.

E-Plus (2010): „Die Strategie der E-Plus Gruppe - Herausforderer im Markt", www.eplus-gruppe.de/Ueber_uns/Strategie/Strategie.asp, 5. Oktober 2010.

E-Plus (2011): „E-Plus Gruppe startet LTE-Feldtests", www.eplus-gruppe.de/presse/doc/ 1351.pdf, 18. März 2011.

E-Plus (2011a): „E-Plus und ZTE bekräftigen Zusammenarbeit", http://www.eplus-gruppe.de/Presse/Presseinformationen/Presseinformationen.asp?WT.ac=Presse/teaser_pos_1/Presseinformationen/Zu_den_Pressemitteilungen/20080414, 20. September 2011.

Elberfeld, W. und Nti, K. O. (2004): „Oligopolistic Competition and New Technology Adoption under Uncertainty", in: Journal of Economics, Vol. 82, S. 105-121.

Elon University (2004): „Back 150 Years", in: Elon University, School of Communications, Project "Imagining the Internet", Elon/Pew Publications.

Ernst & Young (2009): „So sichern Sie die Zukunft Ihres Unternehmens", www.ey.com/Publication/vwLUAssets/So_sichern_Sie_die_Zukunft_Ihres_Unternehmens/$FILE/101444_4_SosichernZukunft.pdf, 22. Juli 2010.

Fabrizi, S. und Wertlen, B. (2003): „The Mobile Internet Dilemma: to Upgrade or not to Upgrade?", in: Universität Mannheim, Department of Economics, S. 1-24.

Fabrizi, S. und Wertlen, B. (2008): „Roaming in the Mobile Internet", in: Telecommunications Policy, Vol. 32, S. 50-61.

FAZ (2005): „Revolution im Festnetzgeschäft", www.fazfinance.net/Aktuell/Wirtschaft-und-Konjunktur/Revolution-im-Festnetzgeschaeft-9393.faz, 16. September 2009.

FAZ (2010a): „Was kann der UMTS-Nachfolger wirklich?", www.faz.net/-00m3f4, 10. Juni 2010.

FAZ (2010b): „Rohstoff für den Mobilfunk", www.faz.net/-00m87g, 10. Juni 2010.

Focus (2008): „Communication Networks 12.0 - Basisdaten für Kommunikationsstrategien in der modernen Wissensgesellschaft", www.medialine.de, 22. Juli 2010.

Focus (2009): „Communication Networks 13.0 - Basisdaten für Kommunikationsstrategien in der modernen Wissensgesellschaft", www.medialine.de, 27. Juli 2010.

Focus (2009b): „E-Plus klagt gegen Frequenzauktion der Bundesnetzagentur", www.focus.de/finanzen/news/telekommunikation-e-plus-klagt-gegen-frequenzauktion-der-bundesnetzagentur_aid_456680.html, 5. Oktober 2010.

Focus (2011): „Vodafone bringt LTE in die Städte", www.focus.de/digital/ multimedia/ifa/messe-2011/vierte-mobilfunkgeneration-vodafone-bringt-lte-in-die-staedte_aid_661224.html, 6. Oktober 2011.

Foros, O. (2004): „Strategic investments with spillovers, vertical integration and foreclosure in the broadband access market", in: International Journal of Industrial Organization, Vol. 22, S. 1-24.

Foros, O. (2007): „Price Strategies and Compatibility in Digital Networks", in: International Journal of the Economics of Business, Vol. 14, S. 85-97.

Foros, O., Hansen, B. und Sand, J. Y. (2003): „Demand-side spillovers and semi-collustion in the mobile communications market", in: Journal of Industry, Competition and Trade, Vol. 2, S. 259-278.

Foros, O. und Kind, H.-J. (2003): „The Broadband Access Market: Competition, Uniform Pricing and Geographical Coverage", in: Journal of Regulatory Economics, Vol. 23, S. 215-235.

Foros, O., Kind, H.-J. und Sand, J. Y. (2009): „Entry may increase network providers' profit", in: Telecommunications Policy, Vol. 33, S. 486-494.

Foros, O., Kind, H.-J. und Sörgard, L. (2009): „Domestic Regulation and International Trade", in: Journal of Industry, Competition and Trade, Vol. 9, S. 1-16.

FTD (2010): „Aufbau neuer Netze – Mobilfunker wollen so gern kuscheln", www.ftd.de/it-medien/it-telekommunikation/:aufbau-neuer-netze-mobilfunker-wollen-so-gern-kuscheln/ 50159950.html, 1. Oktober 2010.

FTTH Council Europe (2010): „Germany needs more fibre", www.ftthcouncil.eu, Resources, Press Clippings.

Fudenberg, D. und Tirole, J. (1985): „Preemption and Rent Equalization in the Adoption of New Technology", in: Review of Economic Studies, Vol. 52, S. 383-401.

Fudenberg, D. und Tirole, J. (1987): „Understanding rent dissipation: On the use of game theory in industrial organization", in: Game Theory and Industrial Organization, Vol. 77, S. 176-183.

Gerum, E., Sjurts, I. und Stieglitz, N. (2003): „Der Mobilfunkmarkt im Umbruch", in: Dt. Univ.-Verl., Gabler Edition Wissenschaft, Wiesbaden.

Gerpott, T. (2003): „Konvergenzstrategien von Mobilfunk und Festnetzdiensteanbietern", in: zfbf, Vol. 55, S. 628-649.

Gerpott, T. (2008): „Öffnung von GSM-Frequenzen für UMTS-Angebote", in: Rainer Hampp Verlag, Mering.

Gerpott, T. (2010): „Wettbewerbs- und Regulierungsimplikationen der 900 MHz-Frequenzausstattung von Mobilfunknetzbetreibern in Deutschland", in: Gerpott, T. J. und Holznagel, B. (Hrsg.), Flexibilisierung der Frequenznutzung – Ökonomische und juristische Analysen, B&S Siebenhaar, Berlin, S. 7-81.

Gibbens, R., Mason, R. und Steinberg, R. (1998): „Multiproduct competition between congestible networks", in: University of Southampton, ePrints Soton, Discussion Papers in Economics and Econometrics, Nr. 9816.

Gibbons, R. (1992): „A Primer in Game Theory", in: Financial Times Prentice Hall, Pearson Education, Toronto.

Goldmedia (2011): „Fragen und Antworten zur Netzneutralität – Kurzgutachten zu den Thesen des VATM", www.vatm.de, Studien.

Golem (2009): „LTE wird sich schneller durchsetzen als UMTS – Marktforscher sehen hohe Wachstumsrate für UMTS-Nachfolger", www.golem.de/0905/67251.html, 12. März 2010.

Gruber, H. (2002): „Endogenous Sunk Costs in the Market for Mobile Telecommunications: The Role of Licence Fees", in: The Economic and Social Review, Vol. 33, S. 55-64.

Handelsblatt (2000): „Telefonica mit Anleihe zur UMTS-Finanzierung", www.handelsblatt.com/archiv/telefonica-mit-anleihe-zur-umts-finanzierung; 327889, 21. Juni 2010.

Handelsblatt (2001): „Standardisierung soll Kosten drücken", www.handelsblatt.com/archiv/standardisierung-soll-kosten-druecken;452410, 1. Oktober 2010.

Haucap, J., Heimeshoff, U. und Stühmeier, T. (2010): „Wettbewerb im deutschen Mobilfunkmarkt", in: HHU Düsseldorf, Wirtschaftswissenschaftliche Fakultät, Dice, Wirtschaftspolitik, Nr. 04.

heise online (2000): „KPN mit Multi-Milliarden-Anleihe für UMTS-Kosten", www.heise.de/newsticker/meldung/KPN-mit-Multi-Milliarden-Anleihe-fuer-UMTS-Kosten-29560.html, 21. Juni 2010.

Hendricks, K. (1992): „Reputations in the adoption of a new technology", in: International Journal of Industrial Organization, Vol. 10, S. 663-677.

Hofmann, K. (2003): „Wie haben Kapitalmärkte in der Vergangenheit die Märkte der Hochtechnologie beeinflusst", in: Arnold Picot und Stefan Doeblin (Hrsg.), Telekommunikation und Kapitalmarkt, Gabler Verlag, Wiesbaden.

Hoppe, H. C. (2002): „The timing of new technology adoption: Theoretical models and empirical evidence", in: The Manchester School, Vol. 70, S. 56-76.

Hoppe, H. C. und Lehmann-Gruppe, U. (2001): „Second-Mover Advantages in Dynamic Quality Competition", in: Journal of Economics & Management Strategy, Vol. 10, S. 419-433.

Intercai (2006): „VoWLAN, UMTS, WiMax: Ist GSM immer noch aktuell? Ein Vergleich von verschiedenen Technologien für KMU", www.intercai.ch, Präsentation.

Kabel Deutschland (2011): „Kabel Deutschland – Presentation Q1 FY 2011/12 ended June 30, 2011", www.kabeldeutschland.de, Investor Relations, Präsentation.

Kalmus, P. und Wiethaus, L. (2010): „On the competitive effects of mobile virtual network operators", in: Telecommunications Policy, Vol. 34, S. 262-269.

Katz, M. und Shapiro, C. (1985): „Network Externalities, Competition, and Compatibility", in: The American Economic Review, Vol. 75, S. 424-440.

Katz, M. und Shapiro, C. (1992): „Product introduction with network externalities", in: The Journal of Industrial Economics, Vol. 40, S. 55-83.

Klemperer, P. (1992): „Equilibrium product lines", in: The American Economic Review, Vol. 82, S. 740-755.

Knieps, G. (2009): „Quality differentiation and pricing strategies in the Internet", in: Hamburger Forum Medienökonomie, Vortrag.

KPMG (2009): „Next Generation Mobile Life – Entwicklungsperspektiven für den Mobilmarkt in Deutschland", www.bitkom.org, Studien.

Kruse, J. (1997): „Marktbeherrschung auf dem deutschen Mobilfunkmarkt", in: Institut für Volkswirtschaftslehre der Universität Hohenheim, Diskussionspapier Nr. 159.

Kruse, J. (2004): „Competition in mobile communications and the allocation of scarce resources: the case of UMTS", in: Pierre A. Buigues und Patrick Rey (Hrsg.), The Economics of Antitrust and Regulation in Telecommunications – Perspectives for the New European Regulatory Framework, Edward Elgar, Cheltenham UK, Northampton MA, USA, S. 185-212.

Lambertini, L. (2003): „The monopolist's optimal R&D portfolio", in: Oxford Economic Papers, Vol. 55, 561-578.

Laussel, D., de Montmarin M. und Van Long, N. (2004): „Dynamic duopoly with congestion effects", in: International Journal of Industrial Organization, Vol. 22, S. 655-677.

Lee, I. H. und Mason, R. (2001): „Market structure in congestible markets", in: European Economic Review, Vol. 45, S. 809-818.

Lehr, W. H. und Weiss, M. B. (1996): „The political economy of congestion charges and settlements in packet networks", in: Telecommunications Policy, Vol. 20, S. 219-231.

Lengwiler, Y. (2001): „Die Schweizer UMTS-Auktion", in: Schweizerische Zeitschrift für Volkswirtschaft und Statistik, Vol. 137, S. 199-208.

Lin, P. (2004): „Process and product R&D by a multiproduct monopolist", in: Oxford Economics Papers, Vol. 56, S. 735-743.

Lin, P. (2007): „Process R&D and Product Line Deletion by a Multiproduct Monopolist", in: Journal of Economics, Vol. 91, S. 245-262.

Lin, P. und Saggi, K. (2002): „Timing of Entry under Externalities", in: Journal of Economics, Vol. 75, S. 211-225.

medienforum.nrw (2008): „Große Hoffnungen, verheißungsvolle Perspektiven", www.medienforum.nrw.de, Presse, Artikel vom 11. Juni 2008.

MacKie-Mason, J. K. und Varian H. R. (1994): „Pricing Congestible Network Resources", in: Department of Economics, University of Michigan, S. 1-22.

McKnight, L. W. und Boroumand, J. (2000): „Pricing Internet services: after flat rate", in: Telecommunications Policy, Vol. 24, S. 565-590.

MiD (2008): „Alltagsverkehr in Deutschland Struktur – Aufkommen – Emissionen – Trends", in: Bundesministerium für Verkehr, Bau und Stadtentwicklung, Mobilität in Deutschland 2008, Publikation.

Mielke, B. (2002): „Übertragungsstandards und -bandbreiten in der Mobilkommunikation", in: Günter Silberer, Jens Wohlfahrt und Thorsten Wilhelm (Hrsg.), Mobile Commerce – Grundlagen, Geschäftsmodelle, Erfolgsfaktoren, Gabler Verlag, Wiesbaden, S. 185-201.

n-tv (2001): „UMTS-Kosten ziehen KPN an den Abgrund", www.n-tv.de/archiv/ UMTS-Kosten-ziehen-KPN-an-den-Abgrund-article140107.html, 30. Mai 2011.

Nokia Siemens Networks (2009): „Long Term Evolution (LTE) will meet the promise of global mobile broadband", Studie, www.telecoms.com/files/2009/10/lte_ motivation_a4_05 05_0.pdf, 11. Juni 2010.

Niedersächsisches Ministerium für Umwelt und Klimaschutz (2005): „Unterschiede zwischen den Mobilfunktechniken GSM und UMTS", www.umwelt.niedersachsen.de/live/live.php?navigation_id=2699&article_id=7337&_psmand=10, 21. September 2010.

Onlinekosten (2010): „Mobiles Internet vor Explosion des Datenverkehrs", www. onlinekosten.de/news/artikel/38054/0/Mobiles-Internet-vor-Explosion-des-Datenverkehrs, 22. Juli 2010.

Onlinekosten (2010a): „EDGE: Das schnellere GPRS für das mobile Internet", www.online kosten.de/mobilfunk/edge, 30. September 2010.

Onlinekosten (2010b): „HSDPA – High Speed Downlink Packet Access", www. onlinekosten.de/mobilfunk/hsdpa/2, 30. September 2010.

Picot, A (2003): „Wie haben Kapitalmärkte in der Vergangenheit die Märkte der Hochtechnologie beeinflusst", in: Arnold Picot und Stefan Doeblin (Hrsg.), Telekommunikation und Kapitalmarkt, Gabler Verlag, Wiesbaden.

Picot, A., Wernick, C. und Grove, N. (2008): „Aktuelle Treiber auf Telekommunikationsmärkten und ihre Auswirkungen auf Geschäftsmodelle und Erlösquellen festnetzbasierter Carrier", in: Ludwig-Maximilians-Universität München, Institut für Information, Organisation und Management, Working Papers 2008.

Pindyck, R. und Rubinfeld, D. (2005): „Mikroökonomie 6. Auflage", in: Pearson Studium Verlag, München.

Presseportal (2010): „Internet per UMTS deutlich langsamer als versprochen", www.presseportal.de/pm/51005/1600615/computer_bild_gruppe_computerbild_de, 5. Juli 2010.

Quirmbach, H. C. (1986): „The diffusion of new technology and the market for an innovation", in: Rand Journal of Economics, Vol. 17, S. 33-47.

Reinganum, J. F. (1981): „On the Diffusion of New Technology: A Game Theoretic Approach", in: Review of Economic Studies, Vol. 48, S. 395-405.

Renner, K.-H., Schütz, A. und Machilek, F. (2005): „Internet und Persönlichkeit: Stand der Forschung und Perspektiven", in: Report Psychologie, Nr. 30, S. 464-471.

Riordan, M. H. (1992): „Regulation and preemptive technology adoption", in: Rand Journal of Economics, Vol. 23, S. 334-349.

Rosenkranz, S. (2003): „Simultaneous choice of process and product innovation when consumers have a preference for product variety", in: Journal of Economic Behavior & Organization, Vol. 50, S. 183-201.

Samuelson, L. (1997): „Evolutionary Games and Equilibrium Selection", in: The MIT Press, Cambridge.

Schamlensee, R. (1982): „Product Differentiation Advantages of Pioneering Brands", in: The Amercian Economic Review, Vol. 72, S. 349-365.

Schöberl, M. (2008): „Responses of incumbent firms in the face of disruptive strategic innovations", in: Pro Business Verlag, Berlin.

Schumpeter, J. (1912): „Theorie der wirtschaftlichen Entwicklung, Nachdruck der Erstausgabe von 1912", in: Duncker & Humblot Verlag, Berlin.

Scotchmer, S. (1985a): „Profit-maximizing clubs", in: Journal of Public Economics, Vol. 27, S. 25-45.

Scotchmer, S. (1985b): „Two-tier pricing of shared facilities in a free-entry equilibrium", in: Rand Journal of Economics, Vol. 16, S. 456-472.

Shaked, A. und Sutton, J. (1982): „Relaxing price competition through product differentiation", in: Review of Economic Studies, Vol. 49, S. 3-13.

Singh, N. und Vives, X. (1984): „Price and quantity competition in a differentiated duopoly", in: Rand Journal of Economics, Vol. 15, S. 546-554.

Solon (2005): „Mobilfunk Deutschland 2010", www.solon.de, Publikationen.

Solon (2005a): „War of Platforms – Wettstreit von Kabel und DSL um den „Triple Play"-Kunden", www.solon.de, Publikationen.

Solon (2011): „Broadband On Demand – Cable's 2020 Vision", www.solon.de, Publikationen.

Spiegel Online (2005): „Fünfmal schneller als UMTS", www.spiegel.de/netzwelt/tech/0,1518,druck-375597,00.html, 29. September 2010.

Spiegel Online (2006): „Neue Preisattacken der Mobilfunker", www.spiegel.de/wirtschaft/0,1518,428896,00.html, 5. Oktober 2010.

Statistisches Bundesamt (2008): „Rapider Anstieg der mobilen Internetnutzung durch Unternehmen", www.destatis.de, Pressemitteilung Nr.163, 24. April 2008.

Statistisches Bundesamt (2010a): „Statistisches Jahrbuch 2010", www.destatis.de, 11. Juli 2011.

Statistisches Bundesamt (2010b): „Verbraucherpreisindizes für Telekommunikationsdienstleistungen", www.destatis.de, 2. Dezember 2010.

Stenbacka, R. und Tombak, M. (1994): „Strategic timing of adoption of new technologies under uncertainty", in: International Journal of Industrial Organization", Vol. 12, S. 387-411.

Stöber, H. (1992): „Netzausbau und Marktstrategie bei Mannesmann Mobilfunk", in: Jörn Kruse (Hrsg.), Zellularer Mobilfunk, R. v. Decker's Verlag, Heidelberg, S. 96-111.

Stuttgarter Zeitung (2010): „Ein Mobilfunker kam zu kurz", www.stuttgarterzeitung.de/stz/page/2495416_0_5861_-frequenzauktion-ein-mobilfunker-kam-zu-kurz.html, 21. Juni 2010.

Technikjournalist (2010): „Der UMTS-Flop", www.technikjournalist.org/2010/04/der-umts-flop/, 17. Oktober 2010.

T-Mobile (2008): „Weltweit erster erfolgreicher Live-Test der nächsten Mobilfunkgeneration LTE unter Alltagsbedingungen", www.telekom.com/dtag/cms/content/dt/de/522516?archiv ArticleID=568550, 12. März 2010.

T-Mobile (2009): „Digitale Dividende – Sicht eines MoFu-Netzbetreibers", www.eco.de/dokumente/090512_Keuter_T-Mobile.pdf, 17. März 2010.

T-Systems (2009): „Neue Technologie? Next Generation Networks.", www.z-m-p.de, Vortrag, 16. September 2009.

TNS Infratest (2009): „(N)Onliner Atlas 2009 – Eine Topographie des digitalen Grabens durch Deutschland", www.nonliner-atlas.de, Publikationen 2009.

UMTS Forum (2009): „LTE Mobile Broadband Ecosystem: the Global Opportunity", www.umts-forum.org, Public Reports, UMTS Forum Report 42, Juni 2009.

Van Dender, K. (2005): „Duopoly Prices under Congested Access", in: Journal of Regional Science, Vol. 45, S. 343-362.

VATM (2007): „Marktstudie 2007", www.vatm.de, Studien/Positionspapiere.

VATM (2008): „Internationale Beispiele für Glasfaserprojekte – Schlussfolgerungen für Deutschland", www.vatm.de, Vorträge.

VATM (2009a): „VATM-Jahrbuch 2008/2009", www.vatm.de, Jahrbücher 2009.

VATM (2009b): „11. gemeinsame Marktanalyse 2009", www.vatm.de, Studien/ Positionspapiere.

VATM (2010): „12. gemeinsame TK-Marktanalyse 2010", www.vatm.de, Studien/ Positionspapiere.

VATM (2010a): „Entgelte für Teilnehmeranschlussleitung müssen um 30 Prozent sinken", www.vatm.de, Pressemitteilungen, 16. Dezember 2010.

VATM (2011): „Marktstudie 2011", www.vatm.de, Studien/Positionspapiere.

VDI Nachrichten (2010): „Kommender Mobilfunk: Tête-à-Tête zweier Techniken", www. vdi-nachrichten.com/vdinachrichten/aktuelle_ausgabe/akt_ausg_detail.asp?cat=2&id= 48416&source=twitter&doPrint=1, 28. Juni 2010.

Vincent, J. (2006): „Emotional Attachment and Mobile Phones", in: Knowledge, Technology, & Policy, Vol. 19, S. 39-44.

Vodafone (2008): „Stellungnahme der Vodafone D2 GmbH zum Diskussionspapier der Bundesnetzagentur zur Vorbereitung eines Konzepts zur Flexibilisierung der Frequenznutzungsrechte in den Bereichen 900 MHz und 1800 MHz", www.bundesnetzagentur.de, Telekommunikation/Regulierung Telekommunikation/Frequenzordnung/Öffentlicher Mobilfunk/Flexibilisierung GSM-Mobilfunk.

Vodafone (2010): „Dem mobilen Internet gehört die Zukunft: Vodafone investiert in Kapazität und Qualität – Internet für alle kommt", www.vodafone.de/unternehmen/presse/pm-archiv-2010_168054.html, 22. Juli 2010.

Vodafone (2011): „Vodafone setzt auf neue Mobilfunkgeneration und TV", www.vodafone.de/unternehmen/presse/pm-archiv-2011_193369.html, 19. September 2011.

Welfens, P. (2006): „Die Zukunft des Telekommunikationsmarktes, Volkswirtschaftliche Aspekte digitaler Wirtschaftsdynamik", www.fes.de/stabsabteilung, Stabsabteilung der Friedrich-Ebert-Stiftung, Gutachten und Analysen, Medienpolitik.

Welt Online (2008): „Mobilfunk im Geschwindigkeitsrausch", www.welt.de/wams_print/article1805057/Mobilfunk_im_Geschwindigkeitsrausch.html, 16. September 2009.

Welt Online (2009): „E-Plus steigert Gewinn mit Discount-Strategie", www.welt.de/wirtschaft/article4992113/E-Plus-steigert-Gewinn-mit-Discount-Strategie.html, 5. Oktober 2010.

Wepfer, S. (2005): „Kabellos im riskanten Geschwindigkeitsrausch", in: Computerworld, Nr. 1, April 2005.

West LB (2011): „Germany: a slow adopter. Scenarios for the expansion of fibre-optic networks in Germany", www.westlb.de.

Wied-Nebbeling, S. (2004): „Preistheorie und Industrieökonomik, 4. Auflage", in: Springer-Verlag, Berlin.

Wieland, R. (2007): „Konvergenz aus Kundensicht", in: Arnold Picot und Axel Freyberg (Hrsg.), „Infrastruktur und Services – Das Ende einer Verbindung?", Berlin und Heidelberg.

Wiesbeck, W. (2007): „Vergleich der UMTS-Versorgung bei 900 und 1800MH", in: Institut für Höchstfrequenztechnik und Elektronik, Universität Karlsruhe.

wik (2006): „Bedeutung der Diensteanbieter für den Wettbewerb im Mobilfunk", www.vatm.de, Studien.

wik (2007): „Regulatory Approach to Fixed-Mobile Substitution, Bundling and Integration", www.wik.org, Nr. 290, Diskussionsbeitrag.

wik (2008): „Die Auswirkungen der Festnetzmobilfunksubstitution auf die Kosten des leistungsvermittelten Festnetzes", www.wik.org, Nr. 304, Diskussionsbeitrag.

Wirtschaftswoche (2010): „Verstopfte Datennetze werden zum Problem", www.wiwo.de/technik-wissen/verstopfte-datennetze-werden-zum-problem-422486, 27. Juli 2010.

Witte, E. (1998): „Regulierungspolitik", in: Volker Jung und Hans-Jürgen Warnecke (Hrsg.), Handbuch für die Telekommunikation, Berlin und Heidelberg.

ZEIT Wissen (2006): „Elektrosmog – Heiße Gespräche", www.zeit.de/zeitwissen/2006/05/ Handy-Strahlung.xml, 16. September 2009.

GPSR Compliance
The European Union's (EU) General Product Safety Regulation (GPSR) is a set
of rules that requires consumer products to be safe and our obligations to
ensure this.

If you have any concerns about our products, you can contact us on

ProductSafety@springernature.com

In case Publisher is established outside the EU, the EU authorized
representative is:

Springer Nature Customer Service Center GmbH
Europaplatz 3
69115 Heidelberg, Germany

www.ingramcontent.com/pod-product-compliance
Ingram Content Group UK Ltd.
Pitfield, Milton Keynes, MK11 3LW, UK
UKHW021300180426
11947UKWH00015B/939